"十三五"国家重点出版物出版规划项目
高分辨率对地观测前沿技术丛书
主编 王礼恒

星载合成孔径成像
雷达新技术

林幼权 庄 龙 等编著

国防工业出版社
·北京·

内 容 简 介

自海洋卫星发射以来,星载合成孔径雷达获得了广泛的应用,已成为重要的遥感装备。与此同时,星载合成孔径雷达技术也在不断发展。本书重点介绍了最近十年来星载合成孔径雷达新技术,全书共分8章。第1章概述了合成孔径雷达基本原理,主要技术指标和常用工作模式,分析了目前星载合成孔径雷达发展现状和应用,指出了发展方向;第2章重点介绍了分布式InSAR系统及其关键技术;第3章介绍了星载超高分辨率SAR成像算法和影响成像性能的因素;第4章阐述了高分辨率宽幅成像技术;第5章讨论了星载SAR地面动目标检测技术;第6章介绍了中高轨成像雷达的特点及处理技术;第7章重点分析了星载SAR抗干扰技术;第8章讨论了宽带星载合成孔径雷达系统技术,重点介绍了宽带相控阵天线技术、宽带信号产生和处理技术。

本书适用于从事雷达系统工程和微波成像领域科技人员参考使用,也可作为高等院校电子工程等相关专业的教学和研究资料。

图书在版编目(CIP)数据

星载合成孔径成像雷达新技术/林幼权等编著. —北京:国防工业出版社,2021.7
(高分辨率对地观测前沿技术丛书)
ISBN 978-7-118-12395-1

Ⅰ. ①星… Ⅱ. ①林… Ⅲ. ①卫星载雷达—合成孔径雷达 Ⅳ. ①TN958

中国版本图书馆 CIP 数据核字(2021)第 149496 号

※

国防工业出版社出版发行
(北京市海淀区紫竹院南路23号 邮政编码100048)
雅迪云印(天津)科技有限公司印刷
新华书店经售

﹡

开本 710×1000 1/16 插页6 印张19 字数310千字
2021年7月第1版第1次印刷 印数1—2000册 定价128.00元

(本书如有印装错误,我社负责调换)

国防书店:(010)88540777 书店传真:(010)88540776
发行业务:(010)88540717 发行传真:(010)88540762

丛书学术委员会

主　　任	王礼恒
副 主 任	李德仁　艾长春　吴炜琦　樊士伟
执行主任	彭守诚　顾逸东　吴一戎　江碧涛　胡　苹
委　　员	（按姓氏拼音排序）

　　　　　　白鹤峰　曹喜滨　陈小前　崔卫平　丁赤飚　段宝岩
　　　　　　樊邦奎　房建成　付　琨　龚惠兴　龚健雅　姜景山
　　　　　　姜卫星　李春升　陆伟宁　罗　俊　宁　辉　宋君强
　　　　　　孙　聪　唐长红　王家骐　王家耀　王任享　王晓军
　　　　　　文江平　吴曼青　相里斌　徐福祥　尤　政　于登云
　　　　　　岳　涛　曾　澜　张　军　赵　斐　周　彬　周志鑫

丛书编审委员会

主　编　王礼恒

副主编　冉承其　吴一戎　顾逸东　龚健雅　艾长春
　　　　　彭守诚　江碧涛　胡　莘

委　员　(按姓氏拼音排序)
　　　　　白鹤峰　曹喜滨　邓　泳　丁赤飚　丁亚林　樊邦奎
　　　　　樊士伟　方　勇　房建成　付　琨　苟玉君　韩　喻
　　　　　贺仁杰　胡学成　贾　鹏　江碧涛　姜鲁华　李春升
　　　　　李道京　李劲东　李　林　林幼权　刘　高　刘　华
　　　　　龙　腾　鲁加国　陆伟宁　邵晓巍　宋笔锋　王光远
　　　　　王慧林　王跃明　文江平　巫震宇　许西安　颜　军
　　　　　杨洪涛　杨宇明　原民辉　曾　澜　张庆君　张　伟
　　　　　张寅生　赵　斐　赵海涛　赵　键　郑　浩

秘　书　潘　洁　张　萌　王京涛　田秀岩

序 言

　　高分辨率对地观测系统工程是《国家中长期科学和技术发展规划纲要(2006—2020年)》部署的16个重大专项之一,它具有创新引领并形成工程能力的特征,2010年5月开始实施。高分辨率对地观测系统工程实施十年来,成绩斐然,我国已形成全天时、全天候、全球覆盖的对地观测能力,对于引领空间信息与应用技术发展,提升自主创新能力,强化行业应用效能,服务国民经济建设和社会发展,保障国家安全具有重要战略意义。

　　在高分辨率对地观测系统工程全面建成之际,高分辨率对地观测工程管理办公室、中国科学院高分重大专项管理办公室和国防工业出版社联合组织了《高分辨率对地观测前沿技术》丛书的编著出版工作。丛书见证了我国高分辨率对地观测系统建设发展的光辉历程,极大丰富并促进了我国该领域知识的积累与传承,必将有力推动高分辨率对地观测技术的创新发展。

　　丛书具有3个特点。一是系统性。丛书整体架构分为系统平台、数据获取、信息处理、运行管控及专项技术5大部分,各分册既体现整体性又各有侧重,有助于从各专业方向上准确理解高分辨率对地观测领域相关的理论方法和工程技术,同时又相互衔接,形成完整体系,有助于提高读者对高分辨率对地观测系统的认识,拓展读者的学术视野。二是创新性。丛书涉及国内外高分辨率对地观测领域基础研究、关键技术攻关和工程研制的全新成果及宝贵经验,吸纳了近年来该领域数百项国内外专利、上千篇学术论文成果,对后续理论研究、科研攻关和技术创新具有指导意义。三是实践性。丛书是在已有专项建设实践成果基础上的创新总结,分册作者均有主持或参与高分专项及其他相关国家重大科技项目的经历,科研功底深厚,实践经验丰富。

　　丛书5大部分具体内容如下:**系统平台部分**主要介绍了快响卫星、分布式卫星编队与组网、敏捷卫星、高轨微波成像系统、平流层飞艇等新型对地观测平台和系统的工作原理与设计方法,同时从系统总体角度阐述和归纳了我国卫星遥感的现状及其在 6 大典型领域的应用模式和方法。**数据获取部分**主要介绍了新型的星载/机载合成孔径雷达、面阵/线阵测绘相机、低照度可见光相机、成像光谱仪、合成孔径激光成像雷达等载荷的技术体系及发展方向。**信息处理部分**主要介绍了光学、微波等多源遥感数据处理、信息提取等方面的新技术以及地理空间大数据处理、分析与应用的体系架构和应用案例。**运行管控部分**主要介绍了系统需求统筹分析、星地任务协同、接收测控等运控技术及卫星智能化任务规划,并对异构多星多任务综合规划等前沿技术进行了深入探讨和展望。**专项技术部分**主要介绍了平流层飞艇所涉及的能源、囊体结构及材料、推进系统以及位置姿态测量系统等技术,高分辨率光学遥感卫星微振动抑制技术、高分辨率 SAR 有源阵列天线等技术。

丛书的出版作为建党 100 周年的一项献礼工程,凝聚了每一位科研和管理工作者的辛勤付出和劳动,见证了十年来专项建设的每一次进展、技术上的每一次突破、应用上的每一次创新。丛书涉及 30 余个单位,100 多位参编人员,自始至终得到了军委机关、国家部委的关怀和支持。在这里,谨向所有关心和支持丛书出版的领导、专家、作者及相关单位表示衷心的感谢!

高分十年,逐梦十载,在全球变化监测、自然资源调查、生态环境保护、智慧城市建设、灾害应急响应、国防安全建设等方面硕果累累。我相信,随着高分辨率对地观测技术的不断进步,以及与其他学科的交叉融合发展,必将涌现出更广阔的应用前景。高分辨率对地观测系统工程将极大地改变人们的生活,为我们创造更加美好的未来!

王礼恒

2021 年 3 月

前 言

自 1978 年美国海洋卫星发射以来，星载合成孔径成像雷达已经获得了广泛的应用。合成孔径成像雷达获取的高分辨率图像不同于传统光学照片，能够给出地球表面精细的地理结构特征，可广泛应用于灾害评估、作物估产、矿藏勘探、军事侦察、打击效果评估等诸多方面。同时星载合成孔径成像雷达能够全天候、全天时工作，不受国界等影响，世界上各主要国家均投入大量人力、物力研发星载合成孔径雷达系统。到 20 世纪 90 年代末，美国、欧洲、加拿大、俄罗斯、日本等国家和地区相继发射了多个型号的星载合成孔径雷达卫星，不仅在工程设计技术方面取得了重大突破，而且扩展了星载合成孔径雷达的应用方向，为后续进一步的技术发展指明了方向。

进入 21 世纪后，各国在研发传统星载合成孔径雷达系统的同时，为进一步满足用户的各种需求，不断丰富和发展星载合成孔径成像技术。特别在干涉合成孔径雷达技术、超高分辨率成像技术、高分辨率宽幅成像技术、地面慢速动目标检测技术、星载合成孔径雷达抗干扰技术等方面开展了广泛的研究。这些技术有的已经应用于新研发的星载合成孔径雷达，有的利用现有星载合成孔径雷达获取的数据进行了验证，取得了初步的成果。它们为下一代星载合成孔径雷达的研发奠定了坚实的技术基础。

作者以长期从事这方面工作经验和国外公开报道的资料为基础，对这些最新的技术发展进行了总结和分析，同时也对与之密切相关的宽带天线技术、宽带信号产生与处理技术进行了讨论，以期为感兴趣的工程设计人员以及相关专业的高校学生等读者了解星载合成孔径雷达发展的最新动向提供帮助，为他们今后从事这方面的工作奠定技术基础。

全书共分 8 章。第 1、2、7、8 章由林幼权编写，第 3、6 章由庄龙编写，第 4 章由余慧、王跃锟编写，第 5 章由刘颖编写，全书由林幼权统稿。在编写的过程中得到了刘爱芳、穆冬、哈敏、来驰攀、朱力、何东元、徐辉、辛培泉、葛仕奇、徐戈、常文胜、雷万明、聂鑫、郭杰和郑平等的帮助,也得到了张光义院士等的指导,同时在编辑的过程中得到了田秀岩编辑的支持,在此一并向他们表示衷心的感谢。

  虽然我们努力编著好本书,但由于水平有限,书中难免存在疏漏,恳请广大读者批评指正。

编著者

2021 年 1 月

目 录

第1章 概 述 ... 1

1.1 合成孔径雷达 ... 1
- 1.1.1 合成孔径成像原理 ... 2
- 1.1.2 合成孔径雷达主要技术指标 ... 4
- 1.1.3 合成孔径雷达常用工作模式 ... 15

1.2 合成孔径雷达的应用 ... 19
- 1.2.1 合成孔径雷达图像特点 ... 20
- 1.2.2 民用 ... 21
- 1.2.3 军用 ... 22

1.3 星载合成孔径雷达发展现状 ... 24
- 1.3.1 美国 ... 24
- 1.3.2 苏联(俄罗斯) ... 25
- 1.3.3 欧洲 ... 25
- 1.3.4 加拿大 ... 29
- 1.3.5 日本 ... 30
- 1.3.6 其他国家 ... 31
- 1.3.7 现有星载合成孔径雷达特点 ... 31

1.4 星载合成孔径雷达技术发展趋势 ... 32
- 1.4.1 超高分辨率成像技术 ... 32
- 1.4.2 高分辨率宽覆盖成像技术 ... 33
- 1.4.3 高精度 InSAR 技术 ... 34
- 1.4.4 中高轨合成孔径雷达技术 ... 34
- 1.4.5 动目标检测技术 ... 34

1.4.6　星载合成孔径雷达抗干扰技术 ……………………………… 35

第2章　星载干涉合成孔径雷达技术 ……………………………………… 36

2.1　InSAR 基本原理 ………………………………………………………… 37
2.2　InSAR 测高精度 ………………………………………………………… 39
2.3　InSAR 实现方式 ………………………………………………………… 45
2.4　系统参数的选择 ………………………………………………………… 47
2.5　分布式星载 InSAR 技术 ………………………………………………… 50
　　　2.5.1　频率源的稳定性对收发分置成像雷达
　　　　　　性能的影响 ……………………………………………………… 51
　　　2.5.2　相位同步技术 …………………………………………………… 54
　　　2.5.3　时间同步技术 …………………………………………………… 59
　　　2.5.4　空间同步技术 …………………………………………………… 60
2.6　InSAR 系统的校正 ……………………………………………………… 61
　　　2.6.1　DEM 误差的特性 ……………………………………………… 61
　　　2.6.2　相位校正 ………………………………………………………… 62
　　　2.6.3　基线校正 ………………………………………………………… 63
2.7　星载 InSAR 技术的发展 ………………………………………………… 68

第3章　星载超高分辨率成像技术 ………………………………………… 69

3.1　星载超高分辨率 SAR 回波信号模型 …………………………………… 70
　　　3.1.1　回波信号模型 …………………………………………………… 70
　　　3.1.2　"一步一停"假设误差分析 …………………………………… 73
3.2　星载超高分辨率成像技术 ……………………………………………… 78
　　　3.2.1　常规高分辨率成像算法 ………………………………………… 79
　　　3.2.2　星载超高分辨率成像双变设计 ………………………………… 80
　　　3.2.3　面向双变的超高分辨率成像算法 ……………………………… 83
　　　3.2.4　仿真及实测数据处理 …………………………………………… 92
3.3　影响星载超高分辨率成像因素分析 …………………………………… 96
　　　3.3.1　大气影响 ………………………………………………………… 96
　　　3.3.2　地形高程影响 …………………………………………………… 102
3.4　星载多角度 SAR 成像技术 ……………………………………………… 104

3.4.1　多角度成像需求 …………………………………… 104
　　3.4.2　多视角 SAR 成像方法 ……………………………… 105

第 4 章　星载高分辨率宽测绘带成像技术 …………………… 109

4.1　方位多通道 HRWS SAR 成像技术 ……………………… 110
　　4.1.1　方位多通道 SAR 成像模型 …………………………… 110
　　4.1.2　方位频谱重构技术 …………………………………… 114
　　4.1.3　方位频谱重构性能分析 ……………………………… 118
　　4.1.4　实测数据处理 ………………………………………… 123

4.2　方位多通道 SAR 误差估计与补偿 ……………………… 124
　　4.2.1　通道误差因素与误差模型 …………………………… 125
　　4.2.2　通道误差影响分析 …………………………………… 126
　　4.2.3　通道误差估计与补偿 ………………………………… 128

4.3　距离多通道 SAR 成像技术 ……………………………… 131
　　4.3.1　距离多通道 SAR 回波信号模型 ……………………… 132
　　4.3.2　距离多通道 SCORE 处理技术 ……………………… 133
　　4.3.3　实测数据处理 ………………………………………… 135

4.4　马赛克模式成像技术 ……………………………………… 137
　　4.4.1　马赛克模式工作原理 ………………………………… 137
　　4.4.2　马赛克模式多普勒及方位分辨率 …………………… 138
　　4.4.3　马赛克模式处理算法 ………………………………… 141
　　4.4.4　实测数据处理 ………………………………………… 144

第 5 章　星载合成孔径雷达地面运动目标检测技术 ………… 146

5.1　星载 SAR – GMTI 典型指标 …………………………… 146
　　5.1.1　检测概率与虚警概率 ………………………………… 146
　　5.1.2　最小可检测速度 ……………………………………… 149
　　5.1.3　盲速 …………………………………………………… 153
　　5.1.4　最大可检测速度 ……………………………………… 154

5.2　基于多通道的星载 SAR – GMTI 技术 ………………… 154
　　5.2.1　多通道 SAR – GMTI 回波模型 ……………………… 154
　　5.2.2　图像域多像素联合杂波对消 ………………………… 157

　　　　5.2.3　运动目标测速与定位 ································ 163
　　　　5.2.4　实测数据验证 ···································· 165
　　5.3　基于序贯图像的星载 SAR–GMTI 技术 ······················ 166
　　　　5.3.1　运动目标回波模型 ································ 167
　　　　5.3.2　单通道序贯图像 GMTI 技术 ························ 169
　　　　5.3.3　多通道序贯图像 GMTI 技术 ························ 172
　　　　5.3.4　实测验证结果 ···································· 174
　　5.4　系统误差分析及校正 ······································ 175
　　　　5.4.1　带内频率响应误差 ································ 176
　　　　5.4.2　通道间幅度/相位误差 ······························ 179
　　　　5.4.3　通道间空域误差 ·································· 182

第 6 章　中高轨星载合成孔径雷达成像技术 ······················ 186

　　6.1　中高轨 SAR 回波信号模型 ································ 187
　　　　6.1.1　中高轨 SAR 距离模型 ······························ 187
　　　　6.1.2　中高轨 SAR 回波多普勒分析 ························ 191
　　6.2　中高轨 SAR 成像技术 ···································· 195
　　　　6.2.1　MEO 低分辨率成像算法 ···························· 195
　　　　6.2.2　MEO 中高分辨率成像算法 ·························· 198
　　　　6.2.3　仿真实验分析 ···································· 199
　　6.3　中高轨 SAR 舰船目标成像技术 ···························· 202
　　　　6.3.1　舰船目标运动特性分析 ······························ 203
　　　　6.3.2　舰船目标回波多普勒特性 ···························· 205
　　　　6.3.3　中高轨 SAR 舰船目标成像技术 ······················ 207
　　　　6.3.4　SAR 图像舰船目标检测技术 ························ 215

第 7 章　星载合成孔径雷达抗干扰技术 ·························· 225

　　7.1　SAR 干扰技术 ·· 225
　　　　7.1.1　无源干扰技术 ···································· 225
　　　　7.1.2　有源干扰技术 ···································· 226
　　7.2　基于 DRFM 的 SAR 干扰技术 ······························ 229
　　　　7.2.1　DRFM 工作原理 ·································· 230

7.2.2　基于 DRFM 的 SAR 干扰机 ……………………………………… 231
7.3　星载 SAR 抗干扰技术 …………………………………………………… 234
　　7.3.1　宽带噪声波形技术 ………………………………………………… 234
　　7.3.2　自适应抗干扰波形技术 …………………………………………… 238
　　7.3.3　自适应干扰抑制技术 ……………………………………………… 242

第 8 章　宽带星载合成孔径雷达系统技术 …………………………………… 249
8.1　宽带天线形式 ……………………………………………………………… 249
8.2　宽带相控阵天线 …………………………………………………………… 251
　　8.2.1　相控阵天线原理 …………………………………………………… 251
　　8.2.2　相控阵天线的带宽限制 …………………………………………… 253
　　8.2.3　相控阵天线的带宽扩展 …………………………………………… 255
8.3　宽带数字波束形成技术 …………………………………………………… 257
　　8.3.1　相控阵天线的形式 ………………………………………………… 257
　　8.3.2　宽带数字波束形成技术 …………………………………………… 259
　　8.3.3　数字波束形成技术在星载 SAR 中的应用 ………………………… 266
8.4　宽带信号产生技术 ………………………………………………………… 266
　　8.4.1　DDS 工作原理 ……………………………………………………… 267
　　8.4.2　基于 DDS 技术的直接宽带信号产生技术 ………………………… 268
8.5　超宽带信号接收处理技术 ………………………………………………… 270
8.6　频率步进宽带信号的产生与处理技术 …………………………………… 273

参考文献 ………………………………………………………………………… 276

第1章
概 述

合成孔径雷达(Synthetic Aperture Radar,SAR)自问世以来至今有六十余年,在此期间得到了快速发展,成为现代雷达的重要组成部分和技术发展的重要方向。目前已经有各种合成孔径雷达装载在卫星、飞机等平台上,在军事和经济建设方面得到了广泛的应用。

星载合成孔径雷达作为高分辨率对地观测的重要装备已成为衡量各国空间技术发展水平的重要标志之一,其发展主要集中在美国、苏联(俄罗斯)、欧洲、日本和加拿大等发达国家和地区。目前有十余国、几十颗星载合成孔径雷达在轨运行。

本章主要讨论了星载合成孔径雷达的原理、主要技术指标和工作模式、应用方向、发展历史与现状,最后指出了其今后主要的技术发展方向。

1.1 合成孔径雷达

自雷达问世以来,空间分辨率一直是衡量雷达性能的关键指标之一。分辨率越高,雷达能提供的目标信息越多,因此努力提高雷达分辨率一直是技术人员追求的目标之一。

普通雷达沿距离方向的分辨率(简称距离分辨率)由雷达所采用的信号带宽决定,信号带宽越大,距离分辨率越高,因此为获得高距离分辨率,需要采用宽带信号。而雷达在方位向的分辨率(简称方位分辨率)取决于天线的方位波束宽度与雷达到目标之间距离的乘积。天线的方位向波束越窄,雷达到目标的距离越短,雷达的方位分辨率就越高。但是受雷达天线口径和工作频率的限制,常规雷达的方位分辨率,特别在远距离处的分辨率是非常低的,远不能满足实际的需求,迫使人们寻找提高方位分辨率的技术。

最早提出改善方位分辨率技术的是美国的 Carlwiley。1951 年 6 月在他的"用相干移动雷达信号频率分析来获得高的分辨率"的报告中,提出了用频率分析的方法改善雷达方位分辨率的概念,这个概念叫合成孔径雷达,意思是在移动雷达平台的同时,雷达不断地发射和接收信号,并将一段时间内收到的信号进行相干综合处理,就可以获得高的方位分辨率。1953 年,来自美国伊利诺斯大学的研究小组通过在 C-46 飞机上 X 波段雷达收到的数据进行频率分析,获得了佛罗里达州 Key West 区域的条带图像。这是首张合成孔径雷达图像,验证了合成孔径雷达理论的正确性,为合成孔径雷达技术发展奠定了基础。早期的雷达图像处理比较简单,对收到的回波不做相位补偿,而直接进行频谱分析,成像效果较差。20 世纪 50 年代后期,密歇根大学的研究小组开始研究聚焦式合成孔径成像技术,也就是对接收到的回波信号进行二次相位补偿,使得来自同一点回波信号的相位尽可能相干,采用光学处理首次获得了较高分辨率的聚焦的合成孔径雷达图像。一直到 20 世纪 70 年代,随着高速数字器件的发展,合成孔径雷达的处理逐渐由光学处理转向数字处理。Kirk 等人为美国空军研制了世界上第一部数字合成孔径雷达处理系统。

1980 年后,合成孔径雷达得到迅速发展,除美国外,欧洲、加拿大等国家和地区也相继拥有合成孔径雷达。

1.1.1 合成孔径成像原理

合成孔径雷达的核心在于如何获取高的方位分辨率,这也是合成孔径雷达工作的基本原理。为讨论方便,假设雷达的平台以速度 V 匀速运动,雷达和目标的几何关系如图 1-1 所示,雷达不断发射相干信号,并接收来自纵向距离为 R、方位距离为 0 处目标 P 的回波。

那么,雷达到目标的斜距 $R(t)$ 为

$$R(t) = \sqrt{R^2 + V^2 t^2} \approx R + \frac{V^2 t^2}{2R} \tag{1-1}$$

式中:t 为雷达运动时间。由该斜距引起目标回波的延迟相位 $\phi(t)$ 为

$$\phi(t) = -\frac{4\pi}{\lambda} R(t) \approx -\frac{4\pi}{\lambda} R - \frac{2\pi}{\lambda R} V^2 t^2 \tag{1-2}$$

式中:λ 为雷达工作波长。其对应的瞬时多普勒频率 $f_d(t)$ 为

$$f_d(t) = -\frac{2}{\lambda R} V^2 t \tag{1-3}$$

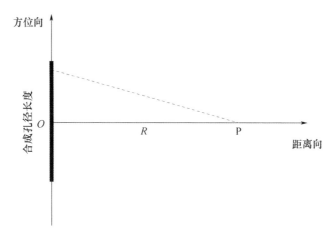

图 1-1 合成孔径雷达与目标间的几何关系图

多普勒频率的斜率 f_R 为

$$f_R = \frac{\mathrm{d}f_d(t)}{\mathrm{d}t} = -\frac{2V^2}{\lambda R} \quad (1-4)$$

由此可以看出,回波信号的多普勒频率是线性变化的,具有传统线性调频信号特征。因此只考虑方位信息,回波信号可写为

$$S_i(t) = A(t)\exp(\mathrm{j}\pi f_R t^2) \quad -\frac{T}{2} \leqslant t \leqslant \frac{T}{2} \quad (1-5)$$

式中:$A(t)$ 为天线波瓣引起的加权函数,T 为回波信号的持续时间,也称为合成孔径时间。对回波信号进行匹配处理,可使回波信号聚焦,从而提高方位分辨率。不考虑天线的影响,匹配函数应为所接收到信号的共轭,即

$$h(t) = \exp(-\mathrm{j}\pi f_R t^2) \quad -\frac{T}{2} \leqslant t \leqslant \frac{T}{2} \quad (1-6)$$

经相关处理后的输出信号为

$$S_o(t) = \frac{\sin[\pi f_R t(T-|t|)]}{\pi f_R t(T-|t|)} \quad (1-7)$$

在 $t = T$,输出信号的幅度达到最大,压缩后的时间分辨率 τ 为

$$\tau \approx \frac{1}{f_R T} \quad (1-8)$$

这样雷达获得的方位分辨率 δ_a 为

$$\delta_a = V\tau = \frac{V}{f_R T} = \frac{\lambda R}{2VT} = \frac{\lambda R}{2L} \quad (1-9)$$

式中:L 为合成孔径长度。所以利用雷达与目标间的相对运动产生的多普勒频

率,可以提高雷达的方位分辨率,这是合成孔径雷达的基本原理。

方位分辨率与合成孔径时间密切相关,采用不同的工作模式可以增加或减小合成孔径时间,由此可以提高或降低方位分辨率,从而产生了不同的合成孔径雷达工作模式,具体将在后面章节讨论。

1.1.2 合成孔径雷达主要技术指标

与其他体制的雷达一样,星载合成孔径雷达也有一套衡量其性能的指标体系,这些指标不仅限定了雷达的性能,也是雷达设计的主要依据,决定了雷达的规模、可能采用的技术路线和主要的技术要求。同时这些指标之间也存在相互的制约关系。

星载合成孔径雷达与其他常规的观察、监视动目标为主的雷达相比有许多特殊性,表征性能指标的参数有很大的不同。这里将结合星载合成孔径雷达的特点讨论其主要指标的定义、与应用的关系以及指标之间相互的影响。

1. 分辨率

对于星载合成孔径雷达而言,分辨率自然是最核心的指标,决定了雷达能分辨、识别目标的能力,表征了雷达获得的合成孔径图像可解析的能力。分辨率分为距离向分辨率和方位向分辨率这两个方面,分别由不同的因素决定,也就是这两个参数是各自独立形成的。但在提要求时,一般要求相同或是相近,如果两者相差太远,雷达最终的识别能力依然由最差的一维分辨率决定。引用1996年欧洲合成孔径雷达会议上发表的结论[1],表1-1给出了探测、识别、确认描述不同目标时对分辨率的要求。

表1-1 探测、识别、确认、描述不同目标时的分辨率要求/m

项目	探测	识别	确认	描述
桥梁	6	4.5	1.5	0.9
仓库	1.5	0.6	0.3	0.25
营房	6	2.1	1.2	0.3
机场	6	4.5	3	0.3
飞机	4.5	1.5	0.9	0.15
中型船只	7.5	4.5	0.6	0.3
车辆	1.6	0.6	0.3	0.05
港口	4.5	1.5	0.9	0.15
火车站	30	15	6	1.5

续表

项目	探测	识别	确认	描述
道路	9	6	1.8	0.6
城区	60	30	3	3
矿区	6	4.5	1.5	0.9

前面已经指出距离分辨率与雷达发射的信号带宽成反比,信号带宽越大,距离分辨率越高。方位分辨率由回波信号的多普勒分辨率决定,即雷达在方位向的合成孔径时间决定,这个时间也为天线波束在目标区域的驻留时间,不同工作模式下,天线波束在目标区的驻留时间是不同的。

在雷达中,分辨率定义为点目标回波信号经成像处理后,以其信号幅度的峰值点为顶点,沿距离方向、方位方向进行切面,分别测量这两个切面比峰值点小 3dB 处的宽度,这两个宽度分别是距离分辨率和方位分辨率,如图 1 – 2 所示。

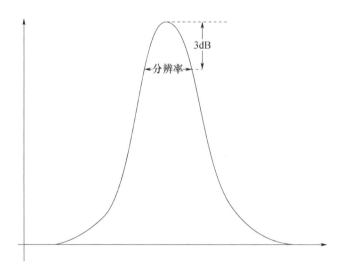

图 1 – 2 分辨率定义示意图

具体来讲,假设雷达发射信号为线性调频信号(其他调制形式的信号也一样)。这样的雷达发射信号为

$$s(t) = \text{rect}\left(\frac{t}{\tau_0}\right)\exp\left\{j2\pi\left(f_0 t + \frac{\gamma}{2}t^2\right)\right\} \quad (1-10)$$

式中:f_0 为载频,γ 为调频斜率。当 $-(\tau_0/2) \leqslant t \leqslant (\tau_0/2)$ 时,$\text{rect}\left(\frac{t}{\tau_0}\right) = 1$,

发射的信号经距离为 R 的点目标反射后的回波信号为

$$s_r(t) = \text{rect}\left(\frac{t-t_0}{\tau_0}\right)\exp\left\{j2\pi\left[f_0(t-t_0) + \frac{\gamma}{2}(t-t_0)^2\right]\right\} \quad (1-11)$$

式中：$t_0 = R/2c$，c 为光速。经匹配滤波处理，即脉冲压缩处理后，输出的归一化信号幅度为

$$S_r(t) = \frac{\sin[\pi\gamma\tau_0(t-t_0)]}{\pi\gamma\tau_0(t-t_0)} \quad (1-12)$$

式中：$\gamma\tau_0$ 为雷达发射的信号带宽 B，其 3dB 宽度约为 $1/\gamma\tau_0$。按距离表示，距离向分辨率为 $c/2\gamma\tau_0$。这个结论同样适合方位分辨率。

在考核星载合成孔径雷达实际达到的分辨率时，一般采用角反射器作为点目标。在定标场内设置一角反射器，为避免周围背景引入的测量误差，要求背景的反射强度要远小于角反射器。将雷达获取的数据经处理得到图像后，在图中标出对应的角反射位置，以其为中心作局部的二维插值，测出该点沿距离和方位向的 3dB 宽度值，是雷达实际达到的距离和方位分辨率的指标。

显然分辨率这个指标直接表示了星载合成孔径雷达识别、分辨目标的能力，但并不等同于雷达一定可以将两个间隔分辨率距离(如角反射器)的目标分开，这是因为合成孔径雷达是一个相干系统，两个角反射器的回波带有相位信息。假设两个间距为分辨率 r 的角反射体的回波经成像处理后幅度相同，相位差为 φ，重叠点为 A，A 处的幅度比单个回波的峰值低 3dB，如图 1-3(a)所示。理想状态下，雷达应能将这两个目标分开。但实际情况是，两个回波信号必然会合成一个整体回波信号，A 点处的幅度会随 φ 的不同发生变化，当 $0 \leq \varphi \leq 90°$ 时，A 处的幅度会抬高，如图 1-3(b)所示，当 $90 \leq \varphi \leq 180°$ 时，A 处的幅度会降低，如图 1-3(c)所示。显然出现图 1-3(b)时，雷达不能分辨这两个目标，当出现图 1-3(c)时自然可以分辨这两个目标。由于 φ 值具有随机性，因此从概率上讲，只有 50% 的概率能将这两个目标分辨。

2. 等效噪声系数

等效噪声系数是星载合成孔径雷达重要的指标，它直接表示了雷达获得的合成孔径图像的信噪比高低。不同于常规雷达，在合成孔径雷达指标体系中一般没有一个参数来直接衡量雷达的作用距离这重要的性能指标，但由于等效噪声系数与作用距离密切相关，因此从中也隐含了星载合成孔径雷达的威力。根据等效噪声系数 $N\sigma_0$ 定义，可表示为

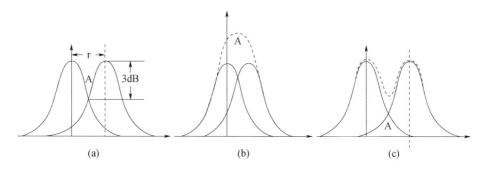

图 1-3 雷达分辨两个间距为分辨率的物体能力的示意图
(a)合成前两个目标回波图;(b) $0 \leqslant \varphi \leqslant 90°$ 时不能分辨两个目标;
(c) $90 \leqslant \varphi \leqslant 180°$ 时能分辨两个目标。

$$N\sigma_0 = \frac{\sigma_0}{(S/N)_o} \quad (1-13)$$

式中:σ_0 为目标区域的雷达后向散射系数,$(S/N)_o$ 为雷达获得的合成孔径图像中每个分辨率单元内的信号能量与噪声之比,也称为合成孔径图像的信噪比。

$N\sigma_0$ 实际上表示的是对 σ_0 归一化后的雷达能够达到的信噪比的能力。由式(1-13)可知,$N\sigma_0$ 为负值,且负值越大表示图像信噪比越高,雷达观测弱反射目标的能力越强,因此从这一角度讲,$N\sigma_0$ 越负越好,但这以提高雷达功率孔径积的要求为代价,而卫星平台所能供雷达使用的功耗、体积和重量均是严格限制的。那么究竟 $N\sigma_0$ 取多少合适,这归根到底取决于合成孔径图像的信噪比要求,也就是以雷达所要观测的后向反射系数最弱的目标也要达到一定的图像信噪比作为要求。由于 σ_0 与目标类别和雷达工作频率有关。因此,不同的雷达工作频率、不同的观测对象对 $N\sigma_0$ 的要求是不同的。图像信噪比、工作频率和所要观测的目标共同决定了 $N\sigma_0$ 的要求。

虽然没有强制的规定,一般要求图像的信噪比约为 6~8dB。由于人造目标的雷达后向散射系数一般要大于自然场景,所以按自然场景作为弱目标来考虑 $N\sigma_0$ 的要求。自然场景的雷达后向散射系数非常复杂,很难用一种精确的模型表示,但可以近似表达。文献[2]中,陆地的雷达后向散射系数在星载合成孔径雷达工作的视角范围内,可表示如下:

$$\sigma_0 = \alpha - 10\lg\lambda + 10\lg(\sin\theta_g) \quad (1-14)$$

式中:λ 为雷达工作频率,θ_g 为雷达波束的擦地角。根据不同的地形,α 有不同的取值,地形为沙漠时取 -29,农场时取 -24,有树林的坡地取 -19,山地取 -14。

同样海洋的雷达后向散射系数为

$$\sigma_0 = -64 + 6(ss+1) - 10\lg\lambda + 10\lg(\theta_g) \tag{1-15}$$

式中:ss 为海浪的级别,按目前海浪的分级方法,大致分为 1~5 级。其他参数同式(1-14)。

由式(1-14)可以看出,波段越低,$N\sigma_0$ 要求越高。按星载合成孔径雷达工作的最小擦地角 30°,观测区域以植被(农场)作为最弱目标考虑,图像信噪比取 8dB,如果雷达工作在 X 波段,$N\sigma_0$ 要求应优于 -20dB;如果雷达工作在 L 波段,$N\sigma_0$ 要求应优于 -29dB。

从式(1-15)看出,由于海洋的雷达后向散射系数比陆地要低很多,如果星载合成孔径雷达用于观测海洋,那么雷达的 $N\sigma_0$ 要求会很高,但由于观测海洋时,对图像的分辨率要求通常不高,一般几十米、甚至几百米就可以满足需要,由后面介绍的计算 $N\sigma_0$ 公式可以看出,雷达能达到的 $N\sigma_0$ 与分辨率密切相关,在大尺度分辨率时,雷达可以获得更好的 $N\sigma_0$。

根据 $N\sigma_0$ 的定义,由雷达获得的回波信噪比对 σ_0 归一化处理就得到 $N\sigma_0$ 值。星载合成孔径雷达实际上就是一部相干雷达,可以按照相干雷达方程计算信噪比。根据雷达方程,雷达发射单个脉冲获得的信噪比为

$$\left(\frac{S}{N}\right)_o = \frac{P_t G^2 \lambda^2 \sigma}{(4\pi)^3 KT_0 N_F L_s R^4 B} \tag{1-16}$$

式中:P_t 为雷达发射的峰值功率,G 为雷达天线增益,λ 为雷达工作波长,σ 为目标的雷达反射界面积,KT_0 为波耳兹曼常数,N_F 为雷达噪声系数,L_s 为雷达系统损耗。

由于合成孔径雷达在距离维采用脉冲压缩处理,这样可使信噪比提高 τ_1/τ_2,τ_1 为雷达发射脉冲宽度,τ_2 为经过脉冲压缩处理后的脉冲宽度。

雷达在方位维通过把合成孔径长度内收到的脉冲进行相干处理来提高方位分辨率,同时也相应提高了回波的信噪比。假设雷达脉冲重复频率为 f_p,平台速度为 V,那么在合成孔径长度 L 内的脉冲数为

$$n = \frac{L}{V}f_p \tag{1-17}$$

因此,经过距离向脉冲压缩处理,方位向相干处理后,最终得到的信噪比为

$$\left(\frac{S}{N}\right)_o = \frac{P_t G^2 \lambda^2 \sigma}{(4\pi)^3 KT_0 N_F L_s R^4 B} \frac{\tau_1}{\tau_2} \frac{L}{V} f_p \tag{1-18}$$

考虑雷达平均功率 $P_{av} = P_t \cdot \tau_1 \cdot f_p$，$B\tau_1 \approx 1$，则式(1-18)简化为

$$\left(\frac{S}{N}\right)_o = \frac{P_{av}G^2\lambda^2\sigma L}{(4\pi)^3 KT_0 N_F L_s R^4 V} \quad (1-19)$$

$$\sigma = \sigma_0 \delta_r \delta_a \quad (1-20)$$

式中：δ_r 为雷达的地距分辨率，$\delta_r \approx c/(2B\sin\phi)$，$\phi$ 为雷达的入射角；δ_a 为雷达方位分辨率。

合成孔径长度 $L = R \cdot \theta$，$\theta = \lambda/(2\delta_a)$ 为雷达驻留目标区的方位张角。则有

$$L = \frac{R\lambda}{2\delta_a} \quad (1-21)$$

将式(1-20)、式(1-21)代入式(1-19)，简化得

$$\left(\frac{S}{N}\right)_o = \frac{P_{av}G^2\lambda^3\sigma_0 c}{4(4\pi)^3 KT_0 N_F L_s R^3 VB\sin\phi} \quad (1-22)$$

$N\sigma_0$ 为

$$N\sigma_0 = \frac{4(4\pi)^3 KT_0 N_F L_s R^3 VB\sin\phi}{P_{av}G^2\lambda^3 c} \quad (1-23)$$

由式(1-23)可以评估雷达能达到的 $N\sigma_0$ 值。为了进一步分析雷达规模，即雷达功率孔径积对 $N\sigma_0$ 的影响，由 $G = 4\pi\eta A/\lambda^2$，A 为雷达天线面积，η 为天线效率，得

$$N\sigma_0 = \frac{16\pi KT_0 N_F L_s R^3 VB\lambda\sin\phi}{P_{av}\eta^2 A^2 c} \quad (1-24)$$

从式(1-24)可以看出：

(1)雷达功率孔径积对 $N\sigma_0$ 的影响，与普通雷达中对信噪比的影响一样，要尽可能采用大雷达功率孔径积提高 $N\sigma_0$ 的性能，当然代价是提高了对卫星平台的重量、功耗的要求。

(2)在合成孔径雷达中，$N\sigma_0$ 与距离成三次方关系，而普通雷达的信噪比与距离成四次方关系不同。这是因为在合成孔径雷达中，合成孔径长度、累积时间与距离成正比，所以合成孔径雷达以较小的功率孔径实现远距离观测目标，这对星载雷达显得尤为重要。

(3)$N\sigma_0$ 只与距离维分辨率即信号带宽有关，而与方位分辨率无关。分辨率越高，分辨单元面积越小，自然会导致 $N\sigma_0$ 越差。但是由于方位分辨率越高，要求相干积累时间越长，因此两者相消，使得 $N\sigma_0$ 与方位分辨率无关。

(4)在相同雷达功率孔径积下，波长越短，$N\sigma_0$ 越好。这是因为波长越短，

天线增益越高,本来应该有双程效果,但波长与合成孔径长度成反比。因此,只有线性关系。

(5) 平台速度越快,在相同合成孔径内可积累的时间减小,因此 $N\sigma_0$ 性能越差。

3. 模糊度[2]

模糊度是衡量星载合成孔径雷达性能的特有指标之一,在普通雷达中并没有这个指标。在合成孔径雷达中,由于观测的对象是连续的面目标,而雷达工作的脉冲重复频率的设置受多方面的限制,它的下限至少要保证雷达天线主瓣收到的回波信号在频域不混叠;它的上限要保证雷达主瓣收到的回波信号在时域不混叠。对于星载合成孔径雷达,由于平台速度非常快,卫星在低轨道的速度约为7km/s,天线主瓣收到的回波信号多普勒频率范围一般在1kHz以上,而副瓣天线收到的回波信号多普勒频率范围在几百 kHz 左右,因此在频域内,来自天线副瓣的回波信号经过脉冲重复频率 f_p 折叠后,必然会与主瓣回波信号相混叠,这在合成孔径雷达中称之为方位模糊。同样在时域内,来自天线副瓣的回波信号也会与来自主瓣的信号相混叠,这称之为距离模糊,如图 1-4 所示。图中 B_p 为方位频谱处理带宽,f_p 为方位多普勒频率。

无论是方位模糊还是距离模糊都会对合成孔径图像产生影响,特别当天线主瓣照射区的雷达后向散射系数弱,而天线副瓣照射区的雷达后向散射系数相对较强时,会严重影响图像的解译。

衡量模糊影响大小的参数称为模糊度,有

$$\text{ASR}(\tau) = \frac{\sum_{m,n=-\infty;m,n\neq 0}^{\infty} \int_{-B_p/2}^{B_p/2} G^2(f + m \cdot f_p, \tau + nT_p)\sigma_0(f + m \cdot f_p, \tau + nT_p)\text{d}f}{\int_{-B_p/2}^{B_p/2} G^2(f,\tau)\sigma_0(f,\tau)\text{d}f}$$

(1-25)

式中:τ 以时间表示处在合成孔径图像距离维的位置,不同位置的模糊度是不一样的;B_p 为方位向处理的多普勒频率带宽;$G(f,\tau)$ 为不同位置的天线增益;$\sigma_0(f,\tau)$ 为不同位置的雷达后向散射截面积,T_p 为脉冲重复周期。

式(1-25)的含义为经过 f_p 折叠后落入主瓣区的副瓣天线收到的回波能量与天线主瓣收到的回波能量之比,模糊度这个值越小,对图像质量的影响越小。为了进一步方便分析,下面分别对方位模糊度和距离模糊度进行讨论。

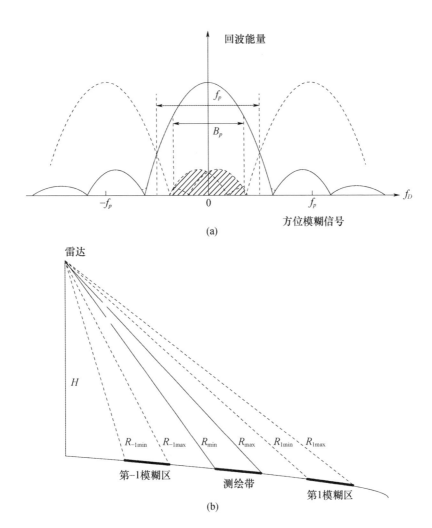

图 1-4 星载合成孔径雷达模糊示意图

(a)方位模糊示意图;(b)距离模糊示意图。

1)方位模糊度

在单独考虑方位模糊度(Azimuth Ambiguity to Signal Ratio,AASR)时,认为所有回波到雷达的距离是相同的,同时假设雷达反射截面积也相同,这样方位模糊度 AASR 为

$$\text{AASR} = \frac{\sum_{m,n=-\infty;m,n\neq 0}^{\infty} \int_{-B_p/2}^{B_p/2} G^2(f + mf_p) \, df}{\int_{-B_p/2}^{B_p/2} G^2(f) \, df} \tag{1-26}$$

由式(1-26)可知,雷达天线在方位向的副瓣大小决定了AASR,因此要压低方位模糊度,必须控制天线方位向的副瓣。但是在工程上,天线副瓣是不可能任意低的,特别在星载合成孔径雷达中,受各种条件的限制,方位天线副瓣一般高于-20dB,大多数星载合成孔径雷达的AASR仅仅在-20dB左右。除了与方位向天线副瓣有关外,方位模糊度还与天线指向精度、信号处理带宽以及雷达工作频率相关。

式(1-26)的成立隐含了一个前提条件,即天线指向误差为零。实际上由于平台以及天线自身原因,天线总存在指向误差,从而导致回波信号的多普勒频率中心不为零,存在偏差值Δf,这样式(1-26)修正为

$$\mathrm{AASR} = \frac{\sum_{m,n=-\infty;m,n\neq 0}^{\infty} \int_{-B_p/2}^{B_p/2} G^2(f + m \cdot f_p + \Delta f) \mathrm{d}f}{\int_{-B_p/2}^{B_p/2} G^2(f + \Delta f) \mathrm{d}f} \quad (1-27)$$

当存在Δf时,处理带宽中心不在天线波束的中心处,式(1-27)中分母代表的信号能量将下降,而分子代表的模糊信号能量将上升,从而导致AASR变差。

由式(1-27)可以看出,有两个途径可以减小ASSR:一是减小天线副瓣;二是提高脉冲重复频率。但是天线副瓣的减小是有限的,脉冲重复频率的提高还受到距离模糊度的限制,因为雷达回波在距离维也是模糊的。

2) 距离模糊度

距离模糊度(Range Ambiguity to Signal Ratio,RASR)定义为

$$\mathrm{RASR} = \frac{\sum_{i=1}^{N} S_{ai}}{\sum_{i=1}^{N} S_i} \quad (1-28)$$

S_{ai}和S_i分别表示距离向的模糊信号和有用信号的功率。

$$S_i = \frac{\sigma_{ij} G_{ij}^2}{R_{ij}^3 \sin(\eta_{ij})} \quad (1-29)$$

$$S_{ai} = \sum_{\substack{j=-n \\ j\neq 0}}^{n} \frac{\sigma_{ij} G_{ij}^2}{R_{ij}^3 \sin(\eta_{ij})} \quad (1-30)$$

式中:σ_{ij}为对应入射角的地面归一化的后向散射系数,G_{ij}为对应角度的天线增益,η_{ij}为对应的入射角,R_{ij}为对应的雷达斜距,有

$$R_{ij} = \frac{c}{2}(t_i + m \cdot T_p) \quad (1-31)$$

t_i 为成像带宽中某一点对应的时间时延。显然脉冲重复频率越高,距离模糊度就会越差,脉冲重复频率的选取需要同时考虑方位和距离模糊度。

4. 图像对比度[3]

图像对比度是反映合成孔径图像质量的另一个重要参数,它主要描述图像的聚焦。理论上一个点目标的回波信号经相关处理后,体现在合成孔径图像内也只有一个点,但其实这个点目标回波能量会泄漏到邻近单元中,泄漏的能量越多,说明回波信号的聚焦越差,图像的对比度也越差,因此必须有指标对其进行约束,其指标分别为峰值旁瓣比和积分旁瓣比。用 $S_o(x,y)$ 表示合成孔径雷达的点目标响应函数,它反映了已形成点目标在合成孔径图像的两维幅度分布图,其中 x,y 分别表示距离和方位两个方向。

1) 峰值旁瓣比(Peak Side – Lobe Ratio,PSLR)

根据定义,峰值旁瓣比为点目标响应函数的最大值与所有邻近单元的最大值之比。但在工程上,一般偏离这个点目标越远,其值越小,所以一般以主瓣为中心,10 倍分辨单元范围内的最大值来进行计算,有

$$\text{PSLR} = 10\lg \frac{\max_{\substack{|x|<\delta_r \\ |y|<\delta_a}} |S_o(x,y)|^2}{\max_{\substack{|x|\geq 5\delta_r \\ |y|\geq 5\delta_a}} |S_o(x,y)|^2} \qquad (1-32)$$

式中:δ_r、δ_a 分别为图像的距离和方位向的分辨单元。

2) 积分旁瓣比(Integrated Side – Lobe Ratio,ISLR)

根据定义,积分旁瓣比为点目标响应函数主瓣积分能量与所有邻近单元的积分能量之比。同样由于偏离主瓣越远,能量越小,所以工程上以 2 倍分辨单元内主瓣能量积分值与近邻 20 倍分辨单元范围内的能量积分值之比来进行计算,因此,有

$$\text{ISLR} = 10\lg \frac{\int_{-\delta_r}^{\delta_r} \int_{-\delta_a}^{\delta_a} |S_o(x,y)|^2 \mathrm{d}x\mathrm{d}y}{\int_{-10\delta_r}^{10\delta_r} \int_{-10\delta_a}^{10\delta_a} |S_o(x,y)|^2 \mathrm{d}x\mathrm{d}y - \int_{-\delta_r}^{\delta_r} \int_{-\delta_a}^{\delta_a} |S_o(x,y)|^2 \mathrm{d}x\mathrm{d}y}$$

$$(1-33)$$

5. 覆盖范围

覆盖范围是衡量星载合成孔径雷达能够进行成像的区域大小,又分为可视范围和瞬时成像范围。可视范围一般指成像雷达工作时可选择成像区域的大小,一般由雷达可用的入射角范围和雷达卫星的轨道高度确定,对于低轨成像雷达卫星,可视范围一般只有几百千米。瞬时成像范围是指雷达一次成像的区

域大小,它主要与雷达的工作模式密切相关,一般分辨率要求越高,瞬时成像范围越小,具体在后面的工作模式一节讨论。

6. 辐射特性

星载合成孔径雷达获得的图像其实反映的是目标对雷达的后向反射特性,即目标的雷达后向散射截面积(Radar Cross Section,RCS),得到的 σ_0 越精确,越可以真实反映目标的属性。合成孔径雷达用辐射精度衡量 σ_0 的测试精度,同时可以根据 σ_0 分辨率来区分不同的目标,因此用辐射分辨率来衡量 σ_0 的分辨率。

1) 辐射精度

由合成孔径雷达获取的图像强度直接推算目标的 RCS,其精度不会很高,因为数据获取过程中受到多方面的影响。首先是雷达内部参数的稳定性,如辐射功率、接收机的增益等;另外由于照射到目标的天线波瓣增益存在差异,因此要获得高的辐射精度,需要进行内外定标,定标的精度基本决定辐射精度;同时还存在雷达器件的老化等影响,需要周期性开展定标工作。

2) 辐射分辨率[3]

辐射分辨率是表征分辨图像内不同目标后向散射系数的能力,影响图像的解读能力。辐射分辨率可表示为

$$\gamma_0 = 10\lg(1 + q) \quad (1-34)$$

q 为存在噪声时的信噪功率与无噪声时的信号功率之比,在单视图像下,q 为

$$q = \frac{S+N}{S} = 1 + \left(\frac{S}{N}\right)^{-1} \quad (1-35)$$

上式中 S/N 为单视图像信噪比,当采用多视处理时,q 为

$$q = \frac{1 + \left(\frac{S}{N}\right)^{-1}}{\sqrt{M}} \quad (1-36)$$

M 为独立视数。但是采用多视处理时,图像的分辨率会快速下降。

7. 定位精度[4]

定位精度是指合成孔径图像中的像素点对应的目标在实际空间中的位置精度。假设有一点目标在地理坐标系的位置为 (X_t, Y_t, Z_t),那么它将满足以下方程:

$$R = |\boldsymbol{R}_s - \boldsymbol{R}_t| \quad (1-37)$$

$$f_d = \frac{2}{\lambda R}(V_s - V_t)(R_s - R_t) \qquad (1-38)$$

$$\frac{X_t^2 + Y_t^2}{(R_e^2 + h^2)} + \frac{Z_t^2}{\left[\left(1 - \frac{1}{P_e}\right)(R_e + h)\right]} = 1 \qquad (1-39)$$

式(1-37)中:R 为雷达到点目标的距离,R_s 为卫星自身在地理坐标系中的位置矢量,R_t 为点目标在地理坐标系中的位置矢量,V_s 为卫星在地理坐标系中的速度矢量,V_t 为点目标在地理坐标系中的速度矢量,R_e 为等效地球半径,P_e 为地球平坦度因子,h 为目标的高度,其中

$$V_t = \boldsymbol{\omega}_e R_t \qquad (1-40)$$

式中:$\boldsymbol{\omega}_e$ 为地球自转角速率矢量。

由式(1-37)到式(1-39)可以看出,目标的定位精度与卫星的位置精度与速度精度、目标到雷达的距离精度、目标多普勒频率估计精度以及目标的高度等有关。

8. 极化隔离度

现有许多星载合成孔径成像雷达采用多极化天线,以获取多极化图像。土壤、冰、雪、植被等目标的多极化图像大大有助于定量解译图像。为此需要对雷达的极化有定量要求,这就是极化隔离度。极化隔离度主要取决于雷达天线的极化隔离度。

9. 功耗和重量

对于星载合成孔径雷达,由于雷达到目标的距离至少在数百千米,因此所需要的雷达功率孔径积较大,而支撑雷达的卫星所能提供的功耗和重量是有限的,因此在雷达满足电性能的同时,必须对雷达的功耗和重量进行限制,雷达功耗和重量的高低也是雷达设计和制造水平的重要标志之一。

1.1.3 合成孔径雷达常用工作模式

星载合成孔径雷达常规的工作模式是根据其天线指向目标方式的不同分成标准的条带模式(Strip Mode)、扫描模式(Scan Mode)和聚束模式(Spotlight Mode),如图 1-5[5]所示。这三种模式主要区别在于,天线波束驻留时间不同,导致雷达合成孔径长度不同,对应方位分辨率会有差异,同时所能成像的幅宽有相应差异。在此三种模式基础上,又派生 TOPSAR[6]和 Strip/Spotlight[7]混合模式。

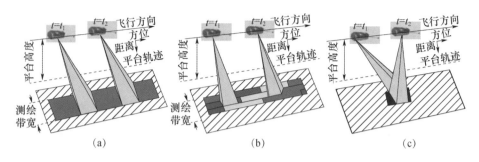

图1-5 星载合成孔径成像模式

(a)条带模式;(b)扫描模式;(c)聚束模式。

1. 条带模式

星载合成孔径雷达工作在条带时,天线波束指向在方位向和距离向均保持不动,仅仅依靠雷达平台的自身运动,形成一条带状的成像区域。此时,对于成像区域中的任何一个点目标,其合成孔径长度由雷达天线在方位向的波束宽度和雷达到目标的距离确定,具体为

$$L \approx R \frac{\lambda}{d} \quad (1-41)$$

式中:d 为雷达天线方位向口径,由式(1-9)可得雷达的方位分辨率为 $d/2$。其成像幅宽 W 由天线在距离方向的波束宽度 $\Delta\theta_r$ 和斜距 R 确定,有

$$W = \frac{R \cdot \Delta\theta_r}{\cos\eta} \quad (1-42)$$

η 为雷达的入射角。

2. 扫描模式

为了扩大雷达的成像范围,需要天线在距离向进行扫描,形成 N 个子成像条带,每个子成像条带的成像幅宽与标准条带模式一致,这样总的成像幅宽是标准条带模式的 N 倍。同时为了保持成像条带的连续性,要求天线在方位波束照射时间内不仅要完成从第1子条带到第 N 子条带的扫描,而且要回到起始的第1子条带,如果天线波束在每个子条带的驻留时间相同,那么天线波束在每个子条带的驻留时间是标准条带的 $1/(N+1)$,相应的方位分辨率降为 $(N+1)\delta_a$。

3. 聚束模式

为了提高雷达的方位分辨率,可以通过天线在方位向的扫描或是雷达平台的转动,延长天线波束在目标区的驻留时间。假设雷达天线指向从图1-5中

的 t_1 维持到 t_2,在这段时间内雷达相对目标区的角度转动 θ_{az},那么合成孔径长度为

$$L \approx R\theta_{az} \tag{1-43}$$

同样由式(1-9)可得雷达的方位分辨率 δ_a 为

$$\delta_a = \frac{\lambda}{2\theta_{az}} \tag{1-44}$$

4. TOPSAR 模式

星载合成孔径雷达工作在扫描模式下,在获取目标回波时,雷达天线只在距离向进行周期性扫描,这样会有一个缺陷,就是不仅处在不同子条带的目标存在天线波瓣的幅度调制,而且处在同一子条带的不同方位位置的目标也存在方位天线波瓣的幅度调制。

在图 1-6 中,当雷达工作在扫描模式时,处在不同方位位置的三个点目标 P_1、P_2、P_3 存在不同的幅度加权,且这个幅度加权不是稳定不变的。这样即使这 3 个点目标的雷达后向散射系数一样,体现在合成孔径图像上的强度也是不一样的,即均匀的目标如巴西亚马孙森林也会出现不均匀的明暗条纹,且很难用事先测得的天线波瓣函数进行补偿。

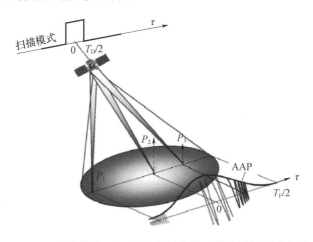

图 1-6 扫描模式下,不同目标被方位天线波瓣调制示意图

为了克服这个缺点,TOPSAR 模式对传统扫描模式的天线扫描形式进行改进,在成像过程中,天线不仅在距离向进行扫描,同时在方位向也进行扫描。如图 1-7 所示,这样方位向天线波瓣对目标回波幅度加权是一致且稳定的。由雷达引起的处在不同位置处的目标模糊度、方位分辨率和信噪比都是一样的。

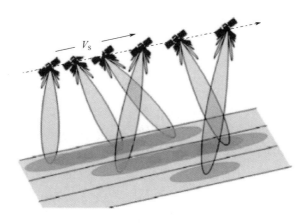

图 1-7 TOPSAR 扫描示意图

5. Hybrid Strip/Spotlight 模式

条带与聚束的混合模式,国内称之为滑动聚束模式,其主要目的是在方位分辨率和成像幅宽之间可以进行选择。即在这种模式下,方位分辨率优于条带模式,但低于聚束模式,成像幅宽比聚束模式大,但不像条带模式是连续的一条带。

滑动聚束模式依靠调整天线在方位向聚焦点实现。工作在条带模式时,雷达天线的方位向聚焦点在无穷远处;工作在聚束模式时,雷达天线的方位向聚焦点在成像区域内;而工作在滑动聚束模式时,雷达天线的方位向聚焦点介于两者之间,如图 1-8 所示。

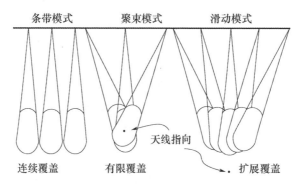

图 1-8 滑动模式天线扫描示意图

图 1-9 为雷达工作在滑动聚束模式时的几何关系图。雷达沿 AX 方向运动,O 点为天线的聚焦点,S 为成像区域的一点目标,R 为雷达到成像区域的距离,R_0 为成像区到 O 点的距离。假设雷达在匀速运动过程中,在 B 处天线主波束开始照射到 S 点,到 X 处天线主波束离开 S 点,那么对于 S 而言,雷达的合成

孔径长度为 L_1。在这个过程中,天线波束中心在成像区扫过的路径长度 L 近似为天线实孔径波束以小斜视角在距离 R 处走过的长度,也就是近似为条带模式下合成孔径长度。因此由几何关系可得

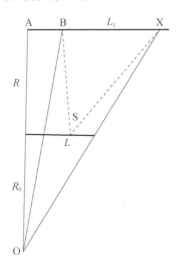

图 1-9　工作在滑动聚束模式时的几何关系图

$$\frac{L_1}{L} = \frac{R_0}{R_0 + R} = \frac{1}{a} \quad (1-45)$$

式中:系数 a 为雷达合成孔径长度变化因子。因此在滑动聚束模式下,雷达能达到的方位分辨率为

$$\delta_a \approx \frac{R\lambda}{2L_1} \approx a\frac{d}{2} \quad (1-46)$$

因此,a 也称为图像分辨率的改善因子,它与距离有关。理论上成像区域内部不同点到雷达的距离是不同的,相应的分辨率也有变化,好在一般 R 远大于成像幅宽,由此带来的分辨率变化可以忽略。当 $a=1$ 时,滑动聚束模式就退化为条带模式,当 a 接近 0 时,就演变为聚束模式。滑动聚束模式在方位向的成像幅宽 W 为

$$W = (R + R_0)\tan\theta - L_1 \quad (1-47)$$

θ 为雷达天线在方位向的转动角。

1.2　合成孔径雷达的应用[8]

由于合成孔径雷达图像呈现不同于光学照片的特征,其图像特征不仅与目

标表面粗糙度、地理结构、介电特性,而且还与雷达的工作波长、极化和入射角等相关,因此利用这些特征可以评估诸如植物生长情况、水灾程度等。

1.2.1 合成孔径雷达图像特点

合成孔径雷达图像本质上反映的是目标区对雷达入射波进行二次反射后回到雷达的回波信号的强度分布图。图像的可分辨像素大小为对应的雷达分辨率,显示的每个像素点的灰度值代表了该分辨单元内目标反射的强度,因此实际上合成孔径雷达图像反映的是目标区的散射特性。图像分辨率越高,表明散射特性的精细程度越好,当分辨率提高到一定程度时,目标区域内不同点的散射特性(即散射系数)差异就反映了目标的地理特征。对比已知目标的散射特性与获得的合成孔径图像,可以判断目标的属性,这在军事上可以用来进行侦察和测绘,在民用上可以用来进行灾害评估等。

目标散射特性是入射波与目标区域相互作用的结果,因此它与入射波的频率、入射角和极化等特征有关,也与目标区域的介电常数、粗糙度(高度起伏)等因素有关。雷达波和目标区域的相互作用实际上非常复杂,但大体上可分为面散射、体散射以及它们的混合作用。

当目标区呈现均匀介电特性时,体现为面散射,如果目标区的粗糙度较小,也就是目标表面的起伏比雷达波长相比很小时,体现为镜面散射,此时入射波的能量一部分呈现镜面反射,一部分发生了折射;当目标表面起伏较大时,会产生各向散射,如图1-10(a)和图1-10(b)所示。

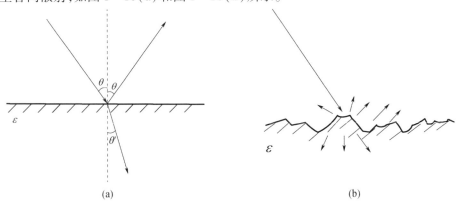

图1-10 目标区为均匀介电常数的散射示意图
(a)光滑面;(b)粗糙面。

而当目标区域的介电系数是非均匀时,表现为体散射模型,此时对入射波的散射是全向的,回到雷达的信号强度与目标的介电常数、几何形状和密度等相关,也与入射波频率和极化有关。

总之,针对同一目标区域,由于雷达频率、极化不同,理论上会呈现不同的雷达图像,这是与光学照片的不同之处,同时也是雷达图像的解读较为困难的原因。

1.2.2 民用

1. 海洋应用

星载合成孔径雷达能够不受海洋气候中常见的云雨等的影响提供大范围内的海洋图像,因此非常适用于研究海洋大尺度低频变化的规律。人类第一颗合成孔径雷达卫星以海洋卫星(Seasat)命名,表明了星载合成孔径雷达在海洋研究中的潜力。利用合成孔径图像可以监视海洋船只活动,当合成孔径雷达的分辨率足够高时,可以对船只进行分类,甚至判别船只的类型。同时船只在行进中,会在海洋表面形成"V"形波浪,如图1-11所示。这波浪的后向散射系数会远大于周围海洋表面的散射,因此在合成孔径图像中可清晰地形成以船只为顶点的"V"字形尾迹,有时尾迹可延续十多千米,根据尾迹可以判断船只的活动方向、行进速度等。

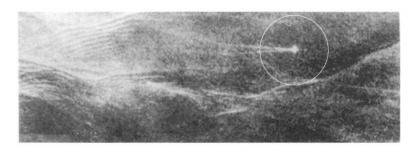

图1-11 Seasat卫星获得的合成孔径图像中的船只"V"字形尾迹

随着人类活动的不断增加,海洋污染问题日益严重,监视海洋污染已成为生态监视的主要方面之一。当海洋受污染时,其表面或内部存在诸如浮油、油膜等化学物质,含有这些物质的海洋面的后向散射特性必然与没有受污染的区域有很大的差异,反映在合成孔径图像上,其图像灰度有差异。利用这一差异,可以确定受污染海面的位置、大小,如果合成孔径图像的辐射精度和分辨率足够高,可以进一步判断油污的厚度,从而确定受污染的程度。

合成孔径雷达对海洋表面的粗糙度非常敏感,这个粗糙度与海面所刮的风和海洋内部的活动有关,同时还受到海面大尺度结构调整影响。根据海洋动力模型和海洋表面电磁波反射模型,可以利用合成孔径图像判断海洋表面的风向、风速和海洋中的内波位置。

2. 灾害评估

在我国有两类自然灾害危害最大:一是地震;二是水灾。当这些灾害发生时,往往都伴随着云雨,这会影响光学设备的正常工作,往往不能及时获取发生自然灾害区的图像,而合成孔径雷达却不受云雨的影响,可以正常获取图像。同时这些区域的雷达后向散射特性在受灾前后会产生显著的变化。发生地震时,灾区的道路、建筑物等会变形扭曲,由合成孔径图像可直接判断受灾区的位置,受灾的程度;同样水灾发生时,受水侵蚀的区域的散射强度会远小于不受水灾区域,根据这一点就可从合成孔径图像中评估受水灾位置和面积。

3. 农业

在我国确保耕地面积对保证粮食安全极为重要,如何防止耕地被地方挪作他用,核实各地上报的耕地粮食种植面积,已上升到政治高度。利用耕地与建筑物的雷达散射特性的差异,很容易利用合成孔径图像评估农业用地的面积。

不同农作物,同一农作物在不同生长期对雷达波的散射特征均不一样,因此利用合成孔径图像可以评估每种农作物的种植面积,监视农作物生长状况以及进行产量预估。

4. 林业

森林对于全球环境影响非常大,是防止地球变暖的重要手段。因此需要准确了解森林资源的各种要素,如森林面积、种类、密度、生长状况、砍伐程度甚至森林的蓄积量。

目前已有许多科研人员利用多极化合成孔径雷达图像分类阔叶林、针叶林和混交林。工作在低频波段的雷达具有穿透树林的能力,欧洲最近在研发 P 波段星载合成孔径雷达,希望利用 P 波段合成孔径图像来获取森林树冠的直径。

5. 地质

利用差分干涉合成孔经雷达技术可以探测大范围内细微的地质形变(其精度可达到雷达工作的波长级)、沉降、地球板块运动、火山爆发的岩浆运动等。

1.2.3 军用

由于合成孔径雷达具有全天候、全天时,不受云雾影响,工作在低波段的合成孔径雷达更具有揭露伪装、穿透树林等特点而受到各国重视,并已经得到了广泛的应用。星载合成孔径雷达还可以不受领空的限制,随意对全球任何地方进行侦察而备受关注,是否具有星载合成孔径雷达装备已成为衡量一个国家空间军事能力的标志之一,军事需求也是促进星载合成孔径雷达技术发展的主要动力。星载合成孔径雷达在军事领域的应用主要在侦察、打击效果评估和军事测绘方面。

1. 侦察与打击效果评估

军事侦察是星载合成孔径雷达主要的应用方向,随着技术的发展,雷达分辨率的不断提高,星载合成孔径能够探测、识别目标的能力越来越高。当雷达分辨率达到10m时,可检测并识别港口、城区和机场等大型目标;当雷达分辨率达到5m时,能检测中型舰船,桥梁;当分辨率达到3m时,能识别大部分舰船;当分辨率优于1m时,可识别飞机。目前最先进的星载合成孔径雷达分辨率已优于1m,在军事侦察方面的应用潜力非常大。对比目标区在遭受军事打击前后的合成孔径图像,可以直接评估军事打击毁伤的效果。

2. 军事测绘

军事测绘对现代战争是非常重要的,熟知地理是赢得战争胜利的必要条件,孙子兵法早就指出"夫地形者,兵之助也",现代战争赋予了军事测绘更重要的意义。精确的测绘不仅对行军布阵是必需的,也是现代精确打击武器所必备的。这些精确打击武器不仅要装订目标区域精确的三维数字地理信息(Digital Elevation Measurement,DEM),而且要装定发射地点到目标区域之间的精确地理信息,如果没有这些精确的地理信息就不能实现精确打击。

目前军事测绘主要依赖传统的光学测量设备。光学设备存在两方面的缺陷:一是当被测量地区常年有云雾时,光学设备不能正常工作;二是由光学图像得到DEM数据需要经过复杂的处理,花费时间较长,效率较低。

随着合成孔径雷达的出现,人们一直在考虑利用两部合成孔径雷达得到的同一区域的合成孔径雷达图像进行干涉测量(即InSAR技术)来获取这一区域的DEM数据。20世纪90年代,美国NASA利用航天飞机的一部InSAR雷达对地球表面进行了大面积测绘。这部InSAR雷达由一部主雷达和一部副雷达组成,主雷达同时发射和接收信号,副雷达仅仅接收回波信号。主、副雷达仅仅天线不同,其他部分为公用,俗称双天线InSAR系统。两部雷达天线之间间距为60m,人类第一次获得了从北纬60°到南纬56°之间的几千万平方千米的地球三维数字地图。地图的相对平面测量精度为30m,相对高程测量精度为6m。进入21世纪后,德国利用由双星编队组成了分布式 InSAR 系统(TanDEM 系统),它不同于航天飞机的 InSAR 系统,两颗卫星上的合成孔径雷达各自独立,没有公用部分,2 部雷达天线之间的距离有几百米,并随卫星轨道运动而变化。相比航天飞机的 InSAR 系统,它具有更长的测量基线,因此测量精度也更高,能获得相对平面测量精度为 10m,相对高程测量精度为 3m 的三维数字地图。

1.3 星载合成孔径雷达发展现状

星载合成孔径雷达的出现始于美国在 1978 年发射的海洋卫星 Seasat - A,目前已有多个国家和地区发射了合成孔径雷达卫星。

1.3.1 美国

美国是最早研究星载合成孔径雷达技术并拥有星载合成孔径雷达的国家。1978 年发射 Seasat - A 后,以航天飞机为平台于 1981 年、1984 年和 1993 年搭载了 SIR - A、SIR - B、SIR - C/X 雷达,全方位研究合成孔径雷达技术在空间领域的应用,其主要指标如表 1 - 2 所列。虽然这些雷达系统的指标如分辨率并不高,但验证了星载合成孔径雷达的设计技术,大大促进了合成孔径雷达技术在空间领域的工程应用。从 20 世纪 80 年代末,美军研制了长曲棍球系列雷达卫星,先后发射了 5 颗,但至今未公开其性能指标。据称前几颗采用大型抛物面天线,后几颗采用平面相控阵天线,其最高分辨率达 0.3m,是目前世界上分辨率最高的星载合成孔径雷达。最近几年美国发射了新一代的黄玉成像雷达卫星替代早期的长曲棍球卫星。值得指出的是,美国在 20 世纪 90 年代,利用航天飞机为平台,研制了 InSAR 系统,如图 1 - 12 所示,采用双天线的 InSAR 系统获得了大量的三维数字地图。

表 1 - 2 航天飞机雷达的主要指标

名称	SIR - A	SIR - B	SIR - C	SIR - X
工作时间	1981	1984	1993/1994	1993/1994
平台高度/km	259	225	215	215
工作频率	L	L	L/C	X
天线极化形式	HH	HH	HH,HV,VH,VV	VV
入射角范围/(°)	50(固定)	15~60	15~60	15~60

续表

名称	SIR-A	SIR-B	SIR-C	SIR-X
天线尺寸/(m×m)	9.4×2.2	10.7×2.2	12.1×2.8(L) 12.1×0.8(C)	12.1×0.4
等效噪声系数/dB	-25	-35	-50(L), -40(C)	-26
分辨率(方位/距离)/m	4.7/33	5.4/14.4	6.1/8.7	6.1/8.7
幅宽/km	50	15~50	30~100	10~45

图 1-12 美国航天飞机双天线 InSAR 系统

1.3.2 苏联(俄罗斯)

苏联是第二个独立研制星载合成孔径雷达的国家,1987 年 7 月发射第一颗钻石卫星(ALMAZ),1990 年发射了第二颗。由于苏联的解体,其继承者俄罗斯虽然继续研究星载合成孔径雷达,但由于投入不足,发展相对处于停滞状态。直到 2014 年 9 月,俄罗斯发射了 Kondor-E 卫星。

1.3.3 欧洲

欧洲研究星载合成孔径雷达技术始于同美国的合作,德国和意大利参与了美国 NASA 的 SIR 项目中的 X 波段合成孔径雷达的研制,为其提供了部分设备。之后欧洲空间局于 1991 年发射了装载 C 波段合成孔径雷达的欧洲地球资源卫星(ERS-1),1995 年发射了第二颗卫星(ERS-2)。2002 年发射了地球环境监视卫星(Envisat),雷达工作在 C 波段,分辨率与早期的 ERS - 1/2 相同,但工作模式更完善、覆盖范围更大。主要指标如表 1-3 和表 1-4 所列。

表 1-3 欧洲地球资源卫星(ERS-1)的雷达主要指标

工作时间	1991
平台高度/km	785
工作频率	C
天线形式	波导天线
天线尺寸/(m×m)	10×1
极化形式	VV
入射角/(°)	23(固定)
分辨率(方位/距离)/m	30/30
幅宽/km	100

表 1-4 欧洲地球环境监视卫星(Envisat)的雷达主要指标

工作时间	2002	
平台高度/km	785	
工作频率	C	
天线形式	有源相控阵	
天线尺寸/(m×m)	10×1.3	
极化形式	HH、HV、VV、VH	
入射角/(°)	15~45	
分辨率(方位/距离)/m	30/30	150/150
幅宽/km	50~100	400

进入 21 世纪后,德国和意大利各自研发了分辨率更高的星载合成孔径雷达。德国发射了 2 个型号共 7 颗合成孔径雷达卫星,其中 5 颗 SAR - Lup 卫星,雷达采用抛物面天线,最高分辨率优于 1m,如图 1-13 所示;2 颗 TerraSAR 卫星,雷达采用有源相控阵天线,最高分辨率为 1m,并把这 2 颗卫星组成第 1 部分布式 InSAR 系统,提供高精度的三维数字地图,如图 1-14 所示。意大利发射了 4 颗 COSMO 雷达卫星,雷达也采用有源相控阵天线,分辨率也在 1m 左右,如图 1-15 所示。主要性能指标如表 1-5、表 1-6 和表 1-7 所列。

图 1-13 德国的 SAR-Lup 雷达卫星

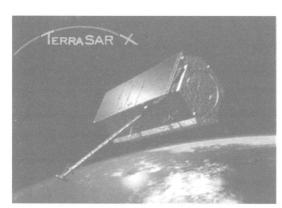

图 1-14 德国的 Terra-SAR 卫星和双星工作的 Tan-DEM 系统

图 1-15 意大利 COSMO 雷达卫星

表1-5 德国 SAR-Lupe 卫星的雷达主要指标

工作时间	2006年12月发射首星	
平台高度/km	500	
工作频率	X	
天线形式	前置偏馈抛物面天线	
天线尺寸/(m×m)	3.3×2.7	
分辨率(方位/距离)/m	0.5/0.5	1/1
幅宽/km	5.5×5.5	8×60

表1-6 德国 Terra-SAR 卫星的雷达主要指标

工作时间	2007年6月发射首星		
平台高度/km	511.5		
工作频率	X		
天线形式	有源相控阵天线		
天线极化形式	HH、HV、VH、VV		
天线尺寸/(m×m)	4.8×0.7		
T/R组件数量/个	384		
天线扫描范围(方位/距离向)/(°)	±0.75/±19.2		
分辨率(方位/距离)/m	1/0.6~1.5	3/3	16/16
幅宽/km	5×10	30	100

表1-7 意大利 COSMO 卫星的雷达主要指标

工作时间	2007年6月发射首星		
平台高度/km	619		
工作频率	X		
天线形式	有源相控阵天线		
天线极化形式	HH、HV、VH、VV		
天线尺寸/(m×m)	5.7×1.4		
T/R组件数量/个	1280		
天线扫描范围(距离向)/(°)	±15		
分辨率(方位/距离)/m	1/1	3/3~15	30/30
幅宽/km	10×10	40	100

2014年4月,欧空局发射了Sentinel-1卫星,如图1-16所示。该卫星工作在C波段,延续了EnviSAT数据的基本特征,分辨率和幅宽有了很大提升。条带模式地面分辨率是5m×5m,幅宽80km。干涉宽幅模式地面分辨率为5m×20m,幅宽达到250km。

图1-16　Sentinel-1卫星示意图

1.3.4　加拿大

加拿大根据国家自身的需要,研制以海洋应用为主的星载合成孔径雷达。1995年发射了第1颗装载C波段的Radarsat-1卫星,如图1-17所示,该卫星最高分辨率在10m左右,2009年发射了第2颗性能更高的Radarsat-2卫星,最高分辨率为3m,雷达主要性能如表1-8所列。目前这2颗卫星是海洋、冰川等应用最广泛的卫星。

图1-17　加拿大的RADARSAT-2

表1-8 加拿大的RADARSAT-2卫星的雷达主要性能

工作时间	2009年		
平台高度/km	800		
工作频率	C		
天线形式	有源相控阵天线		
天线极化形式	HH、HV、VH、VV		
天线尺寸/(m×m)	15×1.4		
T/R组件数量/个	512		
天线扫描范围(距离向)/(°)	±30		
分辨率(方位/距离)/m	3/3	11/9	50/50
幅宽/km	20	50	300

1.3.5 日本

日本出于战略需求,非常重视星载合成孔径雷达技术的研究,是第一个拥有星载合成孔径雷达的亚洲国家。1992年发射了L波段合成孔径雷达卫星JERS-1,分辨率为18m,2006年发射了性能更高的ALOS卫星,雷达分辨率达到10m左右,2014年又发射了ALOS-2卫星,如图1-18所示,其合成孔径雷达仍然工作于L波段,但分辨率最高达1m。其主要性能如表1-9所列。

表1-9 日本ALOS和JERS-1卫星的雷达主要性能

名称	ALOS	JERS-1
工作时间	2006	1992
平台高度/km	691	568
工作频率	L	L
天线极化形式	HH、HV、VH、VV	HH
入射角范围/(°)	10~60	35(固定)
天线尺寸/(m×m)	8.9×3.1	12.2×2.2
等效噪声系数/dB	-23	-18
分辨率(方位/距离)/m	10/10 71~157/100	18/18
幅宽/km	70 360	75

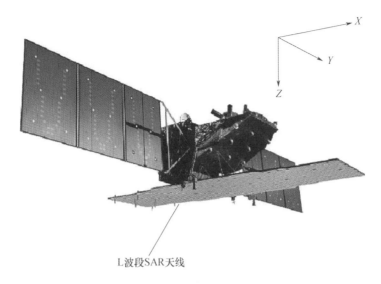

图 1-18 日本 ALOS-2 卫星示意图

1.3.6 其他国家

以色列研发了极具特色的 TecSAR,如图 1-19 所示,它是目前重量最轻的星载合成孔径雷达,其重量只有 100kg 左右,工作在聚束模式时分辨率达到 1m,条带工作时分辨率达到 3m,由于受天线体制限制,雷达观测视角和成像幅宽受限制。印度、韩国也通过引进等手段,拥有了自己的星载合成孔径雷达卫星。

图 1-19 以色列的 TecSAR

1.3.7 现有星载合成孔径雷达特点

从现有星载合成孔径雷达的性能来看,分辨率已经优于 1m,已与光学相机的水平相比拟,这大大扩展了合成孔径雷达的使用范围。工作模式覆盖了常规的聚束、条带和扫描模式,并且为扩大聚束模式的成像范围,产生了 Strip – Spot 模式(国内也称为滑动模式),这种模式在方位向的成像范围要大于聚束模式,但以降低方位分辨率为代价,一般来说,成像范围扩大一倍,方位分辨率要减小一倍;为改善扫描模式容易出现的图像扇贝效应,对扫描模式进行了修正,雷达工作时,天线在距离向扫描的同时,在方位向也进行相应的扫描,减小了每一个子带间的天线增益的变化范围,从而可以有效缓解扇贝效应,即 Top-SAR 模式。

现有星载合成孔径雷达的工作频率有 L、C 和 X 波段,其中高分辨率合成孔径雷达集中在 X 波段,海洋和环境等民用为主的工作在 L 和 C 波段。雷达工作频率的选择与应用密切相关,民用对分辨率的要求不算太高,但要求雷达成像的幅宽要大,因此选用低频率,而要求分辨率越高越好的军用合成孔径雷达,则只能工作在高频段,以获取宽带以便于实现高分辨率。

最能反映合成孔径雷达技术特点的是天线。目前合成孔径雷达所采用的天线形式有两类:平面相控阵天线和抛物面天线。具有多功能、多工作模式和大视角的合成孔径雷达均采用平面相控阵天线,这由于相控阵天线波束扫描灵活、波束之间的转换速度快,容易使合成孔径雷达实现多功能,代价是重量、成本相对大。相控阵天线另一个特点是所有元器件是低功率且工作在低电压的固态器件,天线内部的单机相互之间存在冗余,因此可靠性较高。而抛物面天线与此相反,重量和成本相对小,但天线的扫描范围较小,相应雷达的视角受限制,同时一些工作模式需要卫星平台的配合才能完成,如需要聚束模式时,要求卫星平台精确转动。

1.4 星载合成孔径雷达技术发展趋势

虽然迄今为止,星载合成孔径雷达已经有了很大的发展,得到了广泛的应用,但随着需求的多样化,对合成孔径雷达的要求在不断提高,同时半导体电子技术也在不断发展,因此星载合成孔径雷达技术仍在不断的发展之中,其技术的发展主要体现在以下几个方面:

1.4.1 超高分辨率成像技术

合成孔径图像的分辨率越高,识别目标的能力越强,应用也越广,这在军事上尤其如此,因此分辨率一直是合成孔径雷达技术发展的主要推动力之一,随着分辨率的提高,对合成孔径雷达的要求也会全面提升。美国在 2007 年提出了星载合成孔径雷达设想[9],其最高分辨率要达到 0.1m,主要指标如表 1-10 所列。

表 1-10 美国下一代星载合成孔径雷达的主要指标设想

平台高度/km	1000
工作频率	X
天线形式	有源相控阵天线
天线尺寸/(m×m)	16×2.5~25×4
天线扫描范围(方位/距离)/(°)	±45/±21
分辨率(方位/距离)/m	0.1/0.1;1/1

从表 1-10 可以看出,该雷达将采用有源相控阵天线,天线尺寸按最小方案考虑,需要达到 $40 m^2$,远大于现有系统。这是因为随着分辨率的提高,每个分辨率单元对应的雷达反射截面积也将随之下降,为保证足够的图像信噪比,要求增大雷达的功率孔径积,天线的工作带宽、扫描角范围、重量和效率等均有显著提高,这要求雷达的设计、制造水平要有跨越式发展。

1.4.2 高分辨率宽覆盖成像技术[10]

按常规星载合成孔径雷达设计准则,随着分辨率的提高,其成像幅宽必定下降,现有合成孔径雷达都遵循这一准则。但是这也会给应用带来问题,虽然高分辨率可以提高目标识别能力,但是如果图像面积太小,就会出现用麦管看地球的效应,同样不能实现有效观测地球的目标。因此在追求高分辨率的同时,自然还要求一次成像的面积比较大,高分辨率宽覆盖成像技术也是星载合成孔径雷达技术发展的重点方向之一。德国等国家正在研究这一技术,提出了雷达系统指标,如表 1-11 所列。以 1m 分辨率为例,从常规聚束模式 10km×10km 的范围,扩展到近 100km 的条带。

表 1-11 德国下一代高分宽幅星载合成孔径雷达主要指标的设想

平台高度/km	500~700
工作频率	X
天线形式	有源相控阵天线
天线尺寸/(m×m)	11.2×2
入射角范围/(°)	20/55
分辨率(方位/距离)/m	1/1

续表

成像幅宽/km	100
等效噪声系数/dB	-19
方位模糊度/dB	-21
距离模糊度/dB	-21

1.4.3 高精度 InSAR 技术

目前精度最高的星载 InSAR 系统是德国的 TanDEM 系统,其测量精度为平面精度 3m,高度精度 3m,能够满足 1∶50000 比例尺的作图要求。但对于更高精度的作图,如 1∶10000 比例尺,甚至 1∶5000 比例尺,要求星载 InSAR 的分辨率和测高精度达到 1m 左右,这会对雷达和卫星提出更高的要求。

1.4.4 中高轨合成孔径雷达技术

现有星载合成孔径雷达卫星都工作在 1000km 以下的低轨道,处在低轨道的卫星有一很大的缺点,就是卫星的回归周期较长,一般在 4~5 天。因此一颗卫星的时间分辨率较长,当需要缩短观测间隔,通常的办法就是采用多卫星组网,如意大利的 COSMO 系统由 4 颗卫星组成,德国的 SAR - Lup 系统由 5 颗卫星组成。卫星组网增加了卫星的采购、发射和维护成本,即使如此仍不能满足有些特殊要求,因此希望把合成孔径雷达卫星放在更高的轨道,甚至是同步轨道,以满足对特定区域的高时间分辨率的观测要求。随着轨道的提高,对于合成孔径雷达将会产生新的问题,首先是卫星轨道越高,雷达到目标的距离会快速增大,要求雷达有较大的天线功率积;其次,为保持高的方位分辨率,要求天线在方位向有较大角度的扫描能力或是卫星平台提供非常平稳的方位向转动能力。大功率孔径天线对平台的体积、重量、功耗提出了更高的要求,天线的展开技术也会随之变得非常复杂。高轨合成孔径雷达可以改善时间分辨率,但其代价也是很大的,目前仍在探索探究之中。

1.4.5 动目标检测技术

众所周知,合成孔径雷达主要对静止目标成像,描述静止目标的特性,有时不仅希望知道静止目标的状态,也希望了解观测区内的动目标情况,至少希望了解在观测区域内有无动目标,以及动目标的活动状态。如图 1 - 20 所示,国外已在利用现有合成孔径雷达系统做动目标检测(SAR – GMTI)的试验[11]。

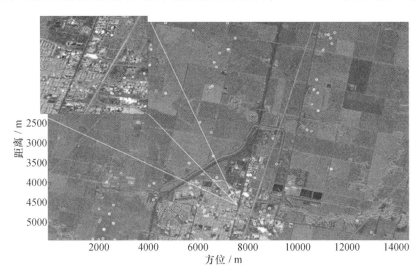

图 1 – 20　加拿大 Radarsat – 2 动目标的试验结果(见彩图)

(图中的圆点代表动目标)

1.4.6　星载合成孔径雷达抗干扰技术

星载合成孔径雷达不仅可以用于国民经济建设,也可以支持军事侦察等活动,但由于雷达卫星的运行轨道是基本固定的,容易被敌对方掌握活动规律进而受到干扰,因此抗干扰技术已成为星载合成孔径雷达技术研究的热点之一。

第 2 章
星载干涉合成孔径雷达技术

普通合成孔径雷达只能提供目标的二维坐标信息,即沿雷达运动方向的方位信息和垂直于运动方向的距离信息,而干涉合成孔径雷达(Interferometric SAR,InSAR)通过测量来自同一目标在不同视角的两幅合成孔径图像中该目标点的回波信号的相位差来获取其高度信息,拓展了成像雷达的应用范围。首先 InSAR 可以获取全球高程地理信息,建立全球 DEM 数据库,图 2-1 为德国 TanDEM 系统获取的 DEM[12]。其次 InSAR 可以多次观测同一区域,并把获取的高程信息进行差分处理,感知地壳的变化,有助于评估城市的地面沉降、地震引起的变化、冰川的变化等。

图 2-1 TanDEM 系统获取的澳大利亚 Flinders Ranges 地区的 DEM 图(见彩图)

本章主要介绍了干涉 SAR 和差分干涉 SAR 的基本原理,分析了影响测量精度的因素,讨论了星载干涉 SAR 的实现方式,最后对星载分布式干涉 SAR 的关键技术进行了分析。

2.1　InSAR 基本原理

假设有两部主副雷达 S1 和 S2,它们相对目标点 P 的几何关系如图 2-2 所示。为便于分析,令 S1 为发射信号的主雷达,S1 和 S2 同时接收点目标 P 反射的回波信号。S1 和 S2 之间的基线长度为 B,倾角为 α。S1 和 S2 到目标点 P 的距离为 R_1 和 R_2,S1 相对目标点 P 的入射角为 θ。S1 与 S2 的连线和 S1 与 P 的连线形成的夹角为 β。S1、S2 和 P 点形成的测量面垂直于雷达飞行方向。S1 自身的高度为 H,目标点 P 的高度为 h。

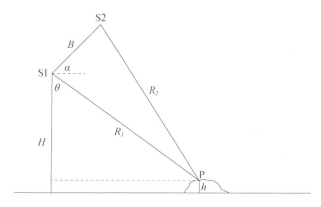

图 2-2　干涉 SAR 雷达与目标点 P 的几何关系图

由图 2-2,根据余弦定律,可得

$$\cos\beta = \frac{R_1^2 + B^2 - R_2^2}{2BR_1} \tag{2-1}$$

令 $\Delta R = R_1 - R_2$,有

$$\cos\beta = \frac{R_1^2 + B^2 - (R_1 + \Delta R)^2}{2BR_1} \tag{2-2}$$

考虑 $R_1 \gg B$,$R_1 \gg \Delta R$,式(2-2)简化为

$$\Delta R \approx B\cos\beta \tag{2-3}$$

又 $\beta = 90° - (\theta - \alpha)$,式(2-3)变为

$$\Delta R \approx B\sin(\theta - \alpha) \tag{2-4}$$

而由图 2-2 可知,点 P 的高度 h 为

$$h = H - R_1\cos\theta \tag{2-5}$$

虽然,直接可由式(2-4)和式(2-5)获取点 P 的高度,但是精度得不到保证,因为距离 R_1 和 R_2 的测量误差较大,一般在米级左右。因此,由 R_1 和 R_2 的值获取 ΔR 误差也在米级左右,这将导致很大的测量误差。

另一种精度更高的获取 ΔR 的方法是利用 S1 和 S2 接收到的信号的相位信息,S1 接收到的信号相位 ϕ_1 为

$$\phi_1 = \frac{2\pi}{\lambda}(R_1 + R_1) \qquad (2-6)$$

S2 接收到的信号相位 ϕ_2 为

$$\phi_2 = \frac{2\pi}{\lambda}(R_1 + R_2) \qquad (2-7)$$

两者的相位差 $\Delta\Phi$ 为

$$\Delta\Phi = \frac{2\pi}{\lambda}(R_1 - R_2) \qquad (2-8)$$

由式(2-4)和式(2-8)可知:

$$\Delta\Phi \approx \frac{2\pi}{\lambda}B\sin(\theta - \alpha) \qquad (2-9)$$

由式(2-9)可以看出,由两套雷达接收到的同一目标点 P 的回波信号的相位差,两套雷达的基线 B,以及基线的倾角 α,可以获取 θ 角,最后由式(2-5)得到点 P 的高度。

需要注意的是,通过回波信号直接得到的相位差 $\Delta\phi$ 为经过 2π 模糊后的值,因此不能直接用 $\Delta\phi$ 值代入式(2-9)计算 θ 角,需要通过解相位模糊处理后获得没有模糊的 $\Delta\Phi$ 值,$\Delta\Phi = \Delta\phi + 2\pi m$,m 为整数,$\Delta\phi$ 为实际干涉相位 $\Delta\Phi$ 的主值。

干涉合成孔径雷达的实质是通过对两部雷达得到的合成孔径图像进行干涉处理,取得图像中的每个位置点(像素点)的相位差,利用这个相位差,获取该位置点的高度值。

干涉合成孔径雷达不仅可以获取全球 DEM 图,而且对多次获取的干涉合成孔径图进行差分处理,可以得到地形的形变量,这称之为差分干涉 SAR。

假设有一地形在干涉合成孔径雷达对其进行两次观测期间发生了形变,如图 2-3 所示,两次形变之间的位置差异为 D。同时为便于分析,两部干涉雷达在两次观测期间的相对位置保持不变,即观测视角和相对位置保持不变,那么对干涉雷达按一发双收模式获得的二次 DEM 图像进行差分处理,其相位差 $\Delta\Phi_D$ 为

$$\Delta\Phi_D = \Delta\Phi_1 - \Delta\Phi_2 \quad (2-10)$$

$\Delta\Phi_1$,$\Delta\Phi_2$ 分别为两次观测获得的 DEM 图的干涉相位。那么有

$$\Delta\Phi_D = \frac{2\pi}{\lambda}[(|\boldsymbol{R}_1 - \boldsymbol{B}| - R_1) - (|\boldsymbol{R}_1 - \boldsymbol{D} - \boldsymbol{B}| - |\boldsymbol{R}_1 - \boldsymbol{D}|)] \quad (2-11)$$

对式(2-11)进行处理,可得[13]

$$\Delta\Phi_D = \frac{2\pi}{\lambda}B\cos(\theta - \alpha)\frac{h}{R_1\sin\theta} + \frac{2\pi}{\lambda}\delta_P \quad (2-12)$$

式中:h 为地形高度,δ_P 为沿雷达视线的地形变形量。

由式(2-12)可知,假设 λ 为 3cm,基线长度 B 为 500m,雷达到目标观测区的斜距 R_1 为 700km,入射角 θ 为 45°,基线倾角为 20°,那么地形高度 h 变化 1000mm 引起的相位变化,才等效于 δ_P 变化 0.9mm 的相位变化,因此式(2-12)的第一项远小于第二项,可以略去不计。地形形变 1mm,就会引起 $\Delta\Phi_D$ 的变化达 12°,因此通过差分干涉 SAR 处理,就比较容易觉察毫米量级的地形形变,这可用于监视城市地面下沉、高速铁路的路基变化等诸多方面。

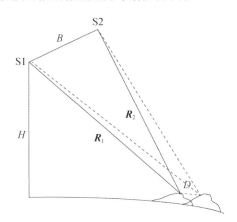

图 2-3 差分干涉 SAR 的几何示意图

2.2 InSAR 测高精度

前面分析了 InSAR 测高的基本原理,由式(2-5)和式(2-9)可以进一步分析影响 InSAR 测高精度的因素,先对式(2-5)两边进行微分,有

$$dh = dH - \cos\theta dR_1 + R_1\sin\theta d\theta \quad (2-13)$$

再对式(2-9)两边微分,有

$$d\Delta\Phi \approx \frac{2\pi}{\lambda}\sin(\theta-\alpha)dB + \frac{2\pi}{\lambda}B\cos(\theta-\alpha)d\theta - \frac{2\pi}{\lambda}B\cos(\theta-\alpha)d\alpha \tag{2-14}$$

整理式(2-14),有

$$d\theta = \frac{\lambda}{2\pi B\cos(\theta-\alpha)}d\Delta\Phi - \frac{\tan(\theta-\alpha)}{B}dB + d\alpha \tag{2-15}$$

将式(2-15)代入式(2-13),有

$$dh = dH - \cos\theta dR_1 + \frac{\lambda R_1\sin\theta}{2\pi B\cos(\theta-\alpha)}d\Delta\Phi - \frac{R_1\sin\theta\tan(\theta-\alpha)}{B} \tag{2-16}$$
$$dB + R_1\sin\theta d\alpha$$

由式(2-16)可知,影响 InSAR 测高精度的因素主要有 5 项:

第 1 项 dH 代表平台自身位置误差对测高精度的影响,它影响 InSAR 的绝对测高精度。

第 2 项 dR_1 代表雷达到测量点的距离测量误差对测高精度的影响,由于距离与高度之间存在投影关系,由此带来的高度测量误差与雷达的入射角有关。雷达的距离测量误差主要与雷达系统的电路延迟、大气传输延迟、回波信号的信噪比以及信号带宽有关。电路延迟和大气传输延迟是系统误差,可以通过标校得到修正。经过修正后的距离测量误差可以控制在米级或优于米级。当 InSAR 雷达对一片地区进行测绘时,这项误差对这片地区的高度误差的影响是相同的,因此可以认为其只影响这片地区的绝对测高精度,而不影响相对测高精度。

第 3 项 $d\Delta\Phi$ 代表干涉相位误差引起的测高误差。由于被测绘地区的每一点的回波的干涉相位误差是不一样的,因此它会带来相对高度测量误差。由式(2-16)可知,干涉相位的误差对测高精度的影响还与基线长度、雷达到测量点的距离等相关,一般把 $B\cos(\theta-\alpha)$ 称为有效基线,它代表基线在雷达视角方向的投影。虽然从形式上看,基线越长,可以使干涉相位的误差对测高精度的影响越小,但是实际上基线会影响两部干涉雷达接收到的回波信号的相干性。基线越长,回波信号之间的相干性越差,甚至完全不相干,这样反而会增加干涉相位的误差,最终导致测高精度的下降。因此基线长度必须合适,存在寻找最优基线问题[14]。为分析方便,通常令 h_{amb} 为 $(\lambda R_1\sin\theta)/(B\cos(\theta-\alpha))$,称 h_{amb} 为不模糊高度,也就是干涉相位变化 2π,地形高度变化 h_{amb}。按德国 TanDEM 系统的参数,h_{amb} 大约为 35m[15],如果干涉相位误差是 10°,引起的高度测量误差约为 0.97m。干涉相位误差实际上由两部分组成：一是相位解模糊引起的误差；二是由回波信号信噪比和回波信号的相干性引起的测量误差。由于自然地形大都是缓变的,因此相邻像素之间的干涉相位不会引起 2π 的突变,但是遇到地形存在超过 h_{amb} 的突变,如悬崖峭壁等,会引起解相位模糊的错误。但大多情况下,一般认为不存在解相位模糊的错误,主要考虑的是提取干涉相位主值 $\Delta\phi$ 的误差。这一项是随机误差,影响相对测量误差。

第 4 项和第 5 项与干涉基线测量精度有关。基线的长度和倾角测量误差会引起高度的测量误差。基于卫星平台的 InSAR 测量系统,雷达到测绘区的距离有数百千米。因此,对基线的长度和倾角的测量精度要求很高。假设 InSAR 雷达到测绘区的距离为 600km,雷达的入射角 θ 为 45°,基线倾角 α 为 35°,基线长度 B 为 400m,由两项误差引起的测高误差均为 1m,那么要求基线长度的测量精度为 5mm,倾角的测量精度为 0.000135°。基线长度和倾角的测量误差随时间是慢变化的,在一定时间内可以认为是固定的,因此可以认为主要影响高度的绝对测量精度。另外,可以利用区域内的精确的定标点,评估基线长度和倾角的测量误差。

在上述影响高程测量精度的因数中,评估干涉相位的测量精度最为复杂,涉及多个方面,这里进行重点讨论。

前面已经指出,干涉相位是通过对同一地区的两幅 SAR 图像的处理获取的。假设星载 InSAR 系统对由分布式目标组成的区域进行 DEM 测绘,SAR 雷达 1 得到的图像信号为 V_1,SAR 雷达 2 得到的同一地区的图像信号为 V_2。那么干涉相位 $\Delta\phi$ 的最大似然估计值为[14]

$$\Delta\phi = \arctan\left\{\frac{\text{Im}[\sum_{n=1}^{N_L} V_1(n)V_2^*(n)]}{\text{Re}[\sum_{n=1}^{N_L} V_1(n)V_2^*(n)]}\right\} \quad (2-17)$$

式中：N_L 为独立的视数,Im 为取复数的虚部,Re 为取复数的实部,arctan( ) 为反正切函数。

$\Delta\phi$ 的估计偏差 $\sigma_{\Delta\phi}$ 为

$$\sigma_{\Delta\phi}^2 = \frac{1}{2N_L} \cdot \frac{1-\rho^2}{\rho^2} \quad (2-18)$$

ρ 为 V_1 和 V_2 的相干系数,定义为

$$\rho = \frac{\langle V_1 \cdot V_2^* \rangle}{\sqrt{|V_1|^2 |V_2|^2}} \quad (2-19)$$

如果 V_1 和 V_2 全相干，则 $\rho = 1$，理论上 $\Delta\phi$ 的估计偏差 $\sigma_{\Delta\phi} = 0$；如果 V_1 和 V_2 完全独立，则 $\rho = 0$，理论上 $\Delta\phi$ 的估计偏差 $\sigma_{\Delta\phi}$ 为无穷大，即不能通过式（2-17）估计 $\Delta\phi$。因此 V_1 和 V_2 的相干性对于 $\Delta\phi$ 的估计精度影响非常大，ρ 又与许多因素相关，具体可表示为[15]

$$\rho = \rho_{\text{SNR}}\rho_{\text{Quant}}\rho_{\text{Amb}}\rho_{\text{Spatial}}\rho_{\text{Vol}}\rho_{\text{Temp}}\rho_f \qquad (2-20)$$

式中：ρ_{SNR} 表示由于图像信噪比有限引起的相干系数下降；ρ_{Quant} 表示由于回波信号有效采样位数有限引起的相干系数下降；ρ_{Amb} 表示由于图像存在模糊引起的相干系数下降；ρ_{Spatial} 表示由于雷达在获取两幅图像时在空间的位置偏移引起的相干系数下降；ρ_{Vol} 表示被观测目标存在体闪烁引起的相干系数下降；ρ_{Temp} 表示雷达不是在同一时刻获取的两幅图像，由此引起的相干系数下降；ρ_f 表示由两部雷达获取的两幅图像，而且两部雷达不是同一个基准频率源，由此引起的相干系数下降。

由于图像信噪比有限导致的相干系数 ρ_{SNR} 可表示为

$$\rho_{\text{SNR}} = \frac{1}{\sqrt{(1 + \text{SNR}_1^{-1})(1 + \text{SNR}_2^{-1})}} \qquad (2-21)$$

式中：SNR_1，SNR_2 分别表示两幅图像的信噪比。

第1章的式（1-22）给出了单幅图像的信噪比，它主要由雷达的功率孔径积、雷达到观测目标的距离、分辨率、目标的雷达反射特性和雷达系统损耗等因素决定。由于影响相干系数的因素很多，一般来说，图像的信噪比要能保证其对相干系数下降的影响几乎可以忽略，因此要求图像的 SNR 要大于 15dB 以上，保证 ρ_{SNR} 大于 0.97。SAR 雷达习惯用 $N\sigma_0$ 值表示系统的灵敏度，它与信噪比的关系可表示为

$$\text{SNR} = \frac{\sigma_0}{N\sigma_0} \qquad (2-22)$$

式中：σ_0 表示被观测目标的雷达后向反射特性，它与目标属性、雷达频率和入射角密切相关。根据文献[16]，在星载雷达常用的入射角下，对于 X 波段，自然地形的 σ_0 一般为 $-8 \sim -10\text{dB}$，因此要求 $N\sigma_0$ 应优于 -23dB。

由于 SAR 雷达在录取目标回波时，是通过高速 A/D 变换器，把模拟信号转换成数字信号，再进行后续处理。这一数字化过程就会使原信号产生非线性失真，或者可以认为在原信号上附加了高斯噪声，也就是使原信号的信噪比下降了，其大小与有效数字量化位数有关。如果采用 4bit 的 A/D 变换器，那么由此产生的信噪比为 19.38dB[15]，这样依据式（2-21），ρ_{Quant} 为 0.989。当然 A/D

位数的增加,会导致 SAR 雷达录取数据量的增加,从而增加了对数传系统的要求。

由于 SAR 雷达所形成的图像在距离维和方位维都存在模糊影像,它们也会影响图像的真实性,特别是强反射目标区对弱目标区的影响,导致弱目标区的实际信噪比下降,从而影响图像的相干性。距离和方位模糊对相干系数的平均影响可近似表示为

$$\rho_{\text{Amb}} = \frac{1}{1+\text{RASB}} \cdot \frac{1}{1+\text{AASB}} \qquad (2-23)$$

式中:RASB,AASB 分别表示 SAR 图像的距离模糊度和方位模糊度。按通常 SAR 雷达的要求,RASB、AASB 应该都小于 -20dB,那么 ρ_{Amb} 应该大于 0.98。

SAR 雷达通过获取同一地区的两幅图像进行干涉处理来得到这一地区的高程,并且要求从不同空间位置获取这一地区的两幅图。由于获取图像时的空间位置不同,会产生两幅图像的相干性的下降,这可用 ρ_{Spatial} 表示,其值为[17]

$$\rho_{\text{Spatial}} = 1 - \frac{2B\delta_r \cos\theta^2}{\lambda R} \qquad (2-24)$$

式中:B 为雷达获取两幅图像时的间距,也就是前面提到的基线长度,δ_r 为 SAR 雷达的距离分辨率,θ 为雷达入射角,λ 为雷达工作波长,R 为雷达到观测区的距离。从式(2-24)可以看出,空间引起的相干系数的下降涉及许多因素,但是当卫星轨道、雷达工作频率、分辨率和观测角确定后,能够调节空间相干系数的主要是雷达的基线,当雷达基线 B 为

$$B = \frac{\lambda R}{2\delta_r \cos\theta^2} \qquad (2-25)$$

两幅图像的回波信号就完全不相干了。当 $B=0$ 时,即在同一位置获取两幅图像,此时获取的两幅图像虽然完全相关,但却不能提取干涉相位,也就是不能得到高程信息,同样是不行的,因此合适的基线长度对干涉 SAR 是非常重要的。

对于由植被覆盖的区域,因其区域内的植被参差不齐,高度不同,对雷达的反射特性也存在一定差异,这样来自一个雷达分辨单元内植被的回波存在相关性损失,用 ρ_{Vol} 表示为[15]

$$\rho_{\text{Vol}} = \frac{\int_0^{h_v} \sigma^0(z) \exp\left(j2\pi \frac{z}{h_{\text{amb}}}\right) dz}{\int_0^{h_v} \sigma^0(z) dz} \qquad (2-26)$$

这里 $\sigma^0(z)$ 表示为不同高度植被对应的雷达后向反射特性，h_v 表示植被高度，h_{amb} 表示星载 InSAR 系统的不模糊高度。$\sigma^0(z)$ 近似为

$$\sigma^0(z) = \exp\left(-2\beta \frac{h_v - z}{\cos\theta}\right), 0 \leq z \leq h_v \qquad (2-27)$$

式中：β 为每米植被对雷达反射强度的衰减值，θ 为雷达入射角。当 β 为 1dB/m 时，不同植被高度、不同 InSAR 模糊距离条件下的体相干系数如图 2-4 所示[15]。

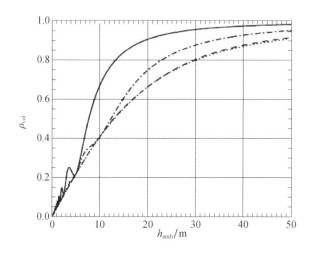

图 2-4 在 β = 1dB/m 时，体相干系数

实线表示植被高度 5m，点虚线表示植被高度为 10m，虚线表示植被高度为 20m，多点虚线表示植被高度为 40m。

从图 2-4 中可以看出，植被高度越高，体相干系数损失越大，而星载 InSAR 系统的不模糊高度 h_{amb} 很大，可以减小植被高度引起体相干损失。由于 h_{amb} 是由系统参数决定的，因此在一些特定的区域，通过调节相关参数，可以缓解体相干系数下降对高程测量精度的影响。

如果 SAR 雷达是在不同的时刻获取的两幅图像，存在时间去相关问题。因为观测区域对雷达的反射特性随时间会有变化，特别是像由草木覆盖的植被区域，它的内部散射点随时间在移动，这就导致了两次不同时刻得到的图像的相干性将会下降，具体表示为[17]

$$\rho_{\text{Temp}} = \exp\left[-\frac{1}{2}\left(\frac{4\pi}{\lambda}\right)^2 (\sigma_y^2 \sin\theta^2 + \sigma_z^2 \cos\theta^2)\right] \qquad (2-28)$$

式中：σ_y 为距离方向的移动，σ_z 为垂直方向的移动。由式(2-28)可知，ρ_{Temp}

与雷达工作波长和观测区域随时间变化量有关,假设变化量 σ_y 和 σ_z 均达到半波长,入射角为 $45°$,那么相干系数接近为 0,完全不存在相干性。而对于植被覆盖的区域,内部变化很容易达到半波长,这也是通过前后两次观测得到图像来获取的高程信息的精度不能令人满意的主要原因。

当星载 InSAR 系统由两部独立的雷达组成时,由于雷达的基准源并不相关,那么它们的回波信号理论上自然也不相干,因此需要特殊的手段,后文中也称之为相位同步技术,使两部独立的雷达获取的回波相干,这里用 ρ_f 表示通过相位同步处理后两部独立的雷达获取同一区域的回波最终的相干性。详细情况在 2.5.2 节讨论。

总而言之,两幅图像的相干性直接影响干涉相位的估计误差,图 2-5 是不同视数下两者的关系图[15]。从图中可以看出,在视数小于 8 的情况下,相干系数要在 $0.8\sim0.9$ 之间才能保证干涉相位估计误差在 $10°$ 左右,以 TanDEM 系统的 h_{amb} 的 35m 为例,由此引起的高程测量误差大约在 0.97m。

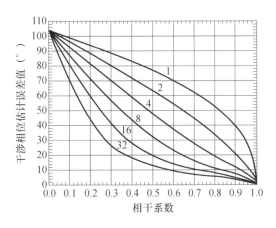

图 2-5 不同视数下,相干系数与干涉相位测量误差的关系图(图中的数字表示视数)

2.3 InSAR 实现方式

星载 InSAR 测量系统的实现方式主要有 3 种。第一种是利用一部成像雷达两次或两次以上获取同一地区的 SAR 图像进行干涉处理,这种实现形式称之为双航过干涉 SAR 系统。理论上只要一部成像雷达,利用卫星轨道相对稳定的特点,可以重复通过指定地区,进而以基本相同的视角获取这一地区两幅以上的 SAR 图像。早在 20 世纪 80 年代,就有学者采用 SeaSAT 卫星在不同时刻获取的同一地区的 SAR 图像研究 InSAR 技术[18]。双航过 InSAR 实现方式的优点是对设备要求不高,类同于单部成像雷达,但存在重大的缺陷,低轨卫星的回归时间达数天,两幅图像获取的时间间隔太长,存在严重的时间去相干问题。研究表明,只有少数 SeaSAT 卫星获取的数据具有相干性,可形成干涉条纹。90 年代后,欧空局利用同一轨道面的 ERS-1 和 ERS-2 卫星获取的同一地区的 SAR 图像,这样获取两幅图像的时间间隔可以控制在一天以内。但是即便如此,对于植被覆盖的区域,其时间去相干性问题依然严重,只有少数来自对时间去相干性不太敏感的区域的图像可用来做定量分析。双航过 InSAR 模式的另一个缺陷是卫星自身的轨道控制和位置测量精度问题,两次航过形成的测量基线不一定处在合适状态,早期卫星的位置测量精度也不能满足精度要求。虽然如此,这些研究工作也为后续星载 InSAR 技术的发展奠定了技术基础。

为了克服双航过 InSAR 系统存在的问题,自然就寻求单航过 InSAR 系统。单航过 InSAR 系统一般由两部成像雷达组成,一部为主雷达,负责发射雷达信号,同时也接收回波信号;另一部为副雷达,只接收回波信号,有时两部雷达的主副角色也可互易。对两部雷达接收到的回波信号进行干涉处理,最终可形成 DEM 数据。单航过 InSAR 系统的实现方式也有两种,一种是主副雷达均在同一平台上,利用一个伸展臂将主副雷达天线分开,形成测量基线,典型的是美国的 STRM 系统[13],如图 1-12 所示。这种实现方式优点在于主副雷达在同一平台上,因此可以使主副雷达使用同一基准源,不存在由于基准源不同带来的主副雷达回波信号之间的去相干性,也不需要采用特定的措施使主副雷达之间保持时间、空间的同步。这种实现方式的另一个优点是测量基线和倾角相对固定,因此系统任意时刻都可处在 InSAR 状态,测绘效率比较高。但它也存在明显的缺陷:一是可实现的基线长度受工程技术条件的限制,也就是基线不会太长,从而影响测量精度,二是由于基线采用机械链接,两者之间存在机械抖动,需要一套精确的在轨测量系统进行实时测量和补偿,其精度也是有限的。STAM 伸展臂长度60m,在 11 天内采集了来自南纬56°到北纬60°之间广阔区域的原始数据,测高精度为 10~15m。

另一种是采用分布式 InSAR 雷达实现单次航过的干涉测量系统,是两部雷达分布在不同卫星平台上。这种实现方式的优点是测量基线可以较长,而且基线可以调整以满足不同的需求,其次基线不存在抖动,可以精确测量,从而可以获取精度更高的 DEM 数据。但是由于装载两部雷达系统的卫星相互之间的位置不是固定的,只有当它们之间构成的基线满足要求时,才能进行干涉测量,所以与基线固定的 STRM 相比,效率较低。另外由于两部雷达不在同一平台上,需要解决两者之间的空间同步、时间同步和相位同步问题,这将在后续章节进行重点讨论和分析。

2.4 系统参数的选择

本节主要从高程测量精度出发,分析讨论影响测高性能的系统参数,便于在设计系统时,选择合适的参数,从而使系统获得良好的干涉测绘能力。

1. 卫星轨道

卫星轨道参数主要是轨道面的倾角和轨道高度。由于 InSAR 系统一般要实现对全球测绘,因此通常选择太阳同步轨道,倾角接近 90°,这样可以实现对除地球两极外的全球有效测绘。卫星轨道的高度直接与雷达到测绘区域的距离相关,虽然理论上,InSAR 系统可以做到高程测量精度与雷达到测绘区的距离无关,但是在工程实现方面存在差异。首先由式(1-22)可知,雷达获取的图像信噪比直接与距离 R 的三次方成反比,而图像信噪比又与干涉相位误差 $\Delta \Phi$ 的精度密切相关。图像信噪比越高,$\Delta \Phi$ 的精度就越高。当卫星轨道越高,为保持雷达获取的图像信噪比不变,需要雷达采用更大的天线,发射更高的信号功率,这样就提高了对雷达硬件和卫星资源的要求,而且雷达天线的尺寸还与图像分辨率的获取、测绘带的宽度等相关,本身也是需要综合考虑的参数;其次由式(2-16)可以看出,随着距离 R 的增加,需要更长的基线,以及更高的基线测量精度。所以总体来说,卫星轨道高度越低,越容易实现 InSAR 系统的高程测量精度。所以星载 InSAR 系统的卫星平台的轨道选择低轨道的太阳同步轨道较为合理。

2. InSAR 实现方式

InSAR 实现方式对系统设计和最终的产品性能会产生很大的影响,前节已讨论了 InSAR 实现的主要方式,也是目前得到实际应用的系统。由于单平台的伸展臂的长度有限,而要维持卫星长期运行的最低轨道也要在 500km 左右,因此这种实现方式很难获得高精度的全球 DEM 数据。同时随着德国分布式 TanDEM 系统取得成功,其测量精度远高于美国的 STRM 系统,这样也为后续星载 InSAR 系统实现的技术发展方向指明了道路。

3. 雷达工作频率

工作频率是雷达系统设计的最重要的参数,涉及多个方面。首先是要考虑星载 InSAR 系统提供的测绘产品是地球表面的 DEM 数据,还是 DSM(Digital Surface Model,DSM)数据。两者之间的主要差别在于是否含植被的高度,如果要获取含植被高度的 DSM 数据,雷达波就不能穿越植被,因此雷达工作频率要尽可能高;如果不含植被高度,则需要雷达波穿越植被,雷达频率要选低波段。其次随着雷达工作频率的提高,可以降低对基线长度的要求。雷达频率还与硬件性能有关,一般工作频率越高,系统工作带宽越大,但相对效率随之降低。总之,雷达工作频率的选择需要综合考虑各个因数。

4. 基线长度

由式(2-16)可以看出,基线越长,干涉相位的估计误差对高程测量的精度影响越小。但是随着基线长度的增加,主副雷达获取的复图像之间的相干性会逐渐变差,直至完全不相干,从而导致干涉相位估计误差变大,直至无穷大,这样反而使高程测量精度变差;反之基线越短,复图像间的相干性越好,干涉相位估计精度越高。基线对高程测量影响很大,当基线为 0 时,主副雷达合二为一,虽然此时主副雷达的复图像完全相干,但已经没有基线了,因此系统已不能用来进行干涉测高。所以基线长度在这两个极端之间必然存在最优的长度范围,有学者对此进行了专门研究[14]。在工程设计中,基线长度的选择还需要考虑相位解缠问题。基线越长,使不模糊距离 h_{amb} 越小,相位模糊程度加剧,甚至对于地形起伏严重的区域,可能无法开展相位解缠工作。因此基线长度的选择,需要兼顾高程测量精度和相位解缠。一般来说,不模糊距离 h_{amb} 选在高程测量精度的 10 倍左右是比较合适的,既能保证高程测量精度,也能容易实现相位解缠,由此确定基线的长度。

5. 基线倾角

基线倾角与成像入射角一起决定了有效基线的长度,因此基线倾角的选择应与成像入射角一起统一考虑。当基线倾角与成像入射角相同时,可以获得最大的等效基线,由式(2-16)可以看出,这可使干涉相位的估计误差对高程测量精度的影响最小,同时也可以大幅缩小基线长度测量误差对高程测量精度的影响。

6. 图像信噪比

图像信噪比会直接影响主副雷达获取的复图像之间的相干性,从而影响干涉相位的估计精度。一般要求图像的信噪比在 10dB 以上,也就是要求由信噪比决定的相干性保持在 0.9 以上。由于主副雷达成像时的角度会有差异,系统设计时,需要考虑这一因素对复图像的信噪比的影响。

7. 信号带宽

在单部星载 SAR 雷达设计中,信号带宽一般是根据分辨率选择合适的信号带宽。而对于星载 InSAR 系统,还需要考虑对高度测量误差的影响。由式(2-24)可以看出,信号带宽越大,距离分辨率越高,主副图像的相干性越高,同时还可以增加图像处理的视数,提高估计干涉相位估计的准确度。但是随着信号带宽的增加,图像的信噪比也会随之降低,所以需要权衡两者之间的关系,以期选择最佳的信号带宽。理论上存在这样的可能性,但是具体分析却十分复杂,很难求得解析值,只能在图像信噪比有较大余量的情况下,适当提高信号带宽。在工程设计中,还需考虑对雷达硬件实现的影响,信号带宽的增加会大幅提高雷达硬件的复杂度、采集和处理数据速度的要求,也大幅提高数据量,随之也提高对数据存储和传输设备性能的要求。因此信号带宽的选择一般还是以满足成像分辨率为基础,再兼顾高度测量精度的要求。

8. 天线尺寸

在设计常规星载 SAR 时,天线尺寸由图像信噪比、图像方位分辨率和成像幅宽等决定。而在星载 InSAR 系统中,天线尺寸还与干涉相位估计精度有关。当图像信噪比较大时,可以考虑减小方位天线尺寸,因为这样可以增加等效视数,从而提高干涉相位估计精度。反之当图像信噪比较低时,需要增加天线尺寸,提高天线增益,以保证图像信噪比。

9. 成像入射角

成像雷达在对坡地或山地成像时需要考虑地面坡度的影响。雷达波束入射角决定了发生阴影和顶底倒置的地面局部坡度的大小。如果波束入射角为 θ,地面坡度角为 α,那么有:

(1) 当 $\alpha \leqslant \theta - 90°$ 时,产生阴影。

(2) 当 $\alpha = \theta$ 时,发生重叠。

(3) 当 $\alpha > \theta$ 时,进入顶底倒置。

如果干涉的两幅 SAR 图像中有阴影、重叠或顶底倒置现象,就会损坏干涉相位在该区域的连续性,使 InSAR 成像中的相位解缠变得非常困难,甚至无法解缠。

在 InSAR 系统中,波束入射角和地面坡度还一起决定了距离谱移动 Δf 的大小。当波束入射角和地面坡度之间满足一定关系时,可使 Δf 大于雷达信号带宽,主副雷达的回波信号之间将失去相干性,从而系统失去测高能力。

波束入射角和地面坡度之间的这种关系,可以理解为在给定的波束入射角下，InSAR 系统只能对什么坡度范围的地面实现干涉测高的问题，也可以理解为欲对某一坡度范围的地面进行干涉测高，应选择多大的波束入射角的问题。

由于风雨等自然现象和重力的作用，地球的表面总是趋向于总体水平和迎坡、顺坡对称分布的。局部坡度越大的地面，占总地面的比例越小，超过 30°坡度的地面的比例已较小。因此，若考虑对地面坡度在±30°范围内的区域，都能实现测高成像，同时考虑入射角小时容易获得高的成像信噪比，合适的波束入射角应选择为 45°附近。

10. 成像幅宽

成像幅宽是星载 InSAR 系统另一个重要的性能参数，成像幅宽越大，测绘效率越高。InSAR 系统多以条带成像方式完成测绘工作，按常规设计，成像幅宽与方位分辨率密切相关，方位分辨率越高，成像幅宽越小。要突破两者之间的制约关系，需要采用第 4 章讨论的高分辨率宽幅成像技术。

2.5 分布式星载 InSAR 技术

前面已经指出，分布式星载 InSAR 技术是星载干涉系统的技术发展方向，这种形式的 InSAR 系统可以获取高精度的 DEM 数据。但是分布式星载 InSAR 系统具有自身明显的特点，在工程实现过程中需要采用技术措施使系统能够适应这些特点，克服这些特点带来的困难。这些特点的核心在于主副雷达分置，搭载在不同的卫星平台上，卫星之间的相对位置在不断变化，而在进行 InSAR 测绘作业时，又需要主副雷达协调一致形成整体工作，才能获取有效的 DEM 数据。首先卫星之间要能够近距离编队飞行，由于卫星之间的最远距离不过 1km 左右，最近距离可能只有几百米，因此需要选择合适的卫星轨道和编队参数，使卫星的编队队形变化相对稳定，日常不需要人为对卫星轨道进行干预，避免产生碰撞等安全问题，关于卫星编队问题不在这里讨论，读者可以参考相关文献。这里主要讨论在卫星实现近距离编队前提下，主副雷达为了协调工作必须解决的问题。

分布式 InSAR 系统主要以一发二收的基本形式获取被观测地区的 DEM 数据，也就是主雷达向测试地区发射信号，主雷达和副雷达同时接收该回波信号。为了达到这一目标，主副雷达的天线波束必须指向同一方向，这也称之为空间同步；获取数据的时间也必须相同，这称之为时间同步；获取的数据必须相干，这称之为相位同步。总之分布式 InSAR 系统必须要解决这三同步技术。另外由于卫星位置在不断变化,因此需要通过实时测量卫星位置以获取主副雷达天线之间的基线长度和倾角。

2.5.1 频率源的稳定性对收发分置成像雷达性能的影响

在讨论如何实现主副雷达协调工作之前,先分析频率源的稳定性对收发分置的影响。假设主雷达发射的信号为

$$s_1(t) = a(t)\exp\{[\mathrm{j}[2\pi f_t t + \varphi_t(t)]\} \tag{2-29}$$

式中:$a(t)$ 为主雷达发射的线性调频信号,f_t 为信号的载频,由于主雷达频率源不可能完全稳定,用 $\varphi_t(t)$ 来表示频率源存在随机相位变化量,如果主雷达到目标的距离为 R_1,则主雷达收到的回波信号时延 $\tau_1 = 2R_1/c$,c 为光速。那么主雷达收到的经过解调的回波信号可表示为

$$r_1(t) = \sigma_t a(t-\tau_1)\exp\{\mathrm{j}[-2\pi f_t\tau_1 + \varphi_t(t-\tau_1) - \varphi_t(t)]\} \tag{2-30}$$

σ_t 为目标后向反射率,$-2\pi f_t\tau_1$ 为时延引起的相位,也是方位调制项,可以用来进行方位维的脉压,而 $\varphi_t(t-\tau_1) - \varphi_t(t)$ 为频率源随机相位差,由于 τ_1 很短,因此可以对消一部分慢变化的频率源相位变化量。

如果副雷达到目标的距离为 R_2,则副雷达收到的回波信号时延 $\tau_2 = (R_1 + R_2)/c$,那么副雷达收到的经过解调的回波信号可表示为

$$\begin{aligned}r_2(t) &= \sigma_t a(t-\tau_2)\exp\{\mathrm{j}[-2\pi f_t\tau_2 + 2\pi(f_t-f_r)t + \varphi_t(t-\tau_2) - \varphi_r(t)]\} \\ &= \sigma_t a(t-\tau_2)\exp\{\mathrm{j}[-2\pi f_t\tau_2 + 2\pi\Delta F t + \varphi_t(t-\tau_2) - \varphi_r(t)]\}\end{aligned}$$
$$(2-31)$$

式中:$-2\pi f_t\tau_2$ 也是时延引起的相位,同样可以用来进行方位维脉压,同时与 $-2\pi f_t\tau_1$ 一起形成用来测量高程的干涉相位差。ΔF 为主雷达与副雷达的载频差异,$2\pi\Delta F t$ 为频率差引起的相位变化量,随着时间变化,将会远大于有用的主副雷达干涉相位差。换句话讲,不进行特殊处理,主副雷达的回波信号并不具有干涉测高的能力。$\varphi_r(t)$ 为副雷达频率源随机相位量,由于主副雷达的频率源是独立的,因此 $\varphi_t(t)$ 和 $\varphi_r(t)$ 也是相互独立的,$\varphi_t(t-\tau_2) - \varphi_r(t)$ 并不能像式(2-30)那样有相消的作用。文献[19]分析了频率源的随机相位变化对收发分置成像雷达性能的影响。

为具体讨论频率源相位噪声的影响,先用相位噪声功率谱 $S_\varphi(f)$ 定义雷达所用晶体振荡器的相位噪声特性[19]:

$$S_\varphi(f) = af^{-4} + bf^{-3} + cf^{-2} + df^{-1} + e \tag{2-32}$$

式中:$a\sim e$ 为随频率变化的相位噪声功率谱系数,$a\sim e$ 越小,表明晶体振荡器越稳定。f 为偏离晶体振荡器主振频率的频率值,偏离主振频率越远,其对相位噪声功率谱的影响越小。图2-6为主频为10MHz典型的晶体振荡器的相位噪声功率谱曲线。

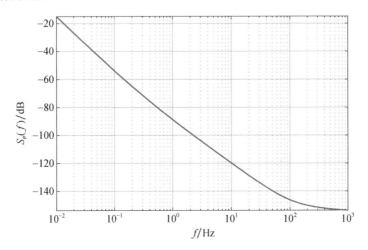

图 2-6 典型的晶体振荡器的相位噪声功率谱曲线
$a=-95\text{dB},b=-90\text{dB},c=-200\text{dB},d=-130\text{dB},e=-155\text{dB}$。

雷达实际所用的载频远高于晶振频率,需要通过倍频等手段获取,但是相噪特性也随之恶化,理论上要恶化 $(f_t/f_{osc})^2$,f_t 为雷达载频,f_{osc} 为晶体振荡器频率。由于主副雷达频率源独立,其相位噪声变化也不相关,因此按独立随机噪声考虑,由式(2-31)可知,副雷达接收到的回波信号所含的相位噪声功率谱为 $2(f_t/f_{osc})^2$。

1. 对方位向积分旁瓣比的影响

副雷达接收到的回波信号所含的相位噪声的高频分量会抬高图像的方位向积分旁瓣比,假设方位合成孔径时间为 T_a,那么由相位噪声引起的方位积分旁瓣比 ISLR_a 为

$$\text{ISLR}_a \approx 2\left(\frac{f_t}{f_{osc}}\right)^2 \int_{1/T_a}^{\infty} S_\varphi(f)\,df \qquad (2-33)$$

由上式可以看出,合成孔径时间 T_a 越长,方位积分旁瓣比 ISLR_a 将会越大,一般要求 $\text{ISLR}_a < -25\text{dB}$,对于 X 波段,$T_a$ 应小于 1s。

2. 对方位主瓣的影响

副雷达接收到的回波信号所含的相位噪声的低频分量会在方位脉压处理

时引入附加的二次相位项,这个二次相位 σ_ϕ^2 为

$$\sigma_\phi^2 = 2\left(\frac{f_t}{f_{osc}}\right)^2 \frac{(\pi T_a)^4}{4} \int_0^{1/T_a} f^4 S_\varphi(f) \mathrm{d}f \qquad (2-34)$$

一般要求附加的二次相位项小于 $\pi/4$,对于 X 波段,T_a 应小于 2.5s。

3. 对方位偏离的影响

假设主副雷达成像时的几何关系为正侧视成像,那么它们之间的频率差 ΔF 会导致像数位置在方位向发生偏移,偏移量 Δx 为

$$\Delta x = \frac{cR_1}{2V}\frac{\Delta F}{f_t} \qquad (2-35)$$

式中:R_1 表示雷达到目标的距离,V 为卫星速度。如果雷达载频 f_t 为 9000MHz,主副雷达频率偏差 10Hz,R_1 为 750km,V 为 7500m/s,Δx 为 16.6m。由于 ΔF 随时间漂移,因此需要周期性校正。

4. 对距离偏离的影响

成像雷达是通过发射脉冲和目标回波脉冲之间的时间差确定目标的距离。由于产生发射脉冲和接收采样回波脉冲的定时信号由分属不同的晶体振荡器输出,再通过分频处理后获得,而不同晶体振荡器的输出信号的频率存在差异,也就是在时间上并不同步,存在时间差。假设两个振荡器产生信号的频率差为 Δf,频率为 f_{osc},那么各自产生的定时信号时间差为 $\Delta t = (\Delta f/f_{osc})t$,对应的主副雷达之间距离偏差量为 $\Delta R = (c/2)(\Delta f/f_{osc})t$。偏移量是随时间线性增长的,如果不修正这个时间差,随着录取数据时间的增加,主副雷达获取同一目标点的距离偏移量会变得很大,因此需要周期性进行时间同步修正,称为时间同步技术。

5. 对干涉相位的影响

由式(2-31)可以看出,相位项中的第一项是收发信号距离延迟引起的相位,它包含了方位维的调制信息和主副雷达干涉相位信息;第二项是由主副雷达载波的频率差引起的相位变化,如果频率差为 1Hz,那么 1s 内的相位变化就是 360°,相位的变化速度远大于第一项,因此必须进行修正,才能提取出主副雷达的干涉相位,也称为相位同步。最后两项由频率源不稳定性引起的相位变化,其影响前面已讨论。

综上所述,主副雷达的基准频率源不同对干涉相位影响最大,其次是目标位置在距离和方位维的偏移,最后影响是目标点的聚焦性能。所以必须对主副雷达接收到的信号进行相位修正,消除由频率源不同带来的影响。

2.5.2 相位同步技术

两部雷达之间的相位同步是通过周期性相互发送包含各自本振源相位信息的信号,同时将接收到的对方发射信号进行处理后,提取用以补偿相位的参数。其示意图如图 2-7 所示,信号流程如图 2-8 所示。

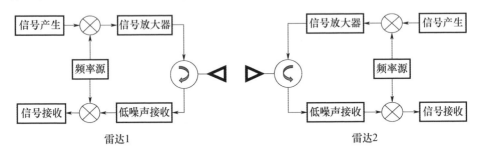

图 2-7 两部雷达相位同步示意图

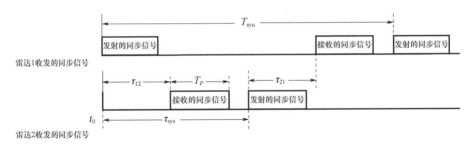

图 2-8 两部雷达收发的相位同步信号时序图

假设在时刻 t_0,雷达 1 发射一个脉冲为 T_p 的相位同步信号,在延迟 τ_{12} 时刻后,雷达 2 接收到这个信号,同时雷达 2 相对雷达 1 延迟 τ_{sys} 也发射同样波形的相位同步信号,这个信号在延迟 τ_{21} 后被雷达 1 接收,这样雷达 1 和雷达 2 之间完成了一对相位同步脉冲信号的发射和接收。由于平台之间在不断运动,τ_{12} 和 τ_{21} 是随时间变化的,同时 τ_{12} 和 τ_{21} 之间也会有细小的差异。之后将以周期为 T_{syn} 重复这样的过程,这样雷达 1 和雷达 2 将各自获得一组称之为相位同步脉冲信号,通过这组信号可以获取相位补偿信号,最终实现两者之间的相位同步。

如果第 i 个雷达的本振频率为 $f_i = f_0 + \Delta f_i$,f_0 为希望的本振频率,Δf_i 为各自偏离 f_0 的频率量,$\varphi_{ni}(t)$ 为第 i 个雷达的本振频率源的不稳定产生的随时间变化的相位量,φ_{inti} 为第 i 个雷达的本振频率源的初始相位。以发射第一个同步脉冲信号的开始时刻定为 t_0,那么发射同步脉冲信号的雷达 i 的频率源的相位为

$$\varphi_i(t) = 2\pi \int_{t_0}^{t} f_i(t) \mathrm{d}t + \varphi_{ni}(t) + \varphi_{\mathrm{int}i} \qquad (2-36)$$

雷达 k 在延迟 τ_{ik} 后接收到这个同步相位脉冲信号,此时频率源的相位为

$$\varphi_k(t+\tau_{ik}) = 2\pi \int_{t_0}^{t+\tau_{ik}} f_k(t) \mathrm{d}t + \varphi_{nk}(t+\tau_{ik}) + \varphi_{\mathrm{int}k} \qquad (2-37)$$

雷达 k 将雷达 i 发射的同步脉冲信号进行解调后的同步脉冲信号的相位为式(2-37)与式(2-36)的差值,以及传输过程中的插入相位值,这里用 $\varphi_{ki}(t)$ 表示。同理,雷达 k 发射,雷达 i 接收的同步信号的相位用 $\varphi_{ik}(t)$ 表示。

$\varphi_{Ti}(t)$ 为雷达 i 发射支路的插入相位,$\varphi_{Ri}(t)$ 为接收支路的插入相位,用于传输同步相位脉冲的天线收发互易,$\varphi_{\mathrm{ant}i}(t)$ 为发射或接收天线的插入相位,$\varphi_{\mathrm{SNR}i}(t)$ 为因接收噪声引入的相位误差,$i=1,2$。

$\varphi_c(mT_{\mathrm{syn}})$ 为第 m 个 T_{syn} 周期内获得的相位补偿量,$\varphi_c(mT_{\mathrm{syn}})$ 可表示为

$$\varphi_c(mT_{\mathrm{syn}}) = \frac{1}{2}[\varphi_{21}(mT_{\mathrm{syn}}) - \varphi_{12}(mT_{\mathrm{syn}})] \qquad (2-38)$$

在第 m 个 T_{syn} 周期内,由雷达 1 发射,雷达 2 接收的同步脉冲信号的相位为

$$\begin{aligned}\varphi_{21}(mT_{\mathrm{syn}}) = &\varphi_1[t_0 + (m-1)T_{\mathrm{syn}}] - \varphi_2[t_0 + (m-1)T_{\mathrm{syn}} + \tau_{12}(mT_{\mathrm{syn}})] + \\ &\varphi_{T1}[t_0 + (m-1)T_{\mathrm{syn}}] + \varphi_{\mathrm{ant}1}[t_0 + (m-1)T_{\mathrm{syn}}] + \\ &\varphi_{R2}[t_0 + (m-1)T_{\mathrm{syn}} + \tau_{12}(mT_{\mathrm{syn}})] + \\ &\varphi_{\mathrm{ant}2}[t_0 + (m-1)T_{\mathrm{syn}} + \tau_{12}(mT_{\mathrm{syn}})] + \\ &\frac{2\pi}{\lambda_0 + \Delta\lambda_1} r[t_0 + (m-1)T_{\mathrm{syn}}] + \\ &\varphi_{\mathrm{SNR}2}[t_0 + (m-1)T_{\mathrm{syn}} + \tau_{12}(mT_{\mathrm{syn}})]\end{aligned}$$

$$(2-39)$$

式中:

$$\begin{aligned}&\varphi_1[t_0 + (m-1)T_{\mathrm{syn}}] - \varphi_2[t_0 + (m-1)T_{\mathrm{syn}} + \tau_{12}(mT_{\mathrm{syn}})] \\ =& 2\pi \int_{t_0}^{t_0+(m-1)T_{\mathrm{syn}}} f_1(t)\mathrm{d}t + \varphi_{n1}[t_0 + (m-1)T_{\mathrm{syn}}] + \varphi_{\mathrm{int}1} - \\ &2\pi \int_{t_0}^{t_0+(m-1)T_{\mathrm{syn}}+\tau_{12}(mT_{\mathrm{syn}})} f_2(t)\mathrm{d}t - \varphi_{n2}[t_0 + (m-1)T_{\mathrm{syn}} + \tau_{12}(mT_{\mathrm{syn}})] - \varphi_{\mathrm{int}2} \\ =& 2\pi(\Delta f_1 - \Delta f_2)(m-1)T_{\mathrm{syn}} - 2\pi(f_0 + \Delta f_2)\tau_{12}(mT_{\mathrm{syn}}) + \\ &\varphi_{n1}[t_0 + (m-1)T_{\mathrm{syn}}] - \varphi_{n2}[t_0 + (m-1)T_{\mathrm{syn}} + \\ &\tau_{12}(mT_{\mathrm{syn}})] + \varphi_{\mathrm{int}1} - \varphi_{\mathrm{int}2}\end{aligned}$$

同样,有

$$\begin{aligned}
\varphi_{12}(mT_{\text{syn}}) = & \varphi_2[t_0 + (m-1)T_{\text{syn}} + \tau_{\text{sys}}] - \\
& \varphi_1[t_0 + (m-1)T_{\text{syn}} + \tau_{21}(mT_{\text{syn}}) + \tau_{\text{sys}}] + \\
& \varphi_{T2}[t_0 + (m-1)T_{\text{syn}} + \tau_{\text{sys}}] + \varphi_{\text{ant2}}[t_0 + (m-1)T_{\text{syn}} + \tau_{\text{sys}}] + \\
& \varphi_{R1}[t_0 + (m-1)T_{\text{syn}} + \tau_{12}(mT_{\text{syn}}) + \tau_{\text{sys}}] + \\
& \varphi_{\text{ant1}}[t_0 + (m-1)T_{\text{syn}} + \tau_{12}(mT_{\text{syn}}) + \tau_{\text{sys}}] + \\
& \frac{2\pi}{\lambda_0 + \Delta\lambda_2} r[t_0 + (m-1)T_{\text{syn}} + \tau_{\text{sys}}] + \\
& \varphi_{\text{SNR1}}[t_0 + (m-1)T_{\text{syn}} + \tau_{12}(mT_{\text{syn}}) + \tau_{\text{sys}}]
\end{aligned} \quad (2-40)$$

式中：

$$\begin{aligned}
& \varphi_2[t_0 + (m-1)T_{\text{syn}} + \tau_{\text{sys}}] - \varphi_1[t_0 + (m-1)T_{\text{syn}} + \tau_{21}(mT_{\text{syn}}) + \tau_{\text{sys}}] \\
& = 2\pi(\Delta f_2 - \Delta f_1)(m-1)T_{\text{syn}} - 2\pi(f_0 + \Delta f_1)\tau_{21}(mT_{\text{syn}}) + \\
& \varphi_{n2}[t_0 + (m-1)T_{\text{syn}} + \tau_{\text{sys}}] - \\
& \varphi_{n1}[t_0 + (m-1)T_{\text{syn}} + \tau_{21}(mT_{\text{syn}}) + \tau_{\text{sys}}] + \varphi_{\text{int2}} - \varphi_{\text{int1}}
\end{aligned}$$

而 $\tau_{12}(mT_{\text{syn}}) = \dfrac{r[t_0 + (m-1)T_{\text{syn}}]}{c}$；$\tau_{21}(mT_{\text{syn}}) = \dfrac{r[t_0 + (m-1)T_{\text{syn}} + \tau_{\text{sys}}]}{c}$；

$$\frac{2\pi}{\lambda_0 + \Delta\lambda_1} r[t_0 + (m-1)T_{\text{syn}}] \approx \frac{2\pi}{\lambda_0} r[t_0 + (m-1)T_{\text{syn}}];$$

$$\frac{2\pi}{\lambda_0 + \Delta\lambda_2} r[t_0 + (m-1)T_{\text{syn}} + \tau_{\text{sys}}] \approx \frac{2\pi}{\lambda_0} r[t_0 + (m-1)T_{\text{syn}} + \tau_{\text{sys}}]_\circ$$

通过整理简化，可得

$$\begin{aligned}
\varphi_c(mT_{\text{syn}}) = & 2\pi(\Delta f_2 - \Delta f_1)(m-1)T_{\text{syn}} + \frac{1}{2}\Delta\varphi_n + \frac{1}{2}\Delta\varphi_{\text{sys}} + \\
& \frac{1}{2}\Delta\varphi_{\text{SNR}} + \frac{1}{2}\Delta\varphi_{\text{ant}} + [\varphi_{\text{int2}} - \varphi_{\text{int1}}]
\end{aligned} \quad (2-41)$$

式(2-41)第1项是补偿由于两部雷达的载频差异引起的相位差异，是补偿量，随时间变化，也是所需要补偿的最大量；

第2项是补偿两部雷达的频率源的不稳定性引起的相位差异，$\Delta\varphi_n$可表示为

$$\begin{aligned}
\Delta\varphi_n = & \{\varphi_{n2}[t_0 + (m-1)T_{\text{syn}} + \tau_{\text{sys}}] + \varphi_{n2}[t_0 + (m-1)T_{\text{syn}} + \tau_{12}(mT_{\text{syn}})]\} - \\
& \{\varphi_{n1}[t_0 + (m-1)T_{\text{syn}} + \tau_{21}(mT_{\text{syn}}) + \tau_{\text{sys}}] + \varphi_{n1}[t_0 + (m-1)T_{\text{syn}}]\}
\end{aligned} \quad (2-42)$$

第3项是补偿两部雷达的收发支路随时间，实际是随温度变化引起的相位，$\Delta\varphi_{\text{sys}}$可表示为

$$\Delta\varphi_{sys} = \left\{\varphi_{R1}[t_0 + (m-1)T_{syn} + \tau_{12}(mT_{syn}) + \tau_{sys}] - \varphi_{T1}[t_0 + (m-1)T_{syn}]\right\} + \\ \left\{\varphi_{T2}[t_0 + (m-1)T_{syn} + \tau_{sys}] - \varphi_{R2}[t_0 + (m-1)T_{syn} + \tau_{12}(mT_{syn})]\right\} \quad (2-43)$$

第 4 项是补偿由于信噪比不足引起的相位量，$\Delta\varphi_{SNR}$ 可表示为

$$\Delta\varphi_{SNR} = \left\{\begin{array}{l}\varphi_{SNR1}[t_0 + (m-1)T_{syn} + \tau_{12}(mT_{syn}) + \tau_{sys}] \\ - \varphi_{SNR2}[t_0 + (m-1)T_{syn} + \tau_{12}(mT_{syn})]\end{array}\right\} \quad (2-44)$$

第 5 项是补偿传送同步信号的天线相对位置变化引起的插入相位变化量，$\Delta\varphi_{ant}$ 可表示为

$$\Delta\varphi_{ant} = \left\{\begin{array}{l}\varphi_{ant1}[t_0 + (m-1)T_{syn} + \tau_{12}(mT_{syn}) + \tau_{sys}] \\ - \varphi_{ant1}[t_0 + (m-1)T_{syn}] + \varphi_{ant2}[t_0 + (m-1)T_{syn} + \tau_{sys}] \\ - \varphi_{ant2}[t_0 + (m-1)T_{syn} + \tau_{12}(mT_{syn})]\end{array}\right\} \quad (2-45)$$

最后一项是补偿频率源初相位引起的相位差异。

由上面分析可以看出，通过两部雷达之间的信号对传，可以补偿由于雷达载频差异和载频不稳定引起的相位差异，同时也补偿了由于温度变化引起的收发支路插入相位的变化。虽然如此，依然存在影响相位同步精度的因素，需要进一步讨论。

1. 相位同步天线的影响

由于两部雷达相对的位置关系是随时间变化的，因此相位同步天线的相对位置也随之变化，从而导致同步天线引入的插入相位随时间在不断变化，因此补偿插入相位变化量 $\Delta\varphi_{ant}$ 就与实际存在差异，并且还是间隔 T_{syn} 获得一个补偿值。为控制这个差异量，首先需要控制卫星姿态的变化速度，也就是同步天线轴向角 ϕ 的变化速度，即 $d\phi/dt$，它通过优化卫星编队形式实现，像 TanDEM-X 卫星的轴向角变化为 $d\phi/dt \leqslant 0.12°/s$[21]。其次是控制相位同步天线自身不同指向角时的插入相移变化，这通过优化同步天线的设计，使得在同步天线的主波束范围内，天线插入相移随指向角变化，即 $d\varphi/dt$ 要尽可能小，TanDEM-X 的同步天线为 $d\varphi/dt \leqslant 2°/s$。这样假设 T_{syn} 为 100ms，考虑双星变化的方向相反，以及俯仰、方位等因数，按 4 倍考虑，在 100ms 内，同步天线的插入相移误差最大不超过 $0.096°$，此时可以忽略它的影响。

2. 温度的影响

雷达工作时的温度不同会导致发射支路和接收支路的插入相移的不同。对于星载 InSAR 系统，两部雷达工作状态存在差异，一部雷达处在发射和接收

同时工作状态,另一部处在接收状态,这样不仅两部雷达的绝对温度存在差异,温度随时间的变化速度也存在差异,所以两部雷达的硬件系统引入的插入相移存在较大差异,随时间的变化也不同。硬件系统引入的插入相移也会影响相位同步的精度,需要进行补偿。

前面讨论的相位同步电路可以补偿一部分硬件系统引入的插入相移随温度的变化,但是前提条件也与相位同步天线类似,一是在硬件设计时需考虑温度的影响,尽可能使硬件插入相移随温度变化小,其次通过温控系统使硬件系统的温度随时间变化小。由于一般 T_{syn} 远小于1s,因此在 T_{syn} 内,硬件系统的温度变化不会太大,因此相位同步电路确实可以补偿温度的影响,但是由于相位补偿电路并不能覆盖雷达所有的发射和接收电路,所以还需要设计专门的温度补偿校正系统,这在后文讨论。

3. 同步信号信噪比的影响

在提取相位同步信号时,接收端的噪声会干扰相位信号的幅度和相位的获取,其影响的程度与信噪比直接相关,信噪比越高,所提取的相位同步信号的精度越高,一般可假设接收机的噪声是白噪声,那么噪声谱可表示为

$$S_{\text{SNR}}(f) = \frac{1}{2B_w \text{SNR}} \quad (2-46)$$

式中:SNR 为信噪比,B_w 为接收机的带宽。图2-9中的 $S_\varphi(f)$ 曲线表示偏离中心频率的杂散能量,也是需要提取的修正量。$S_\varphi(f)$ 是单调下降的,当 $S_\varphi(f)$ 与 $S_{\text{SNR}}(f)$ 接近时,所提取的 $S_\varphi(f)$ 的精确度必然下降,因此必须要有足够的信噪比。从图2-9中也可以看出频率越偏离 f_0,噪声的影响越大。文献[10]给出了信噪比对同步相位估计精度的影响:

$$\sigma_{\text{SNR}}^2 = \frac{1}{4f_{\text{syn}} \text{SNR}} \int_{-\frac{f_{\text{syn}}}{2}}^{+\frac{f_{\text{syn}}}{2}} |H_{\text{syn}}(f) H_{\text{az}}(f)|^2 df \quad (2-47)$$

式中:f_{syn} 为获取同步相位补偿信号的频率,同步相位补偿信号需要经过插值处理才能获得任何时刻的相位补偿信号,$H_{\text{syn}}(f)$ 为插值处理函数,$H_{\text{az}}(f)$ 为方位处理函数。

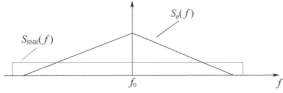

图2-9 需修正的频率源相位频谱与同步相位信号接收端的噪声谱示意图

4. 同步频率的影响

由式(2-41)直接得到的同步相位补偿信号是离散的,需要进行插值处理,因此同步相位补偿信号的获取周期对最终的相位补偿精度有较大影响。周期越长,插值处理带来的误差越大;同时周期越长,$S_\varphi(f)$ 的频谱混叠越大,从而引起的误差也随之增加。同步频率对相位补偿误差可表示为[21]

$$\sigma^2_{f_{syn}} = \int_{\frac{f_{syn}}{2}}^{\infty} S_\varphi(f) |H_{az}(f)|^2 df + \sum_{i=1}^{\infty} \int_{-\frac{f_{syn}}{2}}^{+\frac{f_{syn}}{2}} S_\varphi(f + i \cdot f_{syn}) |H_{syn}(f) H_{az}(f)|^2 df$$

$$(2-48)$$

由式(2-48)可以看出,f_{syn} 越大,$\sigma^2_{f_{syn}}$ 越小,甚至可以忽略不计,此时相位补偿误差主要取决于信噪比。

2.5.3 时间同步技术

雷达工作时,信号的发射和接收时间都是受定时时钟信号的严格控制。定时时钟信号一般通过晶振输出信号分频后得到。而 InSAR 系统中,分属两部雷达的晶振相互是独立的,其输出信号周期必然存在差异,这样两部雷达的工作时间也相应存在差异,因此需要采取措施以保证两部雷达的工作时间的差异必须控制在一定的可接受的误差范围内,这也称之为时间同步技术。时间同步可分为两部分,一是两部雷达起始工作时刻的时间同步;二是在雷达有效工作时间内的时间同步的保持。

1. 起始工作时刻的时间同步

两部或多部雷达之间的起始工作时刻的时间同步方法有多种,如主雷达可以有线或无线传输同步信号控制其他雷达的工作时刻等。但对于平台为卫星的星载雷达,由于卫星平台都装载了 GPS 接收机,GPS 接收机可以输出 PPS(Pulse Per Second,PPS)秒脉冲,而且各自的 PPS 秒脉冲之间存在较为严格的时间关系,因此利用 PPS 信号触发雷达的定时信号的产生,就可以方便地实现雷达之间的起始工作的同步。采用 PPS 信号进行时间同步所产生的误差主要有:

1)PPS 脉冲之间的时差

PPS 脉冲之间的时差可以通过修正得到有效降低,但是依然存在 PPS 脉冲时间测量误差,测量时延带来的误差,以及使用测量误差进行修正时带来的误差。合计一般在 10ns 以内。

2)PPS 脉冲的选通和相应误差

PPS 脉冲通过选通晶振输出信号来协同雷达定时信号的时序,假设晶振输出信号的周期是 100MHz,那么选通时的响应延迟时间最大可能是 10ns,即两个 PPS 脉冲信号各自独立协同对应雷达的时序时,产生的最大响应误差是 10ns。

所以,总的雷达起始工作时刻的时间同步误差约 10ns。

2. 工作期间的时间同步保持

由于两部雷达的晶振信号的频率并不能完全保持一致,因此即使两部雷达的工作起始时刻完全一致,随着工作时间的增加,两部雷达之间定时信号也会渐渐产生差异,这就存在时间同步的保持问题。假设两部晶振频率偏离标准 f_{uso} 的差值分别为 Δf_1 和 Δf_2,那么两套定时信号随着时间的增加,其时间差异 Δt 为

$$\Delta t = \frac{\Delta f_1 - \Delta f_2}{f_{uso}} t \quad (2-49)$$

t 为经过起始工作时刻同步后,雷达的工作时间。受卫星供电等因素的影响,雷达一次开机时间最长一般在 10min 左右,因此只要在 10min 内,两部雷达的时间同步保持在一定范围内就能满足使用要求。如果要求 $\Delta t \leq 20$ns,f_{uso} 为 100MHz,t 为 60s,那么要求两部雷达的晶振频率偏差小于 0.03Hz。直接要求晶振信号之间的频率差小于 0.03Hz 是很难的,因此需要通过铷钟等手段驯服晶振。

两部雷达的时间同步相差几十纳秒,对应距离相差几米到十几米,由于主副雷达获取的两幅图像在进行干涉处理时,还需要进行像素级的配对处理,修正主副雷达图像之间的距离差异,只是重叠区会减小十几米,略微有点影响测绘效率。因此最终两部雷达的时间同步误差控制在几十纳秒,可以满足干涉测绘的要求。

2.5.4 空间同步技术

两部雷达协同工作时自然要求它们的天线波束指向同一测绘区域。两部雷达天线指向的一致性取决于两方面:一是天线的机械基准面的一致性,这实际上取决于卫星平台;二是天线自身的指向精度。在天线工作状态正常的情况下,前者是主要因素。

天线机械基准面的调整精度依赖于卫星的自轨控系统。目前卫星的姿态控制精度一般可以达到 $0.01°(3\sigma)$,测量精度可以达到 $0.001°(3\sigma)$。也就是说依靠卫星平台,天线指向精度最高可以达到 $0.01°(3\sigma)$,如果采用相控阵天线,利用天线的移相器可以进一步提高指向精度,但也不会超过 $0.001°(3\sigma)$。

天线指向的调整方式可能有两种:一种是根据主雷达天线的指向调整副雷达天线,这样可以使两部雷达天线的指向基本重合,副星雷达接收到的信号增益不下降,但此时主、副雷达接收到的回波信号多普勒中心频率并不一致。假

设两雷达沿航向间隔为 d，雷达到测绘区域的距离为 R，卫星平台速度为 V，那么两部雷达的回波信号多普勒中心频率差值 Δf_d 为

$$\Delta f_d \approx \frac{Vd}{\lambda R} \quad\quad (2-50)$$

按 TanDEM 编队卫星参数，Δf_d 随不同入射角变化范围在 300～400Hz，最大占回波信号多普勒谱宽的 20% 左右。这会影响可用于估计干涉相位的独立视数，降低图像方位模糊度等。

另一种方式是主副雷达各自独立控制天线指向，使雷达回波信号的多普勒中心频率为零作为调整准则。这样主副雷达接收到的回波信号的多普勒频率基本重合，避免了前一种调整方式的缺陷，但此时主雷达的发射天线与副雷达的接收天线的指向存在偏差，导致天线增益会下降，按 TanDEM 编队卫星，天线增益下降 0.5dB 左右。德国 TanDEM 实际工作时采用后一种方式。

2.6 InSAR 系统的校正

通过主副雷达获取的干涉图像和直接测得的基线参数得到的 DEM 数据往往受各种参数测量精度的影响，此时 DEM 精度并没有达到理想状态，需要利用各种手段对 InSAR 系统的相关参数进行修正。通过 InSAR 校正技术可使 DEM 数据的精度得到有效提高，InSAR 的校正是获取高精度 DEM 数据必不可少的重要环节。这里主要讨论了 InSAR 系统校正中的几个主要方面，包括硬件性能变化、基线和斜距的校正。

2.6.1 DEM 误差的特性

InSAR 系统获取的 DEM 数据与实际值相比必然存在误差，有许多因素导致了这些误差的产生，这些误差随时间是起伏不定的，可以分为快变化、慢变化以及介于两者之间的情形。

快变化误差表现为类噪声特性，主要由干涉相位估计误差引起。而干涉相位估计误差由图像信噪比不足、地面植被如森林等的去相干性、雷达晶振的不稳定性以及相位同步误差等所致。呈现噪声特性的 DEM 误差是没有规律的，不能通过校正进行修正。

基线测量误差和斜距误差是 DEM 误差随时间缓慢变化的主要因素，同时对 DEM 误差影响却很大，可以认为是系统误差，通过校正可以减小对 DEM 系

统测高的影响,大幅提高 InSAR 系统测高精度,基线误差校正的剩余才是呈现噪声特性的 DEM 误差的来源之一。

介于两者之间的误差主要由系统硬件的幅相变化所致。硬件的幅相变化可以分为两类,一类是硬件老化引起的幅相变化,这种变化相对非常慢,只要在系统运行过程中进行周期性校正就能消除。另一类是随温度变化引起的相应变化,它与系统工作时间有关,特别是 InSAR 常采用一发双收模式获取 DEM 数据,两部雷达的工作温度是有差异的,所以需要在系统设计时采取措施补偿它们的影响。

总而言之,除了噪声特性的误差,其他 DEM 误差源是可以校正的系统误差。

2.6.2 相位校正

雷达在工作时,发射支路和接收支路的幅度和相位随工作时间,也就是随温度产生变化,幅度变化对 DEM 精度的影响较小,可以忽略。相位变化会对 DEM 精度产生影响,典型的发射支路和接收支路的相位变化如图 2-10 所示,整个雷达的工作时间为 5min。

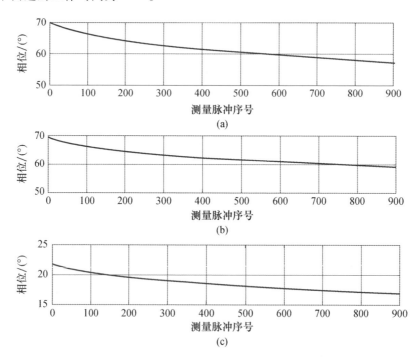

图 2-10 雷达工作时发射和接收支路相位变化图
(a)发射支路的相位变化曲线;(b)接收支路的相位变化曲线(发射工作);
(c)接收支路的相位变化曲线(发射不工作)。

从图 2-10 中可以看出,发射支路的相位在 5min 内变化了 12°左右,接收支路变化了 10°左右;而发射不工作时,由于温度上升相对慢一些,此时接收支路的相位变化了 5°左右。这些相位变化可以使高度测量误差达到 0.5m 左右,因此需要进行校正。相位的校正主要依靠雷达内部的定标系统,需要设置专门的内定标工作模式,在雷达工作期间,周期性插入内定标工作模式,以获取雷达发射支路和接收支路的相位,这些相位参数在后续处理过程中对相应的雷达回波数据进行补偿校正。这种校正的精度取决于内定标网络的相位变化,由于内定标网络本身是无源的,与产生热量的有源器件之间也存在一定的空间距离,因此可以采取热控措施有效降低有源器件所产生的热对内定标网络的影响。同时也可以在地面标定内定标网络随温度发生的相位变化曲线,典型如图 2-11 所示,由于材料的特性,内定标网络的相位在不同温度点随温度变化的情况是有很大差异的,有的区域变化比较平缓,有的区域变化比较剧烈,因此可以选择合适的工作温度区域以降低内定标网络的相位变化,同时也可以校正内定标网络相位随温度的变化。通过这些措施可以使校正后的雷达发射和接收支路的相位变化控制在 1°左右,基本消除其对 DEM 测量的影响。

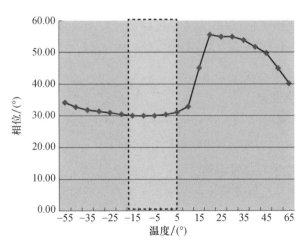

图 2-11 内定标网络的相位随温度变化的曲线

2.6.3 基线校正

前面已多次讨论了 InSAR 基线精度对 DEM 的影响,基线测量是 InSAR 系统获取高精度 DEM 数据的前提条件。基线测量由以下几个环节组成:首先是利用装配在卫星上的 GPS 系统获取卫星的位置参数,这个位置参数其实是 GPS 天线所在的位置参数,而雷达天线相位中心的位置是在地面测定的,它相对卫星本体的位置是固定的,这样 GPS 天线位置和雷达天线相位中心位置之间的相对关系也是固定的,因此只需要通过坐标转换就可以由 GPS 天线的位置参数得到雷达天线相位中心位置,也就获得了所需的基线参数。影响基线参数精度的可能因素主要包括:

1. GPS 的测量误差

直接由 GPS 获取的绝对位置误差大约在 5cm(1σ),这个误差并不能满足获取高精度 DEM 数据的要求,但是德国人利用 GPS 对 GRACE 卫星星座之间的相对位置测量发现,其误差在 1mm 以内[22-23],如图 2-12 所示。

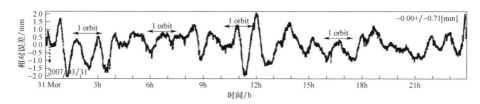

图 2-12　GPS 测得的 GRACE 卫星相对误差随时间的变化图

从图 2-12 中可以看出,误差是随时间缓慢变化的,因此可以通过校正手段,提高基线的测量精度至 1mm 量级,这就大大提高了 InSAR 系统干涉测量基线的精度。

2. 坐标转换误差

坐标转换误差主要来自坐标系的精度,按目前卫星能达到的姿态测量误差的精度 $0.001°(3\sigma)$ 考虑,其带来的误差小于 0.1mm,几乎可以忽略。

3. 天线相位中心位置误差

天线相位中心位置要确保在天线主波束内的天线相位变化小于 2°~3°,这通过地面的精心调试可以满足这一要求,典型的相位曲线如图 2-13 所示,而且在地面可以获取不同视角下的天线主波束的相位曲线用于后期处理的补偿,经补偿后的相位差值可以小于 1°。雷达在轨工作后,由于温度的变化,可能会使相位中心发生偏移,这通过合理的热控措施得到有效缓解。

综合所述,基线的测量误差主要来自 GPS 的定位误差,并且其变化是缓慢的,这为校正创造了条件。

基线按空间几何坐标可以分解为 3 个分量,第 1 个分量为测绘视角方向,

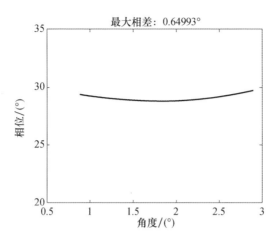

图 2-13　典型的雷达天线主波束内的相位变化图

记为 $B_\parallel$，对应的测量误差为 $\Delta B_\parallel$；第 2 个分量为垂直于视角方向，记为 $B_\perp$，对应的测量误差为 $\Delta B_\perp$；第 3 个分量为沿飞行航向分量，由于 InSAR 提取高程信息前，需要进行数据配对处理，因此可以忽略它对高程测量的影响。基线分量及其测量误差如图 2-14 所示。

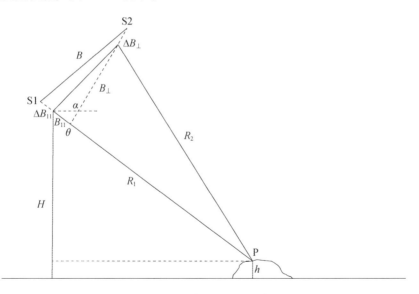

图 2-14　基线测量误差示意图

由图 2-14 可知，

$$B_\perp = B \cdot \cos(\theta - \alpha) \tag{2-51}$$

那么有

$$h_{amb} = \frac{\lambda R_1 \sin\theta}{B_\perp} \qquad (2-52)$$

这样高度 h 为

$$h = \frac{\Phi}{2\pi} h_{amb} = \frac{\Phi}{2\pi} \frac{\lambda R_1 \sin\theta}{B_\perp} \qquad (2-53)$$

因此有

$$\Delta h = \frac{h}{B_\perp} \Delta B_\perp \qquad (2-54)$$

h 为可测绘区域地物的最大高度。由式(2-54)可知，$B_\perp$ 的测量误差 $\Delta B_\perp$ 对高程误差的影响与高度成正比，与 $B_\perp$ 成反比。按地球最高的喜马拉雅山峰，h 小于9000m，另按德国 TanDEM 的 h_{amb} 为35m 所对应的 $B_\perp$ 的范围260～450m（不同视角），$\Delta B_\perp$ 误差在 ±1mm 引起的高度误差 Δh 在 ±2～±4.46cm。

又 $\dfrac{\partial h}{\partial B_\parallel} = \dfrac{\partial h}{\partial \theta} \dfrac{\partial \theta}{\partial B_\parallel}$，由式(2-5)，可得

$$\frac{\partial h}{\partial \theta} = R_1 \sin\theta \qquad (2-55)$$

由图2-14可得，$B_\parallel = B\sin(\theta - \alpha)$，那么有

$$\frac{\partial \theta}{\partial B_\parallel} = \frac{1}{B\cos(\theta - \alpha)} \qquad (2-56)$$

因此有

$$\frac{\partial h}{\partial B_\parallel} = \frac{R_1 \sin\theta}{B\cos(\theta - \alpha)} = \frac{h_{amb}}{\lambda} \qquad (2-57)$$

所以 $B_\parallel$ 的测量误差 $\Delta B_\parallel$ 引起的高程测量误差 Δh 为

$$\Delta h = \frac{h_{amb}}{\lambda} \Delta B_\parallel \qquad (2-58)$$

同样当 $\Delta B_\parallel$ 误差在 ±1mm 引起的高度误差 Δh 为 ±1.1m。

显然同样的测量误差，$\Delta B_\parallel$ 引起的高度误差远大于 $\Delta B_\perp$。因此，可以充分利用这一特性，利用已知控制点的高度来标定基线的测量误差，也就是直接由高程测量误差 Δh 得到 $\Delta B_\parallel$，即

$$\Delta B_\parallel = \frac{\lambda}{h_{amb}} \Delta h \qquad (2-59)$$

综上所述，可以利用定标场中的控制点的高度值以及根据测量得到的基线获取的粗精度 DEM 图中对应位置点的高度差值，通过式(2-59)获取测量基线

在视线方向的误差值 $\Delta B_{\parallel}$。但是 $\Delta B_{\parallel}$ 仅仅是基线在视线方向的投影的误差值,因此为了得到准确的基线,至少需通过两次不同的角度获取的 $\Delta B_{\perp}$ 来确定实际基线的偏差。

基线偏差在两次测绘作业过程中,可以认为没有变化,因此,有

$$\Delta B = \Delta B_{\parallel}^1 \boldsymbol{B}_{\parallel}^1 + \Delta B_{\perp}^1 \boldsymbol{B}_{\perp}^1 = \Delta B_{\parallel}^2 \boldsymbol{B}_{\parallel}^2 + \Delta B_{\perp}^2 \boldsymbol{B}_{\perp}^2 \qquad (2-60)$$

式中:ΔB 表示测量基线与实际基线的位置差值,$\boldsymbol{B}_{\parallel}^j$、$\boldsymbol{B}_{\perp}^j$ 表示第 j 次测绘视角下,基线在平行视线和垂直视线的单位矢量,$\Delta B_{\parallel}^j$、$\Delta B_{\perp}^j$ 表示测量基线在这个方向的误差。$\Delta B_{\parallel}^1$ 和 $\Delta B_{\parallel}^2$ 可直接由式(2-59)求得,再通过式(2-60)可求得 $\Delta B_{\perp}^1$ 和 $\Delta B_{\perp}^2$,最终得到 ΔB。为了在求解式(2-60)时保证稳定性,要求视角差越大越好,这样当然需要更大的定标场。

采用上述方法影响估计 $\Delta B_{\parallel}$ 的误差主要因素有:高程差值 Δh、斜距 R_1、视角 θ 和垂直基线 $B_{\perp}$。

1. 高程差值的影响

由式(2-59),可得

$$\partial \Delta B_{\parallel} = \frac{\lambda}{h_{\text{amb}}} \partial \Delta h \qquad (2-61)$$

按德国 TanDEM 的参数,假设 Δh 误差为 1m,$\Delta B_{\perp}$ 估计误差 0.86mm。一般来说控制点的高度精度远高于 1m,所以 Δh 误差主要由粗 DEM 中的干涉相位引起,因此要选择相干性较好的定标场和控制点以减小 Δh 的误差。

2. 斜距 R_1 的影响

由式(2-59),有

$$\partial \Delta B_{\parallel} = \frac{\lambda \Delta h}{R_1 h_{\text{amb}}} \partial R_1 \qquad (2-62)$$

由于 ∂R_1 一般小于 1m,因此完全可以忽略它对估计 $\Delta B_{\perp}$ 的影响。

3. 视角 θ 的影响

对(2-59)两边求导,并进行整理有:

$$\partial \Delta B_{\parallel} = \frac{\lambda \Delta h}{h_{\text{amb}}} \Big[\frac{1}{\tan \theta} - \tan(\theta - \alpha) \Big] \partial \theta \qquad (2-63)$$

由于测绘时 θ 的范围一般 $30° \sim 50°$,基线倾角 α 一般也在这个范围,因此 $1/\tan\theta - \tan(\theta - \alpha)$ 的值在 1 附近,而 $\partial \theta$ 自身的误差不会超过 $1°$,因此由它引起的误差也可忽略。

4. 垂直基线 $B_{\perp}$ 的影响

同样由式(2-59),有

$$\partial \Delta B_{\parallel} = \frac{\Delta h}{R_1 \sin\theta} \partial B_{\perp} \qquad (2-64)$$

由于斜距值很大,有数百千米,因此可以忽略垂直基线 $B_{\perp}$ 误差对估计 $\Delta B_{\parallel}$ 的影响。

总之影响估计 $\Delta B_{\parallel}$ 的误差主要是高程差值 Δh,只要选择合理的定标场和控制点,通过上述的校正处理,可以使基线的精度提高到毫米量级。

2.7 星载 InSAR 技术的发展

经过近 30 年的发展,特别是德国 TanDEM 系统的研制与试验,星载 InSAR 系统已从数据的获取、DEM 产品的生成与校正,直至广泛的应用等各个方面形成了完整的理论和技术体系。今后星载 InSAR 技术的发展主要在以下几个方面:

1. 提高高程测量的精度和测绘效率

目前星载 InSAR 系统所能提供的 DEM 产品能满足绘制 1∶50000 地图,将来需要进一步提高高程精度以及距离和方位分辨率,以满足绘制 1∶10000 乃至 1∶5000 地图的需求。在提高精度的同时,需要增加测绘带宽,以提高测绘效率。

2. 多基线 InSAR 系统

具有多基线的星载 InSAR 系统非常有利于解相位模糊,可大幅提高陡峭区域的测绘精度和效率,同时理论上采用多基线的 InSAR 系统可以自行解决基线测量问题。当然采用多基线技术也大大增加 InSAR 系统的复杂性、成本以及编队维持的难度等,如何构建低成本、稳定的多基线 InSAR 系统是今后研究的方向之一。

3. 多极化 InSAR 技术

极化与 InSAR 技术的结合可以扩大星载 InSAR 系统的应用范围,特别可用来获取生物圈信息,如树高、冰层和雪深等。德国 TanDEM 系统利用现有的硬件条件获取了一些地区的极化干涉数据,进行了初步的极化干涉试验,但 TanDEM 并不是真正意义的星载极化干涉系统。

第3章
星载超高分辨率成像技术

星载 SAR 以其全天时、全天候、大覆盖范围、抗摧毁能力强、远程监视海面和陆地上的各类目标等优势已成为空间观测的重要手段。纵观近年的发展,星载 SAR 系统逐渐往高分辨、多波段、多极化、多模式、多角度和多通道等方向发展[24-28]。

对 SAR 而言,通过灵活增加合成孔径长度可提高方位分辨率,如采用聚束模式或是滑动聚束模式,都是提高分辨率的有效措施[29-31]。但是,分辨率的提高也对高分辨率成像系统的设计、处理算法、精度等提出了更高的要求。常规 SAR 成像处理中的"一步一停"假设、超高分辨率斜视条件下的距离徙动、星地传输中的大气影响、地形高程影响等都将对高分辨率成像的聚焦有影响。

"一步一停"假设,即忽略信号发射、接收与传输期间雷达与目标之间的相对运动[32],在分辨率较低的情况下,该假设所带来的误差对成像处理的影响较小,可以不考虑。但是,随着星载 SAR 朝着亚米级甚至更高分辨率发展,高分辨率成像的处理方法必须考虑信号发射、接收与传输期间雷达与目标之间的相对运动。分辨率的提高以及成像斜视角的增加,合成孔径时间和距离单元徙动(Range Cell Migration,RCM)随之增大,回波脉冲可能会超出接收窗,必须从系统设计和处理算法上进行解决。由于轨道弯曲和地球自转等因素,星载 SAR 的几何关系与机载 SAR 相比要复杂很多,在进行星载 SAR 成像时通常进行了很多近似处理,在分辨率较低的情况下,这些近似处理带来的误差不会影响成像质量。然而随着分辨率不断提高,这些近似影响不可忽略,迫切需要高精度高效率的成像算法。

随着超高分辨率成像技术的发展,雷达大角度扫描能力不断提升,对目标的观测视角不断扩展。超高分辨率成像技术的发展方向之一就是基于雷达大角度扫描能力实现对目标区域的多角度成像,通过多角度观测,获取目标更多角度信息,从而解决传统 SAR 对部分目标存在观测盲区的问题,有效提升图像信息获取效率。

本章结合理论及实测数据,对星载超高分辨率成像技术、影响超高分辨率成像的因素以及多角度成像技术进行介绍。

3.1 星载超高分辨率 SAR 回波信号模型

3.1.1 回波信号模型

星载 SAR 成像几何模型如图 3-1(a)所示。不失一般性,为便于分析,考虑直线飞行轨迹。同时,假设超高分辨率成像条件下,雷达波束具有一定的扫描能力。卫星平台飞行高度为 h,飞行速度为 V,波束射线指向的斜视角为 θ_0,多普勒中心频率处的斜距为 R_0。

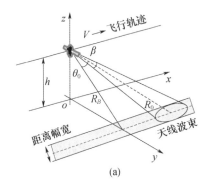
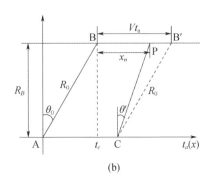

图 3-1 星载 SAR 成像几何模型
(a)三维几何模型;(b)斜平面几何模型。

设以雷达位于 A 点时刻为方位慢时间的起点,如图 3-1(b)所示,这时波束中心视线与通过 P 点且与航线平行的线相交于 B 点。经过方位慢时间 t_a 后,平台运动到 C 点,其横坐标为 $V \cdot t_a$。设天线波束中心穿越 P 点的时刻为 t_n,点目标 P 与 B 点之间的距离为 $x_n = V \cdot t_n$,则从 △PCB′ 中可得瞬时斜距为

$$R(t_a) = \sqrt{(R_0\cos\theta_0)^2 + [R_0\sin\theta_0 - (Vt_a - x_n)]^2} \quad (3-1)$$

该瞬时斜距可以展开成常数项、关于方位慢时间的一次项(距离走动项)、

二次项（距离弯曲项），以及关于方位慢时间的高次项。

假设雷达在 t_a 时刻停下来收发信号，则"一步一停"假设下的信号传输时延为

$$\tau_0 = \frac{R_T(t_a) + R_R(t_a)}{c} = \frac{2R(t_a)}{c}$$

$$= \frac{2\sqrt{(R_0\cos\theta_0)^2 + [R_0\sin\theta_0 - (Vt_a - x_n)]^2}}{c} \quad (3-2)$$

式中：c 为光速，$R_T(t_a)$ 和 $R_R(t_a)$ 分别为发射传输距离和接收传输距离。假设发射脉冲为线性调频信号，有

$$s_t(\hat{t}) = w_r(\hat{t})\exp\left\{j2\pi\left(f_c\hat{t} + \frac{1}{2}\gamma\hat{t}^2\right)\right\} \quad \hat{t} \in [-T_p/2, T_p/2] \quad (3-3)$$

式中：$w_r(\cdot)$ 表示脉冲包络，f_c 为发射信号载频，γ 为发射信号的调频率，T_p 为脉冲宽度，$\hat{t}$ 为快时间。将式（3-2）代入式（3-3），可以得到"一步一停"假设下的回波表达式，即

$$s_1(\hat{t}, t_a) = \sigma_0 \text{rect}\left[\frac{\hat{t} - \tau_0}{T_p}\right]\text{rect}\left[\frac{t_a - X_n/V}{T_a}\right]\exp(j2\pi f_c(\hat{t} - \tau_0) + j\pi\gamma(\hat{t} - \tau_0)^2)$$

$$(3-4)$$

式中：σ_0 为目标的后向散射系数，$\text{rect}[\cdot]$ 为发射信号包络为矩形窗函数，T_a 为合成孔径时间，$X_n = R_0\sin\theta_0 + x_n$。

大多数机载或星载 SAR 系统的成像处理通常采用对运动平台的"一步一停"假设，即雷达载体的运动可以假设为在一个位置停下来收发信号，然后再运动到下一个位置继续收发信号，SAR 系统的成像处理所采用的回波信号表达式如式（3-4）所示。"一步一停"假设忽略了雷达平台的两种运动：一种是脉冲发射和接收过程中的运动，另一种是信号传输过程中的运动。假设对 600km 距离处目标进行成像，电磁波双程路径经历的时间约为 4×10^{-3} s，对典型的 7000m/s 的卫星运行速度，在电磁波传播的过程中平台运动了约 28m。由此近似导致的误差在常规星载 SAR 系统中是可以忽略的，但随着星载 SAR 带宽、分辨率、轨道高度等成像条件的不断提升，这种近似所带来的误差就不可以忽略了。

假设雷达信号以光速 c 直线传输，电磁波到达目标后立即被反射回来，则信号从发射到接收的总时延为从发射到达目标的传输时间与从目标到接收的传输时间之和。

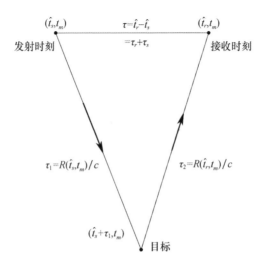

图3-2 考虑雷达连续运动的信号传输时间

如图3-2所示,在$(\hat{t}_s, t_m)$时刻发射的SAR信号于$(\hat{t}_s + \tau_1, t_m)$时刻到达目标,然后在$(\hat{t}_r, t_m)$返回到雷达。$R(\hat{t}_s, t_m)$为$(\hat{t}_s, t_m)$时刻雷达与目标之间的距离,$R(\hat{t}_r, t_m)$为$(\hat{t}_r, t_m)$时刻雷达与目标之间的距离。信号的完整时延等于信号从雷达到目标的传输时间τ_1加上信号从目标返回到雷达传输时间τ_2。τ_1由发射信号从雷达至目标的传输距离决定,τ_2由反射信号从目标返回雷达的传输距离决定。

考虑平台连续运动,则从发射到接收过程的精确时延为

$$\tau = \frac{R_T(t_a) + R_R(t_a)}{c} = \frac{R_T(t_a) + R_R(t_a + \tau)}{c} \tag{3-5}$$

文献[33-35]分别从直线运动轨迹和机动运动轨迹的角度对连续运动模型下的回波时延进行了推导,$(\hat{t}_s, t_m)$时刻所发射信号的时延及$(\hat{t}_r, t_m)$时刻接收信号的时延分别为

$$\begin{cases} \tau(\hat{t}_s, t_m) = \dfrac{2c\sqrt{[R_0\sin\theta_0 - (V\hat{t}_s - x_n)]^2 + (R_0\cos\theta_0)^2} + 2V(V\hat{t}_s - R_0\sin\theta_0 - x_n)}{c^2 - V^2} \\ \tau(\hat{t}_r, t_m) = \dfrac{2c\sqrt{[R_0\sin\theta_0 - (V\hat{t}_r - x_n)]^2 + (R_0\cos\theta_0)^2} - 2V(V\hat{t}_r - R_0\sin\theta_0 - x_n)}{c^2 - V^2} \end{cases}$$

$$(3-6)$$

文献[36]中指出,回波双程时延表达式结构对称,$\tau(\hat{t}_s, t_m)$和$\tau(\hat{t}_r, t_m)$都表示信号时延,两者地位相似,唯一的区别是这两个时延表达式的自变量不同。

但是由于信号是在接收端进行采样,因此 $\tau(\hat{t}_r, t_m)$ 常用接收全时间表示。如果将 $\hat{t}_r$ 用 $\hat{t} + t_a$ 来替代,则回波精确延迟可表示为

$$\tau = \frac{2c\sqrt{(R_0\cos\theta_0)^2 + (R_0\sin\theta_0 - (Vt_a + V\hat{t} - x_n))^2}}{c^2 - V^2} - \frac{2V(Vt_a + V\hat{t} - R_0\sin\theta_0 - x_n)}{c^2 - V^2} \quad (3-7)$$

将式(3-7)代入式(3-3),可得连续运动条件下的回波信号精确表达式为

$$s_2(\hat{t}, t_a) = \sigma_0 \mathrm{rect}\left[\frac{\hat{t} - \tau}{T_p}\right] \mathrm{rect}\left[\frac{t_a - X_n/V}{T_a}\right] \cdot$$
$$\exp[\mathrm{j}2\pi f_c(\hat{t} - \tau) + \mathrm{j}\pi\gamma(\hat{t} - \tau)^2] \quad (3-8)$$

3.1.2 "一步一停"假设误差分析

传统 SAR 系统成像处理没有考虑"一步一停"假设带来的相位误差,认为该误差不会对成像质量造成影响。文献[37]首次提出了在星载 SAR 回波中"一步一停"假设不成立时对点目标压缩的影响,并给出了仿真结果。下面详细分析"一步一停"假设误差对星载高分辨 SAR 成像的影响。

由式(3-2)和式(3-7)可知,"一步一停"模型所导致的距离包络误差可表示为

$$\Delta R = R(t_a) - \frac{c^2\sqrt{(R_0\cos\theta_0)^2 + [R_0\sin\theta_0 - (Vt_a + V\hat{t} - x_n)]^2}}{c^2 - V^2} + \frac{Vc(Vt_a + V\hat{t} - R_0\sin\theta_0 - x_n)}{c^2 - V^2} \quad (3-9)$$

由此距离包络误差导致的相位误差表达式:

$$\Delta\varphi_2 = \frac{4\pi}{\lambda}\Delta R \quad (3-10)$$

其中 λ 为发射信号波长。下面从信号频谱的角度对精确回波模型和基于传统"一步一停"假设模型进行比较。"一步一停"回波模型的频谱表达式可表示为[29]

$$S_1(f_r, f_a) = W(f_r, f_a) \cdot$$
$$\exp\left(-\mathrm{j}\pi\frac{f_r^2}{\gamma} + \mathrm{j}2\pi f_a \frac{X_n}{V} - \mathrm{j}4\pi R_0\cos\theta_0\sqrt{\left(\frac{f_c + f_r}{c}\right)^2 - \left(\frac{f_a}{2V}\right)^2}\right) \quad (3-11)$$

式中:$W(f_r, f_a)$ 为两维频域窗函数,f_r 为距离频率,$f_a = -\dfrac{2V\sin\theta_0}{c}(f_c + f_r)$ 为方

位频率。

考虑平台连续运动,采用两维联合驻相点原理可以得到回波精确频谱[35],即

$$S_2(f_r,f_a) = W(f_r,f_a)\exp\left(-j\pi\frac{(f_r-f_a)^2}{\gamma}+j2\pi f_a\frac{X_n}{V}\right)\cdot$$

$$\exp\left(-j4\pi R_0\cos\theta_0\sqrt{\left(\frac{c(f_c+f_r-f_a)}{c^2-V^2}\right)^2-\left(\frac{f_a}{2V}-\frac{V}{c^2-V^2}(f_c+f_r-f_a)\right)^2}\right)$$

$$(3-12)$$

对比式(3-11)"一步一停"模型与式(3-12)连续运动模型的频谱公式,可得两维频谱差异,有

$$\Delta S_{12}\approx\exp\left(j2\pi\frac{f_r f_a}{\gamma}\right)\exp\left(-j\pi\left(\frac{f_a^2}{\gamma}+\frac{cR_0\cos\theta_0 f_a^3}{4V^2 f_c^2}-\frac{2}{c}R_0\cos\theta_0 f_a\right)\right)$$

$$(3-13)$$

式中:第一个指数项为距离方位频域耦合项,该项会引起包络线的平移与跨距离单元现象;第二项为影响方位聚焦相位。比较式(3-11)和式(3-12),传统"一步一停"假设模型下,忽略了距离和方位频率的耦合,f_r-f_a变为f_r;信号的速度变为了$c-V^2/c$。

下面从距离压缩的残余误差以及方位压缩的残余误差分析"一步一停"假设模型应用边界。

1. 距离误差边界

为了进一步得到"一步一停"误差模型的适用条件,文献[31、38]中均以二次相位误差(Quadratic Phase Error,QPE)为边界条件,对距离压缩的误差进行了分析,并得到距离误差的控制边界。

将方位频率$f_a = -\frac{2V\sin\theta_0}{c}(f_c+f_r)$代入式(3-12)第一个指数项$-\pi(f_r-f_a)^2/\gamma$中可以得到

$$\Phi = -\pi\frac{[f_r-2V\sin\theta_0(f_c+f_r)/c]^2}{\gamma}$$

$$= -\pi\frac{f_r^2(1-2V\sin\theta_0/c)^2}{\gamma}+\pi\frac{4V\sin\theta_0 f_r(1-2V\sin\theta_0/c)/\lambda}{\gamma}-$$

$$\pi\frac{(2V\sin\theta_0/c)^2}{\gamma}$$

$$(3-14)$$

式中:第一项为距离频率调制,对该项进行匹配滤波即可完成距离脉压;第二项

为距离频率的一次项,对应聚焦后目标的位置;第三项为一恒定项。

传统匹配滤波的参考函数为

$$\Phi_{ref} = \pi \frac{f_r^2}{\gamma} \qquad (3-15)$$

经过匹配滤波后,式(3-14)的第一项近似变为

$$\Phi_1 = -\pi \frac{f_r^2 4V\sin\theta_0/c}{\gamma} \qquad (3-16)$$

式(3-16)即为通过传统距离匹配滤波后,在距离向残余的二次相位,也就是说,在距离精确模型下,传统匹配滤波距离压缩是不完整的。残余二次相位的存在将会导致匹配滤波器的失配,引起距离向脉冲响应宽度的展宽以及旁瓣幅值的升高。

不影响信号压缩的边界条件是控制式(3-16)的相位门限在 $\pi/4$ 内。由于距离频率的取值区间为 $f_r \in [-\gamma T_p/2, \gamma T_p/2]$ 或 $f_r \in [-B_r/2, B_r/2]$,B_r 为发射信号带宽,由此可得

$$\text{QPE} \approx |\Phi_1| = \left| \pi \frac{V}{c} B_r T_p \sin\theta_0 \right| \leq \frac{\pi}{4} \qquad (3-17)$$

式(3-17)可进一步写为

$$|VT_p \sin\theta_0| \leq 2\rho_r \qquad (3-18)$$

式中: $\rho_r = c/2B_r$ 为距离向分辨率。忽略在信号传输过程中的径向速度变化,雷达与目标的径向速度可以近似为 $V\sin\theta_0$,上述"一步一停"假设的成立条件可以这样理解:在信号传输过程中,雷达与目标的径向位移不超过距离分辨单元的两倍。

令脉冲宽度为 $40\mu s$,等效速度为 $7500m/s$,图 3-3(a)为带宽为 1.5GHz 时 QPE 随 θ_0 的变化曲线,图 3-3(b)为斜视角为 $10°$ 时 QPE 随信号带宽的变化曲线。

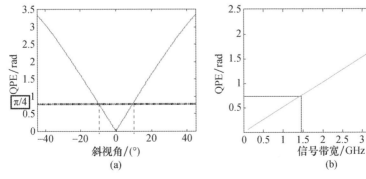

图 3-3 距离向匹配滤波失配导致的 QPE

(a)QPE 与斜视角的变化关系;(b) QPE 与信号带宽的关系。

从图3-3可以看出,在常规正侧视模式或小斜视情况(<10°)下,或是系统带宽低于1.5GHz时,QPE不会超过$\pi/4$,此时距离向匹配滤波失配不会影响到距离脉压效果。但当系统为达到超高分辨率以聚束或滑动聚束方式进行工作时,系统带宽相对较高,同时具有一定的扫描角度,边缘回波所对应的斜视角度将可能超出误差控制边界,此时距离压缩失配将会影响距离脉压效果。

2. 方位误差边界

当"一步一停"模型造成残余距离徙动时,SAR图像中的目标在方位向将会存在散焦现象。文献[38]通过分析式(3-13)的第一项$\exp(j2\pi f_a f_r/\gamma)$得到距离方位耦合相位对成像的影响。若$S_1(\hat{t}, f_a)$是"一步一停"假设模型下距离脉压后的信号,$S_1(f_r, f_a)$为$S_1(\hat{t}, f_a)$的距离傅里叶变换,则

$$\mathcal{F}^{-1}\left[S_1(f_r, f_a)\exp\left\{j2\pi\frac{f_a}{\gamma}f_r\right\}\right] = S_1\left(\frac{f_a}{\gamma} + \hat{t}, f_a\right) \quad (3-19)$$

式中:$\mathcal{F}^{-1}[\cdot]$为傅里叶变换。残余距离方位耦合相位$2\pi f_a f_r/\gamma$引起非空变的线性距离徙动量为f_a/γ。当该距离徙动误差的变化量(ΔRMC)小于距离时间分辨单元的1/2时,方位和距离向的脉冲响应展宽小于2%,从而这一项对成像的影响可以忽略[29],即

$$\Delta \text{RMC} = \frac{f_{d\_high}}{\gamma} - \frac{f_{d\_low}}{\gamma} = \frac{B_a}{\gamma} \leqslant \frac{1}{2}\delta\hat{t} = \frac{1}{2B_r} \quad (3-20)$$

其中f_{d_low}和f_{d_high}表示最近和最高多普勒频率,B_a为多普勒带宽,$\delta\hat{t} = 1/B_r$为距离时间的分辨率。式(3-20)成立条件还可进一步化简为

$$B_a T_P \leqslant 0.5 \quad (3-21)$$

式(3-21)表明,当采用"一步一停"假设时,多普勒带宽与脉冲时宽的乘积不应超过0.5。当多普勒带宽与脉冲时宽的乘积超过0.5,若继续采用"一步一停"假设进行成像处理,残余距离徙动的变化量将大于距离分辨单元的1/2,从而会导致方位和距离向的脉冲响应展宽,聚焦质量下降。

进一步观察式(3-13),当采用基于"一步一停"的传统方位匹配滤波进行方位压缩时,存在残余相位

$$\phi_{res} = \exp\left(-j\pi\left(\frac{f_a^2}{\gamma} + \frac{cR_0\cos\theta_0 f_a^3}{4V^2 f_c^2} - \frac{2}{c}R_0\cos\theta_0 f_a\right)\right) \quad (3-22)$$

此时方位频域匹配滤波的输出可以写为

$$S_{MF}(\hat{t}, f_a) = S_1(\hat{t}, f_a) \exp\left(-j\pi\left(\frac{f_a^2}{\gamma} + \frac{cR_0\cos\theta_0 f_a^3}{4V^2 f_c^2} - \frac{2}{c}R_0\cos\theta_0 f_a\right)\right)$$

$$\approx S_1(\hat{t}, f_a) \exp\left(-j\pi\left(\frac{cR_0\cos\theta_0 f_a^3}{4V^2 f_c^2} - \frac{2}{c}R_0\cos\theta_0 f_a\right)\right) \quad (3-23)$$

式中:忽略了指数项 $-\pi f_a^2/\gamma$ 的影响。对式(3-23)进行方位向逆傅里叶变换,可得

$$S_{MF}(\hat{t}, t_a) = \int_{f_{dc}-B_d/2}^{f_{dc}+B_d/2} S_1(\hat{t}, f_a) \exp\left\{-j\frac{\pi R_0\cos\theta_0 c f_a^3}{4V^2 f_c^2}\right\} \exp\left\{j2\pi f_a\left(\frac{R_0\cos\theta_0}{c} + t_a\right)\right\} df_a$$

$$= \int_{-B_d/2}^{B_d/2} S_1(\hat{t}, f_a' + f_{dc}) \exp\left(j\pi\left(\frac{cR_0\cos\theta_0 f_a'^2(3f_{dc} + f_a')}{4V^2 f_c^2}\right)\right) \cdot$$

$$\exp\left\{j2\pi\left(\left(1 + \frac{3c^2 f_{dc}^2}{8V^2 f_c^2}\right)\frac{R_0\cos\theta_0}{c} + t_a\right) f_a'\right\} df_a' \quad (3-24)$$

式中: f_{dc} 为多普勒中心频率, $f_a' = f_a - f_{dc}$。式(3-24)中第一个相位项为方位匹配滤波后残余的二次及三次相位,该项的存在将会影响目标的聚焦效果;第二个相位项为一次相位,该相位影响目标的方位峰值位置。因此,"一步一停"假设下残余二次及三次相位最大误差需满足在 $\pi/4$ 内,即

$$\max\left(\frac{\pi cR_0\cos\theta_0 f_a'^2(3f_{dc} + f_a')}{4V^2 f_c^2}\right) = \left|\frac{\pi cR_0\cos\theta_0 B_a^2(6f_{dc} + B_a)}{32V^2 f_c^2}\right| \leq \frac{\pi}{4} \quad (3-25)$$

从式(3-25)可以看出,方位残余相位误差主要与方位带宽以及多普勒中心频率有关。在正侧视条件下,多普勒中心为零,残余相位误差主要取决于方位带宽。在大角度扫描条件下,多普勒中心较大,其影响不可忽略。

对典型低轨 X 波段星载 SAR,假设成像距离为 800km,图 3-4(a)为正侧视条件下残余相位误差与分辨率的关系,可以看出,对 0.15m 甚至更高分辨率成像相位误差不可忽略。图 3-4(b)为方位分辨率为 0.2m 时残余相位误差与斜视角的关系,虽然分辨率降低,但是存在一定的斜视角时残余相位误差不可忽略。

综上所述,"一步一停"假设模型成立的条件为式(3-18)、式(3-21)和式(3-25),不满足以上条件时,"一步一停"假设给成像带来的误差将不能被忽略。当"一步一停"假设不成立时,需要采用连续运动模型或是在成像处理中补偿"一步一停"带来的误差。

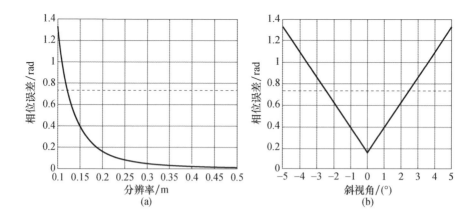

图3-4 方位向匹配滤波残余相位误差
（a）残余误差与分辨率的变化关系；（b）残余相位误差与斜视角的关系。

3.2 星载超高分辨率成像技术

和传统的机载 SAR 成像相比，星载成像没有运动补偿的难题。但对超高分辨率的星载 SAR 成像，存在如下难点：

1. 变波门与变脉冲重复频率条件下的成像算法设计

星载 SAR 成像分辨率逐渐提升，成像积累角度不断增加，雷达势必要具备在不同斜视角条件的成像能力。同传统正侧视成像不同，斜视条件下 SAR 回波的距离徙动量随着积累时间及斜视角的增加而急剧增加。特别是在斜视聚束/滑动聚束成像中，固定采样波门下目标原始回波需要考虑距离徙动引起的采样长度。某种条件下，由距离徙动引入的无效的数据量达几十千米甚至上百千米，严重降低了数据的有效性，某些方位位置的回波脉冲甚至可能会超出接收窗。为了消除距离徙动对测绘带宽的影响，减小采样数据量，在系统设计时常需通过改变脉冲重复频率（Pulse Repetition Frequency，PRF）或改变接收波门，使得接收窗或者盲区的变化与瞬时斜距的变化一致。

因此，星载超高分辨率成像需要考虑双变（变波门与变 PRF）条件下的算法设计，以更好地适应星载高分宽幅的需求。

2. 方位解模糊问题

在星载 SAR 成像中，PRF 的选取通常只是天线照射范围所产生的多普勒带宽的 1.1 倍或 1.2 倍。在超高分辨率 SAR 中，当分辨率达 0.1m 以上时，以卫星等效速度7000m/s估计,则成像所需要的非模糊的多普勒带宽约为70000Hz,若系统PRF选取为7000Hz左右,此时已经模糊了多次,因此成像算法设计中需要考虑解模糊问题。

3.2.1 常规高分辨率成像算法

目前常用的SAR高分辨率聚焦处理算法包括极坐标格式(Polar Format,PFA)算法、线性调频变标及其改进算法(Chirp Scaling,CS)、距离徙动及其改进算法(Range Migration,RMA)、后向投影算法(Back Projection,BP)等。

PFA[39]通过插值处理实现从极坐标系到直角坐标系的转变,完成距离徙动的校正,最后利用二维FFT获得图像。但由于算法忽略了波前弯曲的影响,大场景成像时会出现几何失真、二次散焦和高阶图像模糊。近些年学者提出改进的PFA算法[40],通过基于数字聚束预滤波的思路可以实现大场景的精确聚焦处理,大大拓展了PFA的应用范围。

CS及其改进算法[41]从原始回波信号入手,精确推导回波信号在距离-多普勒域的表达式,在二维频域中完成距离压缩处理、距离徙动校正及二次距离压缩,在距离多普勒域内完成方位相位补偿处理。整个算法结构清晰、简洁,不需要进行插值处理,仅通过复乘和FFT就可以完成整个成像处理,同时具有良好的相位保持特性。

RMA及其改进算法[42]利用STOLT插值来完成二维匹配滤波,由于算法的推导没有采用任何近似,因而是一种精确的成像算法。然而该算法需要在二维频域中进行插值处理,运算量较大,而且插值精度对成像质量的影响较大。

PFA、CS、RMA类算法,虽然从形式上看有很大的差异,但从本质上却是一致的。它们都是根据回波模型反映的回波规律,通过对回波数据的异域变换和同域转换等数学处理,实现去空变归集和解耦合降维,并同步补偿处理残差,以便在保精度的条件下,将低效率的二维相关运算过程转化为两类正交和串行的一维正逆傅里叶变换过程,从而达到显著提高计算效率的目的。

BP算法[43]是一种逐点成像的时域算法,适用于不同频段不同成像模式,它通过计算每个像素到雷达位置的距离,沿每个散射点的轨迹进行时域相干叠加实现高分辨率成像。BP算法逐像素点处理的计算结构特点,使它很适合在图形处理器(Graphics Processing Unit,GPU)等具有多线程并行处理架构的计算设备中实现快速处理。但BP是一种时域成像方法,在结合运动补偿方面灵活性不如频域类算法。随着波束指向稳定技术、惯性测姿定位技术及GPU等多线程并行计算技术的发展和普及,时域算法或将得到更为广泛的应用。

3.2.2 星载超高分辨率成像双变设计

本节主要针对星载超高分辨率成像中的变距离采样波门和变 PRF 设计进行介绍。

1. 变距离采样波门

在聚束或是滑动聚束 SAR 成像中,单个点目标的多普勒历程与斜视 SAR 一样,回波都有距离走动现象。在超高分辨率条件下,方位孔径角度范围及孔径时间都大大延长,在此条件下距离走动量急剧增加。常规固定采样波门下单点目标的原始回波数据和距离压缩的结果如图 3-5(a)所示,中间有效数据区是雷达距离向波束主瓣照射区域。由于距离走动的存在,回波的有效区表现为倾斜状。从图中可以看出,在波门固定的情况下,为了将回波能量采集完整,在合成孔径时间内开启的采样波门数必须远大于 T_p 对应部分,相对于每个脉冲的有效数据,大部分采样数据是无效的[44-45]。

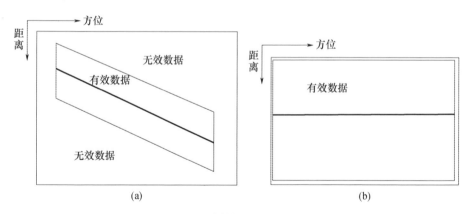

图 3-5 回波数据和距离压缩对比

(a)原始回波数据和距离压缩结果;(b)变采样门回波和距离压缩结果。

在聚束 SAR 或滑动聚束 SAR 中,一个方位处理块中的数据几乎同时照射,多普勒质心存在一定的差异,因而照射区域中的有效目标回波与图 3-5(a)类似。因此为了减小数据量,可根据预先设计的斜率改变采样波门,达到只采集照射区域中的有效数据的目的,由此可以有效地降低回波中无效数据量。变采样波门后的回波和距离压缩结果如图 3-5(b)所示。

变采样波门相当于根据多普勒质心 f_{dc} ,按走动校正公式 $\Delta R = \lambda/2 \cdot f_{dc} t_a$ 调整回波数据的采样波门。因此,与固定波门的回波数据相比,变采样波门相当于时域走动校正并保留有效数据,如果成像处理算法采用时域校走动方式(如极坐标算法),则回波数据可视为已校正了走动的数据。反之,如采用其他的算法,则需在时域对回波数据补零,然后反走动校正,将回波数据移到正确的位置后再处理。

2. 变脉冲重复频率

当雷达系统工作于大角度扫描或宽测绘带工作模式时,受脉冲重复频率的制约无法完成对全场景内回波信号的接收处理。为了补偿大扫描角和宽测绘带所带来的影响,可利用脉冲重复频率的变化来补偿扫描角度和宽测绘带所带来的影响,完成对全场景回波信号的接收[46-47]。

合成孔径原理是实现 SAR 系统方位向高分辨率的基础,其利用雷达系统与地面目标之间的相对运动产生有效孔径,进而获得方位向高分辨率。显然,雷达与地面目标之间的相对运动是实现方位向高分辨率的前提,正是由于该相对运动的存在,导致天线相位中心与地面目标之间的相对斜距近似以指定斜距模型的形式发生变化,进而在回波信号中引入方位向多普勒带宽。然而,也正是由于该相对斜距的变化导致同一地面目标在不同时刻具有不同的接收延迟时间,在回波数据上则表现为接收回波信号在距离向上的错位,产生所谓的距离徙动。天线相位中心与地面目标之间斜距变化示意图如图 3-6 所示。

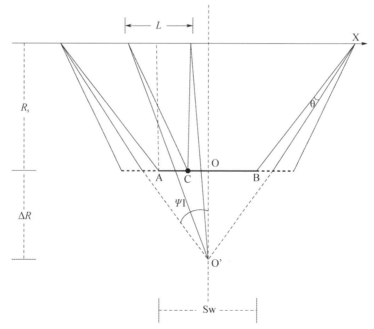

图 3-6 空间几何关系简化构型图

如图 3-6 所示，R_s 为中心时刻天线相位中心与场景中心间的最近距离；ΔR 为场景中心与等效旋转点之间的距离；对于场景内的任意目标 C 而言，不同方位时刻天线相位中心与地面目标之间的相对距离不断发生变化。相应的，该目标距离徙动量 R_M 可表示为

$$R_M = R_{C,\max} - R_{C,\min} \qquad (3-26)$$

式中：$R_{C,\max}$ 为在目标 C 被照射期间天线相位中心与地面目标之间相对距离的最大值；$R_{C,\min}$ 为在目标 C 被照射期间天线相位中心与地面目标之间相对距离的最小值。

对于条带工作模式，在工作过程中雷达系统波束指向保持不变，这意味着在工作期间内天线相位中心与波束指向点之间相对距离保持不变。在不同时刻，波束照射范围内天线相位中心与地面目标之间相对距离的最大值和最小值不发生变化。因此，回波信号的距离徙动量由卫星飞行高度、天线 3dB 波束宽度及方位向斜视角共同决定，其距离徙动量为任意方位时刻天线相位中心与雷达天线波束宽度内目标的最大距离与最小距离之差。

但对于聚束或滑动聚束工作模式，由于雷达波束指向在工作期间内不断变化，回波信号的距离徙动量不仅与卫星飞行高度、雷达天线波束宽度及方位向斜视角有关，还受雷达天线波束指向变化的影响。由于天线波束范围内目标同天线相位中心的最大和最小距离随方位时刻不断变化，回波信号的距离徙动量为整个观测时间内天线相位中心与雷达波束范围内各地面目标间的最大距离与最小距离的差值。此时，回波信号的距离徙动量可以分为两个部分：第一部分，与条带模式相对应，由天线波束宽度和方位向斜视角所决定的距离徙动量，该部分为雷达系统所固有的距离徙动量，无法通过变脉冲重复频率来减小；第二部分，由天线波束指向变化导致的天线相位中心与地面波束指向点之间的距离变化，进而引入额外的距离徙动量，这部分可利用变脉冲重复频率技术进行补偿。

基于上述分析，对于波束指向中心点，如果相邻两个脉冲从发射到接收所经历的累计脉冲重复周期之差等于两个时刻波束指向中心点与天线相位中心之间距离延时之差，就能够补偿由波束指向变化所带来的影响，进而减小雷达系统回波信号的距离徙动量。

假设合成孔径时间内第 n 个发射脉冲的脉冲重复间隔为 $\text{PRI}(n)$，该脉冲经场景内目标 (R_s, x_c) 散射，在此期间的距离历程为[47]

$$R_0(n) = c \cdot [\text{PRI}(n) + \cdots + \text{PRI}(n+m-2) + \Delta \cdot \text{PRI}(n+m-1)]$$
$$\approx c \cdot [(m+\Delta) \cdot \text{PRI}(n)] \tag{3-27}$$

式中：m 为发射和接收第 n 个脉冲期间经历的脉冲个数，$\Delta \in (0,1)$ 为距离延时中的小数部分。若第 n 个脉冲是在方位时刻 t_a 发射的，则 $R_0(n)$ 可以近似表示为

$$R_0(n) = R_0(t_a) \approx 2\sqrt{R_s^2 + (Vt_a - x_c)^2} \tag{3-28}$$

联合式(3-27)和式(3-28)得到 PRF 的变化规律为

$$\text{PRF}(n) = \frac{1}{\text{PRI}(n)} \approx \frac{(m+\Delta)c}{2\sqrt{R_s^2 + (Vt_a - x_c)^2}} \tag{3-29}$$

当采用上式所示的脉冲重复频率变化时，脉冲重复频率变化所引起的回波窗开启时刻变化，正好补偿不同时刻天线相位中心与地面波束中心指向点之间斜距的变化所引起的时延变化。

本质上讲，变脉冲重复频率模式通过脉冲重复频率的变化来补偿天线波束旋转所带来的影响，有效减小回波信号的距离徙动量，其对回波信号所带来的影响主要体现在两个方面：

（1）补偿天线波束旋转所带来的影响，使得在波位设计时不需要考虑天线波束旋转所带来的影响，直接依据正侧视条件下的系统参数来进行波位选取，进而简化雷达系统的波位选取。

（2）补偿天线波束旋转所带来的影响，减小回波信号的距离徙动量，在实现相同测绘带宽度的情况下有效减小回波信号的数据率。

3.2.3 面向双变的超高分辨率成像算法

针对星载超高分辨 SAR 成像，本节介绍一种面向双变的超高分辨率成像处理方法。变波门回波数据改变了目标信号在距离域的徙动，但改变的徙动是确定的。常规成像处理算法先进行徙动曲线恢复，由此就需要大量补零，将原本采样节省的数据量进一步扩展。变 PRF 回波数据导致方位采样非均匀，常规处理通常先将数据插值成均匀采样，增加了额外的处理负担。本节结合 PFA 成像的特点，介绍面向双变的 PFA 超高分辨率成像算法[40]，该算法将变波门、变 PRF 处理很好地融入到 PFA 过程中，不需要额外的单独处理。在有效解决双变的同时，针对成像场景小的问题，通过基于数字聚束预滤波的二级 PFA 处理可有效扩展成像场景，从而同时满足星载超高分辨率成像及幅宽需求。

1. 回波信号模型

为了建立更广泛的统一的回波模型,针对星载超高分辨率成像特性,以斜视聚束模式建立成像几何。当斜视角为 0 时,该成像几何可以简化为常规的正侧视聚束成像几何。

图 3-7(a)为斜视情况下聚束 SAR 的成像几何,假设卫星平台以恒定速度 V 沿理想直线轨迹飞行,并且以不固定(但有规律)的脉冲重复频率发射雷达脉冲,持续照射地面场景 $\mathbf{I}$。飞行过程中 A_{start} 到 A_{end} 间的距离为合成孔径长度,孔径中心位置为 A_c。地面成像区域的 (x, y) 坐标系如图 3-7 所示定义,x 沿航向,y 垂直于航向。A_c 处雷达视线方向同 y 轴的夹角为 θ_0,由 xy 坐标系旋转 θ_0 角度得到 (x', y') 坐标系,y' 为孔径中心处在视线地面投影,x' 垂直于 y'。令 t_a 代表慢时间,$\hat{\theta}(t_a)$ 代表合成孔径时间内任一时刻处(记为 A_m 点)视线地面投影同 y 轴的夹角,而 A_m 点视线地面投影同 y' 间的夹角定义为 $\theta(t_a) = \hat{\theta}(t_a) - \theta_0$。

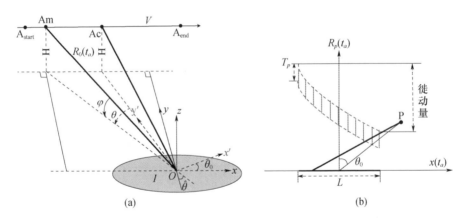

图 3-7 SAR 成像几何

(a)斜视聚束 SAR 成像物理几何;(b)点目标距离徙动示意图。

考虑 3.1.2 节介绍的"一步一停"模型的影响,采用式(3-7)的连续运动模型,雷达与地面波束中心指向点之间的斜距记为 $R_0 = R_0(\hat{t}, t_a)$,与任意点目标 P 的瞬时距离记为 $R_p = R_p(\hat{t}, t_a)$。假设发射信号为线性调频信号,解调后地面场景 $\mathbf{I}$ 范围内的二维回波信号为

$$s(\hat{t}, t_a) = \sum_{p \in \mathbf{I}} \text{rect}\left(\frac{t_a}{T_a}\right) \cdot \text{rect}\left(\frac{\hat{t} - 2R_p/c}{T_p}\right) \cdot \exp[\mathrm{j}\pi\gamma (\hat{t} - 2R_p/c)^2] \cdot$$
$$\exp\left(-\mathrm{j}\frac{4\pi f_c}{c} R_p\right) \tag{3-30}$$

$$R_p = \frac{c^2\sqrt{(R_0\cos\theta_0)^2 + [R_0\sin\theta_0 - (Vt_a + V\hat{t})]^2}}{c^2 - V^2} -$$

$$\frac{cV(Vt_a + V\hat{t} - R_0\sin\theta_0)}{c^2 - V^2} \tag{3-31}$$

由于该成像几何为斜视模式,单点目标的回波数据支撑域如图 3-7(b)所示,目标存在较大的距离徙动,远大于有效脉冲宽度 T_p。在波门固定的情况下,为了将 P 点回波能量收集完整,在合成孔径 L 内开启的采样波门数必须远大于 T_p 所对应部分,而每个脉冲的有效波门仅仅占据少数,大部分是无效数据。

在这种 R_p 变化范围过大的情况下,采取变波门的操作补偿天线波束旋转所带来的影响,减小回波信号的距离徙动量,在实现相同测绘带宽度的情况下有效减小回波信号的数据率。为了降低系统难度,一般间隔多个脉冲周期进行一次调整。

设 t_a 时刻的起始录取波门相比初始脉冲提前了 $n(t_a)$ 个,每个采样波门对应的距离宽度为 p_r,即在 $s(\hat{t}, t_a)$ 中人为引入一定的距离变化 $n(t_a) \cdot p_r$,则变波门后的回波信号可以写为

$$s(\hat{t}, t_a) = \sum_{p \in 1} \mathrm{rect}\left(\frac{t_a}{T_a}\right) \cdot \mathrm{rect}\left(\frac{\hat{t} + \dfrac{2 \cdot n(t_a) \cdot p_r}{c} - \dfrac{2R_p}{c}}{T_p}\right) \cdot$$

$$\exp\left[\mathrm{j}\pi\gamma\left(\hat{t} + \frac{2 \cdot n(t_a) \cdot p_r}{c} - \frac{2R_p}{c}\right)^2\right] \cdot \exp\left(-\mathrm{j}\frac{4\pi f_c}{c}R_p\right) \tag{3-32}$$

2. 距离波门变化的补偿

变波门回波数据改变了目标信号在距离域的徙动,但改变的徙动是确定的。常规成像处理算法先进行正常徙动曲线恢复,这样就需要大量补零,将原本 AD 采样节省的数据量进一步扩展。

PFA 处理首先要对回波数据以场景中心为参考进行匹配滤波和相位补偿,使场景中心点回波相位为零。将式(3-32)变换到距离频域,得

$$S(f_\tau, t_a) = \sum_{p \in 1} \mathrm{rect}\left(\frac{t - t_c}{T_a}\right) \cdot \mathrm{rect}\left(\frac{f_\tau}{B_r}\right) \cdot \exp\left(-\mathrm{j}\pi\frac{f_\tau^2}{\gamma}\right) \cdot$$

$$\exp\left[-\mathrm{j}\frac{4\pi}{c}(f_c + f_\tau)R_p\right] \exp\left[\mathrm{j}2\pi\frac{2 \cdot n(t_a) \cdot p_r}{c}f_\tau\right] \tag{3-33}$$

变波门情况下,利用记录的波门变化量重新构造相位补偿函数为

$$\phi_{sA}(f_\tau, t_a) = \exp\left(j\pi \frac{f_\tau^2}{\gamma}\right) \cdot \exp\left\{j\frac{4\pi}{c}f_\tau[R_0 - n(t_a) \cdot p_r]\right\} \cdot$$

$$\exp\left[j\frac{4\pi}{c}f_c \cdot R_0\right] \tag{3-34}$$

由式(3-33)和式(3-34)可以得到相位补偿后新的相位历程,即 PFA 处理前的信号,有

$$S_{PB}(f_\tau, t_a) = \sum_{p \in I} \text{rect}\left(\frac{t_a}{T_a}\right) \cdot \text{rect}\left(\frac{f_\tau}{B_r}\right) \cdot \exp\left\{j\frac{4\pi}{c}(f_c + f_\tau)[R_0 - R_p]\right\} \tag{3-35}$$

PFA 将恢复波门的操作有效地与成像处理结合,把数据重新补偿到了场景中心点,但处理过程不对数据进行任何扩展,未增加额外运算量。注意式(3-35)中的 R_0、R_p 均为连续运动模型下的距离,此时的差分距离 $R_\Delta = R_0 - R_p$ 除了需要考虑常规的平面波前的假设,还需考虑连续运动条件的二维支撑域[36],有

$$R_\Delta = R_0 - R_p \approx C_{10}x_p + C_{01}y_p \tag{3-36}$$

式中:(x_p, y_p) 代表点目标 P 在 (x,y) 坐标系下的坐标,有

$$C_{ij} = \frac{C_{i+j}^i}{(i+j)!}\frac{\partial^{i+j}R_\Delta}{\partial x^i \partial y^j}, i,j = 0,1, i+j = 1 \tag{3-37}$$

式(3-35)中回波相位信息包含两个部分,即距离信息部分和方位信息部分,每一部分中方位变量 t_a 和距离变量 f_τ 都存在着耦合。极坐标格式插值的目的就是要消除信号耦合,使距离信息部分变为距离频率 f_τ 的单变量线性函数,方位信息部分变为方位时间 t_a 的单变量线性函数。文献[36]中对连续运动模型下的 PFA 波数域二维解耦进行了详细的介绍,在此不作赘述。

但 PFA 平面波前的假设使有效成像场景受限,设 PFA 的有效成像场景半径为 r_0,r_0 和载频、分辨率、雷达作用距离有关,有

$$r_0 \leq \frac{2\rho_a}{K_a}\sqrt{\frac{R_0}{\lambda}} \tag{3-38}$$

式中:ρ_a 为方位分辨率,K_a 为考虑加权时的方位向主瓣展宽因子。用 PFA 处理成像后,距离参考中心 r_0 范围以内的部分可认为是无散焦的。

3. PRF 变化的补偿

SAR 成像原理要求雷达匀速直线运动,在空间则要求脉冲间的方位采样为等间距。但是,变 PRF 操作会使方位采样间隔发生变化,导致飞行方向的非均匀采样。假设变 PRF 产生的采样误差为 Δx,R_0 和 R_1 分别为无误差和有误差时雷达到目标的斜距,则由余弦定理可得

$$R_1^2 = R_0^2 + \Delta x^2 - 2R_0 \Delta x \cos(\theta_0) \tag{3-39}$$

由于 Δx 与 R_0 比非常小,因此式(3-39)可表示为

$$R_1 \approx R_0 - \Delta x \cos(\theta_0) \tag{3-40}$$

Δx 由 PRF 的变化产生,θ_0 为雷达相对目标的斜视角,与目标的多普勒频率对应。因此,Δx 对瞬时多普勒频率不同的点,斜视角不同,产生的误差也不一样。

常规频域类 SAR 成像算法要在方位进行快速傅里叶变换(Fast Fourier Transform,FFT)处理,在空间上则要求脉冲间的方位采样为等间距。因此,利用频域类算法处理变 PRF 数据时,通常需要对方位向数据进行重采样,极大增加了计算量。与常规频域类算法不同,PFA 算法方位向处理在时域进行,它将每个脉冲的样本点按照极坐标格式进行排列,放置角度基于瞬时角度 θ_0,在空间频率域的支撑区如图 3-8 所示。为了利用两维 FFT,需要对原本在空间频域呈极坐标格式排列的数据进行二维重采样,将其转换为矩形格式数据,最后再利用两维 FFT 实现聚焦成像。

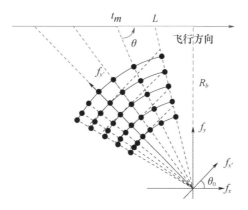

图 3-8 变 PRF 条件极坐标几何

在变 PRF 情况下,假设每个脉冲对应平台的前向速度为 V_i,采样时间间隔为 PRI(i),则 M 个脉冲对应的飞行距离为

$$X = \sum_{i=1}^{M} V_i \cdot \text{PRI}(i) \tag{3-41}$$

假设在 t_m 时刻对应的瞬时方位角为 θ,如图 3-8 所示,R_b 为航路垂距,L 为该时刻雷达与垂距点的距离,则瞬时方位角可以表示为

$$\theta = \arctan(R_b/L) \tag{3-42}$$

利用极坐标处理时,每个脉冲样本点的极坐标放置角度仍然按照其瞬时方位角放置,但在变 PRF 条件下方位角度不按照均匀规律发生变化,而是按照式(3-42)的规律逐脉冲进行重采样,从而将空间频域非均匀排列的数据转换为均匀矩形格式数据,重采样过程如图 3-9 所示,最后再利用两维 FFT 即可实现聚焦成像。

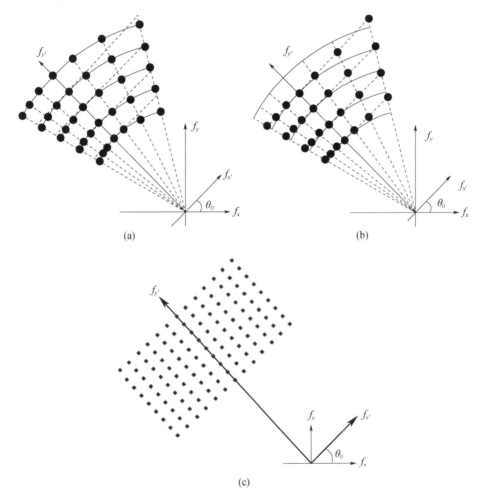

图 3-9　PFA 两维重采样处理
(a)两维插值前;(b)距离插值后;(c)方位插值后。

因此,PFA 算法可以将变 PRF 的处理完美融入后期二维重采样的过程中,通过重采样来消除变 PRF 带来的影响,同样可以获得二维均匀分布的数据,从而继续利用两维 FFT 即可实现聚焦成像。

4. 基于数字聚束预滤波的二级 PFA 扩展有效场景

基于 PFA 的成像处理可以有效地解决星载超高分辨率成像中的双变问题，但传统的 PFA 成像场景范围受式(3-38)限制。根据式(3-38)，若对 X 波段星载 SAR 进行 0.1m 分辨率成像，作用距离为 1200km，则 PFA 的聚焦场景仅为 1km 左右，无法满足星载条件大场景成像需求。因此，本节介绍基于数字聚束预滤波的二级 PFA 技术，通过两维空域滤波将对应的大场景分解为若干窄波束小场景，最终实现大场景的扩展成像。

数字聚束指的是通过对雷达回波信号进行重新数字补偿，实现波束指向在雷达实际波束照射范围内任意方向的变化。基于数字聚束预滤波的二级 PFA 算法，主要包括以下步骤：

（1）首先用第一级 PFA 对全场景进行粗聚焦成像，然后基于数字聚束预滤波的思路对原始的宽波束(对应大的成像场景)数据进行两维空域预滤波处理，将其分解为多个窄波束小场景数据，如图 3-10 所示。

（2）将每个窄波束数据重新补偿至对应的子场景中心，再次进行 PFA 重新聚焦成像，那么只要将这部分子场景范围控制在 PFA 的有效成像场景半径以内，即可保证子图成像无散焦。

（3）将各子图像拼接即可得到全场景的无散焦大图。

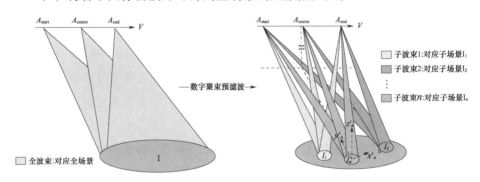

图 3-10 数字聚束示意图(见彩图)

用第一级 PFA 实现波束分割的两维空域预滤波处理为本算法的关键。PFA 对全场景进行粗聚焦成像后，可根据期望的子波束指向截取图像中不同子块区域。子图划分后，每个子图像对应窄的方位和距离带宽，只需记录下子图中心的方位、距离坐标，便可通过 PFA 处理逆过程恢复到原始数据域获得窄波束数据。

数字聚束预滤波处理流程(图 3-11)如下：

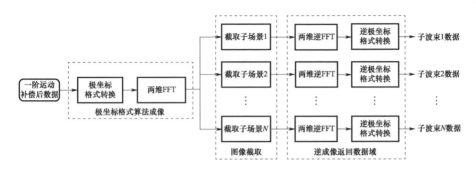

图 3-11 数字聚束预滤波处理流程

通过上面的数字聚束预滤波处理,原始的宽波束数据分解成了若干小的窄波束数据。此时,对每个子波束数据以子场景中心为参考进行常规的二阶补偿,补偿的参考函数为

$$S_{pn}(f_\tau, t_a) = \exp\left\{j\frac{4\pi(f_c + f_\tau)}{c}[R_{n,o} - R_0]\right\}, n = 1, 2, \cdots, N \quad (3-43)$$

式中:n 为第 n 个子波束,N 为整个子波束的个数,$R_{n,o}(t_a)$ 为雷达到第 n 个子波束场景中心的瞬时距离。通过重新补偿后,第 n 个子波束信号可以表示为(假设分析的点目标位于该子波束照射范围内)

$$S_n(f_\tau, t_a) = \sum_{p \in I} \exp\left\{j\frac{4\pi(f_c + f_\tau)}{c}[R_{n,o} - R_p]\right\} \quad (3-44)$$

通过上述二阶补偿,每个子波束场景中心的空变误差得到了精确补偿。虽然补偿在子波束内是空不变的,但只要空域分割预滤波处理时设计的子波束足够窄,保证子场景在 PFA 的有效成像场景半径,那么非中心点目标的残留误差完全是可以忽略的。

以第 n 个子波束为例,首先以子波束照射场景中心为原点重新建立新的坐标系 (x'_n, y'_n, z'_n),y'_n 为孔径中心处视线地面投影方向,x'_n 垂直于 y'_n。在该坐标系内,点目标 P 的坐标为 $(x_{Pn}, y_{Pn}, 0)$,雷达天线相位中心的瞬时方位和俯仰角分别为 θ_n 和 φ_n。由于此时场景足够小,平面波前假设成立,差分距离 $R_{n,o} - R_p$ 完全可做如下一阶泰勒近似:

$$R_{n,o} - R_p \approx x_{Pn}\cos\varphi_n\sin\theta_n + y_{Pn}\cos\varphi_n\cos\theta_n \quad (3-45)$$

由此二级 PFA 处理流程如图 3-12 所示。

该算法虽然后面的逆成像过程相比原有算法增加了逆极坐标格式转换操作,但由于每次针对的是子图像,数据量小,因此相比原有算法每次要对原始大

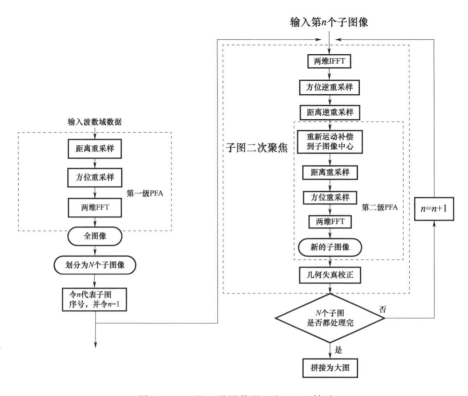

图 3-12 基于子图像的二级 PFA 算法

数据进行重新成像处理,在子波束较多时计算效率会得到显著提高。

该算法实现过程中需要注意以下两点:

首先,为了充分利用信号支撑区,极坐标插值时一般采用沿视线方向插值方法,获得的子图像将会在不同的坐标系 (x'_n, y'_n) 下,且 (x'_n, y'_n) 与原始图像坐标系 (x', y') 之间不仅有平移,还存在旋转,后期的几何失真校正需考虑这两点。

其次,两维空域预滤波的同时可以实现数据的降采样,只是具体实现时需要注意截取的子图像二维 IFFT 变换到波数域的信号是一个低通信号,而子图像在全图像中其实是有中心偏移的,理论上对应的波数域信号应该是个带通信号。因此,在逆重采样的过程中一定要注意将其恢复为带通信号,即方位向、距离向都要乘以对应的相位因子。相位因子的构造要根据子图中心像素坐标来确定,并且由于重采样的过程要求处理的是低通信号,通带的调整要分别放在两个维度的逆重采样之后。

同样,若对 X 波段星载 SAR 1200km 处进行 0.1m 分辨率成像,单个子波束聚焦场景约为 1km。若实现 15km 幅宽的成像场景，子图像的划分个数约为 15 个。通过基于子图像的二级 PFA 算法可以很方便实现双变条件下高分辨大场景的成像需求。

5. 星载超高分辨率成像全流程处理

根据前面的分析，变距离采样波门和变 PRF 情况下的星载超高分辨率 SAR 处理，与常规的聚束 SAR 处理相比，主要有以下几点不同：

（1）采用时域校走动的 PFA 算法，无需将变波门的回波数据恢复回固定波门采样的数据。

（2）将变 PRF 的处理有效融入 PFA 二维重采样的过程中，消除变 PRF 带来的影响，无需单独重采样处理。

（3）采用 Deramp 算法降低回波信号的方位带宽，防止低 PRF 引起频谱混叠。

（4）判断"一步一停"假设是否成立，如果不成立，则需要采用连续运动模型，在后续的 PFA 插值处理中对应调整插值策略。

（5）采用数字聚束预滤波处理，有效解决成像场景大小及大积累角引入的方位聚焦空变问题。

3.2.4　仿真及实测数据处理

为了验证星载超高分辨率成像效果，本节通过仿真及实测数据处理进行验证分析。

1. 点目标仿真

为分析对场景中不同位置点目标的聚焦能力，在地面有效成像场景范围内均匀设置了 5 个点目标，分布如图 3-13 所示，点目标间隔为 500m。

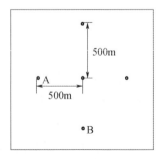

图 3-13　仿真点目标分布

对 X 波段 1100km 轨道高度星载 SAR 进行成像仿真。考虑天线角度从 15°~50°变化,下面以某波位、信号带宽 900MHz 为例进行仿真。PRF 随机变化范围为 -100~100Hz,曲线如图 3-14(a)所示,图 3-14(b)为局部放大图。

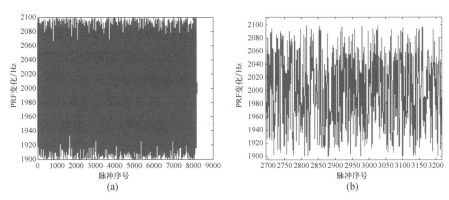

图 3-14 系统 PRF 随机变化曲线图

(a)全局图;(b)局部图。

在不变重频和随机变重频两种模式下,采用 3.2.3 节介绍的算法,5 点阵的 SAR 聚焦效果如图 3-15 所示。

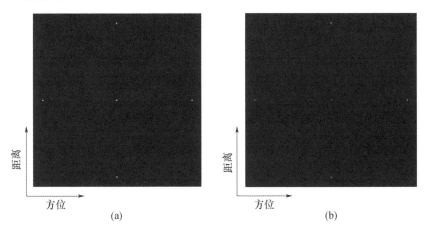

图 3-15 不变重频与随机变重频 SAR 聚焦效果对比

(a)不变重频;(b)随机变重频。

对点 A 进行二维脉冲响应分析,结果如图 3-16 所示。从图中可以看出,随机变重频对距离向的聚焦性能几乎没有影响,方位向分辨率无损失,副瓣性能略有降低。

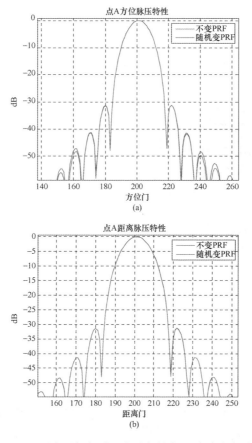

图 3-16 不变重频与随机变重频的点 A 脉冲响应对比

(a)方位响应;(b)距离响应。

表 3-1 点目标 A 分辨性能

不变重频			
性能		距离	方位
地距分辨率/m		0.41	0.41
峰值旁瓣比/dB		-31.31	-31.33
积分旁瓣比/dB		-41.02	-46.51
随机变重频			
性能		距离	方位
地距分辨率/m		0.41	0.41
峰值旁瓣比/dB		-31.4	-31.05
积分旁瓣比/dB		-41.02	-42.53

2. 实测数据处理

针对变波门处理,以机载 X 波段聚束 SAR 变波门实测数据验证二级 PFA 方法的处理能力。

实测数据理论分辨率优于 0.13m×0.13m,斜视角最大 45°,预设的起始波门变化如图 3-17(a) 所示,波门根据距离徙动曲线按线性变化。实际录取数据的距离徙动曲线,波门变化情况如图 3-17(b) 所示,可见采到数据全部是有效数据,节省了大量的采样数据冗余。

达到 0.13m 分辨率需要积累脉冲个数 40000 个以上,距离变化量达 800m。若采用其他算法需先将数据恢复到正常录取波门,每个脉冲的大部分采样点都是无效数据,数据量将扩展 2 倍以上。利用本章介绍的 PFA 处理算法,对波门变化引入的徙动在距离匹配滤波时通过调整参考函数实现补偿,不增加额外的运算量。

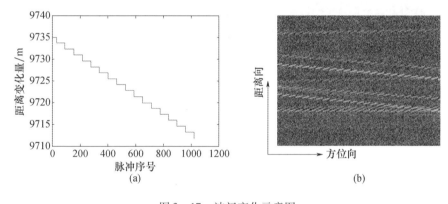

图 3-17 波门变化示意图

(a) 不同脉冲起始波门对应距离变化量;(b) 变波门采样距离徙动轨迹。

在该参数条件下,PFA 有效成像场景半径约为 150m,而图像对应的成像区域在方位、距离向宽度分别为 3600m 和 1100m,已远超出 PFA 的有效成像场景半径限制,在全图像范围内存在空变的散焦。因而需要对全图像划分,并再对子图进行二次聚焦以提高成像质量。

根据 PFA 有效成像场景半径与全场景大小之间的关系,处理时选择将全图像分为 16×11=176 个子图像,每个子图像包含 2048×1024 个像素,相邻子图间方位向重叠 512 个像素,距离向重叠 256 个像素。图 3-18(a) 为采用传统 PFA 处理效果,受聚焦场景大小的限制,图像散焦明显。图 3-18(b) 给出利用二级 PFA 处理后,逐子图利用相邻子图相关法拼接后所获得的全图像,所有区域聚焦良好,且没有拼接痕迹,验证了该算法的性能。

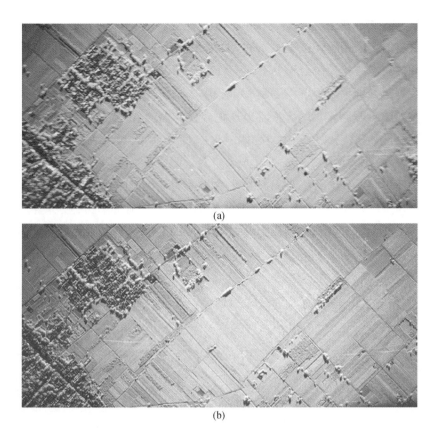

图 3-18　变波门实测数据成像结果

(a)传统 PFA 处理结果；(b) 二级 PFA 处理结果。

3.3　影响星载超高分辨率成像因素分析

星载 SAR 超高分辨率成像，除了需要考虑"一步一停"假设误差，在系统设计和处理算法上采用双变设计等方法之外，随着分辨率的提高，SAR 目标聚焦所需要的相位精度越来越高，在低分辨率成像时的一些可忽略的因素，在超高分辨率成像时就必须考虑。

本节主要分析大气以及地形高程对星载 SAR 高分辨率成像的影响。

3.3.1　大气影响

星载 SAR 电磁信号穿越大气层，实际的传播速度、传播延迟等将不可避免地受到大气层的影响,这种影响主要体现在对电磁波的延迟、衰减、相位抖动及去极化等。当这些影响引起的回波信号相位变化超过 $\pi/4$ 时,图像目标分辨性能、聚焦性能都将出现不同程度的下降。

大气层一般可分为电离层和对流层。电离层处于大气层的上端,高度从 60~1000km。受太阳射线和 X 射线辐射的影响,电离层的密度与每天的时间、位置和季节等有极大的关系。对流层处于大气层的最底端,厚度约 12km,对流层的影响主要体现在大气、雾、云、雨、雪等对电磁波的衰减[48]。

1. 电离层影响分析

电离层对雷达信号的影响包括电离层折射、色散、闪烁、去极化效应等[49]。

折射:由于电离层的折射指数不等于1,无线电波在空间的传播速度不等于自由空间的传播速度,由此引起雷达系统定位精度误差等。

色散:由于电离层介质折射率与频率有关,穿越介质的电波信号传播时延是频率的函数,脉冲频谱内不同频率分量遭受不同的相位移。电离层的色散使接收脉冲信号畸变与失真,造成雷达成像分辨率下降。

闪烁:电离层中的不规则结构,造成了穿越其中的电波散射,使得电磁能量在时空中重新分布,引起电波信号幅度、相位和到达角等发生不规则的随机起伏。电离层闪烁会带来雷达信号严重损耗并影响其相干性。

去极化:由于地磁场所致电离层折射指数的各向异性,电波穿越电离层后的极化状态与初始极化状态不同,电离层可产生极化旋转,即法拉第极化旋转效应。

衡量电离层的一个重要指标是电离层电子总量[49],又称电离层电子浓度柱含量、积分含量等,其定义为以单位面积为底面积,信号贯穿整个电离层传播路径为高的柱体中所包含的总电子数,可用来衡量电离层色散效应水平,一般取 10~50 TECU(TECU = 1 电子$/m^2$)。由于电子浓度与高度有关,电离层 TEC 值具有空变性。

本节主要分析电离层色散效应对星载 SAR 成像的影响。

(1) 对图像位置偏移影响。色散效应导致电磁波传播有效路径长度发生变化,相对于自由空间回波信号附加一个双程超前相位,有

$$\Delta\varphi(f) = \frac{4\pi K}{cf}\text{TEC} \qquad (3-46)$$

式中:f 为发射信号所处的频段,$K = 40.28\dfrac{m^3}{s^2}$。为便于分析其影响,对式(3-46)超前相位在载频 f_0 处进行泰勒展开[50],有

$$\Delta\varphi(f) = 4\pi \frac{K \cdot TEC}{c}\left(\frac{1}{f_0} - \frac{f-f_0}{f_0^2}\right) + 4\pi \frac{K \cdot TEC}{c} \sum_{n=2}^{+\infty}(-1)^n \frac{(f-f_0)^n}{f_0^{n+1}} \quad (3-47)$$

式中:常数项对成像没有影响,一次项引起距离偏移,偶数阶项导致信号脉压后主瓣展宽、峰值能量下降和旁瓣升高,奇数阶次项导致脉压后旁瓣不对称畸变,高阶项影响取决于相对带宽的大小。式(3-47)中一阶相位产生的距离偏移量为

$$\Delta L = K \cdot \frac{TEC}{f_0^2} \quad (3-48)$$

不同 TEC 条件下,距离偏移量随载频变化情况仿真结果如图 3-19 所示。从图中可以看出,频段越低,电离层 TEC 值越大,距离偏移量越大。以 30TECU 为例,X 波段典型载频下距离偏移量超过 0.1m。对于高分辨星载 SAR,该值会对场景中目标的几何定位带来较大误差,必要时需进行几何校正。

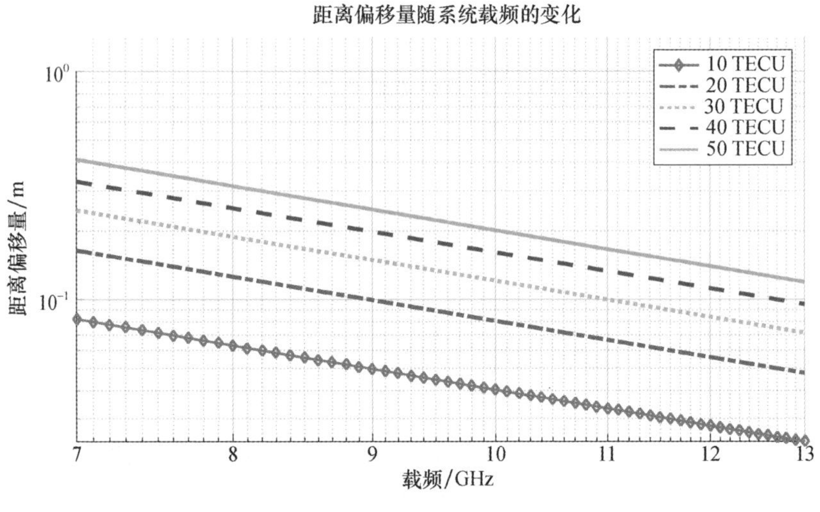

图 3-19 不同 TEC,距离偏移随载频变化量(见彩图)

(2)对距离维聚焦的影响。电离层色散效应引入的相位误差会导致距离维聚焦性能下降,该相位误差随着频率和带宽变化,当满足 $f - f_0 = B_r/2$ 时,相位误差达到最大,有

$$\Delta\varphi_N = 4\pi K \cdot TEC \cdot \sum_{n=1}^{N}(-1)^n (B_r/2)^n/(cf_0^{n+1}) \quad (3-49)$$

式(3-49)中一阶相位仅影响目标距离向的位置,对成像质量并没有影响。因此,计算相位误差时只考虑非线性相位误差。不同载频件、不同 TEC 条件下,相位误差随信号带宽的变化情况仿真结果如图 3-20 所示。

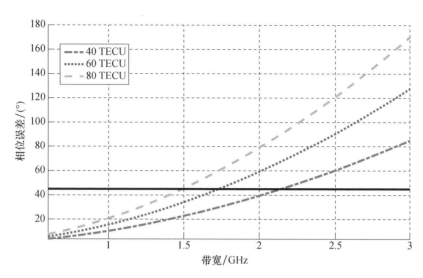

图 3-20　不同 TEC 下,相位误差随系统带宽的变化(见彩图)

当相位误差超过 45°时,电离层色散对星载 SAR 成像的影响必须予以考虑。从图 3-20 可以看出,对 X 波段星载 SAR,常规分辨率条件下距离相位误差可以忽略。但对超高分辨率成像,信号带宽可达 GHz 以上,当电离层电子总量相对较高时,相位误差将超过 45°,由此导致距离脉压后的效果将会出现不同程度的下降。对典型的 X 波段星载 SAR,不同带宽和不同电离层 TEC 水平下的距离脉压仿真结果如图 3-21 至图 3-23 所示。从图中可以看出,800MHz 带宽下,电离层基本不会产生影响;当带宽达到 1.8GHz 时,需要考虑高电离层 TEC 的影响;当带宽达到 3GHz 时,低电离层 TEC 的影响也不可忽略了。

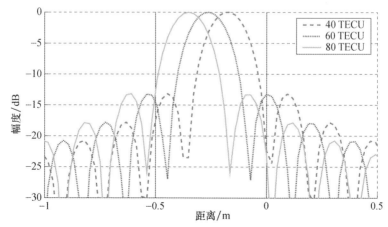

图 3-21　不同 TEC 下,800MHz 带宽信号脉压性能(见彩图)

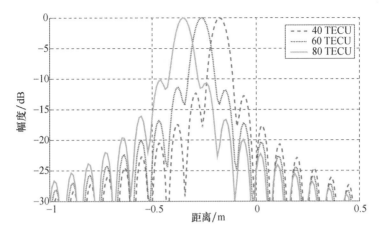

图 3-22　不同 TEC 下,1.8GHz 带宽信号脉压性能(见彩图)

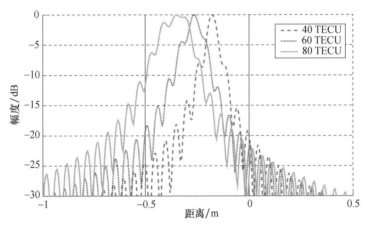

图 3-23　不同 TEC 下,3GHz 带宽信号脉压性能(见彩图)

2. 对流层影响分析

对流层会导致电磁波的传播延迟,实际的 SAR 信号传播路径为

$$R'(t_a) = R(t_a) + \Delta\delta \tag{3-50}$$

式中:$\Delta\delta$ 为对流层传播导致的延迟距离。经过多年的研究,学者对 $\Delta\delta$ 建立了不同的传播模型,以尽可能得到精确的延迟误差。

1) Hopfield 模型[51]

$$\Delta\delta_{\text{Hopfield}} = 155.2 \times 10^{-7} \cdot \frac{4810}{T_s^2} e_s (11000 - h_s) +$$

$$155.2 \times 10^{-7} \cdot \frac{P_s}{T_s} [40136 + 148.72(T_S - 273.16) - h_s] \tag{3-51}$$

式中：P_S，T_S，e_s，h_S 分别为大气压、温度、水蒸气压和海拔高度。

2）Saastamoinen 模型[52]

$$\Delta\delta_{\text{Saastamoinen}} = \frac{0.002277\left[P_S + \left(0.05 + \frac{1255}{T_S}\right)e_s\right]}{1 - 0.00266\cos(2\varphi) - 0.00028h_s} \quad (3-52)$$

式中：φ 为成像区域的纬度。

3）EGNOS 模型[53-54]

$$\Delta\delta_{\text{EGNOS}} = \frac{10^{-6}k_1 R_d P_0}{g_m}\left(1 - \frac{\beta h_s}{T_0}\right)^{\frac{g}{R_d\beta}} + \frac{10^{-6}k_2 R_d}{g_m(\kappa+1) - \beta R_d}\frac{e_0}{T_0}\left(1 - \frac{\beta h_s}{T_0}\right)^{\frac{(\kappa+1)g}{R_d\beta}-1}$$

$$(3-53)$$

式中：R_d，k_1，k_2，g_m 为常数，P_0，T_0，e_0，β，κ 分别为大气压、温度、水蒸气压、温度变化率、平均海拔水汽变化率。

文献[55]基于 EGNOS 模型得出 $\Delta\delta$ 与 $R(t_a)$ 在合成孔径时间内近似为线性关系，即 $\Delta\delta$ 可以近似表示为

$$\Delta\delta \approx m_R \cdot R(t_a) + \Delta m \quad (3-54)$$

式中：m_R 为距离延迟斜率，Δm 和 m_R 对某一固定距离门为常数。因此，考虑对流层延迟的星载 SAR 回波可表示为

$$s(\hat{t}, t_a) = \sigma_0 \cdot w\left\{\hat{t} - \frac{2}{c}[R(t_a) + m_R \cdot R(t_a) + \Delta m]\right\} \cdot$$

$$\exp\left\{-j\pi\gamma\left[\hat{t} - \frac{2}{c}[R(t_a) + m_R \cdot R(t_a) + \Delta m]\right]^2\right\} \cdot$$

$$\exp\left\{-j\frac{4\pi}{\lambda}[R(t_a) + m_R \cdot R(t_a) + \Delta m]\right\} \quad (3-55)$$

由此，可以得到场景中心的残余二次相位为

$$\Delta\varphi(t_a) = \frac{2\pi(m'_R - 1/m'_R)V^2\cos^2\theta_0}{\lambda R_0}t_a^2 \quad (3-56)$$

式中：$m'_R = m_R + 1$。可进一步得到残余二次相位误差与方位分辨率的关系，有

$$\Delta\varphi(t_a) = \frac{0.886^2\pi(m'_R - 1/m'_R)\lambda R_0}{8\rho_a^2} \quad (3-57)$$

图 3-24(a)为不同视角下残余相位误差与积累时间的曲线。从图中可以看出，高分辨率条件下（长积累时间）对流层延迟引起的相位误差远大于 $\pi/4$，并且随着视角变大而不断增大。图 3-24(b)为某一视角下残余相位误差与方

位分辨率的关系。当分辨率高于 0.3m 时,由对流层延迟引起的相位误差超过了 π/4。因此,对超高分辨率成像时,须考虑对流层延迟对图像造成的散焦影响,在成像算法中需进行相应的补偿或自聚焦处理。

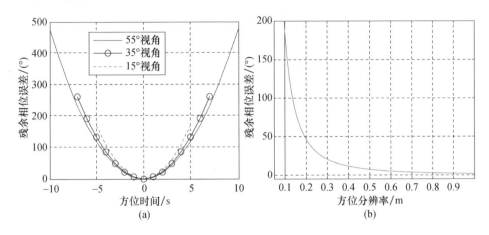

图 3-24 残余相位误差曲线

(a)不同视角及方位时间下的残余相位误差;(b)残余相位误差与分辨率关系。

3.3.2 地形高程影响

常规 SAR 成像时通常假设地面的地形起伏可以忽略,认为所有目标的高度均相同。在此前提下,成像处理及运动补偿可通过分两阶补偿的方式高效率地完成。但实际中的成像场景可能是丘陵或者是山区,此时地形起伏较大,因而有必要分析地形起伏对高分辨率成像的影响。

如图 3-25 所示,A 点位于地面,C 点与 A 点的高度差为 h,A 点和 C 点到雷达的最近距离均为 R_B,因而成像后 A 点和 C 点将位于同一个距离单元,出现所谓的"高程叠掩"。若雷达在 Y、Z 方向的偏移量分别为 ΔY 和 ΔZ,则相对 A 点造成的径向误差为 $\Delta Y \sin\beta + \Delta Z \cos\beta$,相对 C 点造成的径向误差为 $\Delta Y \sin\beta' + \Delta Z \cos\beta'$,其中 $\beta = \arccos(H/R_B)$,$\beta' = \arccos[(H-h)/R_B]$。处理中若忽略 C 点的地形起伏造成的相位误差为

$$\phi = \frac{4\pi}{\lambda}\Delta Y(\sin\beta' - \sin\beta) + \frac{4\pi}{\lambda}\Delta Z(\cos\beta' - \cos\beta)$$

$$= \frac{4\pi}{\lambda}\frac{\sqrt{R_B^2 - (H-h)^2} - \sqrt{R_B^2 - H^2}}{R_B}\Delta Y - \frac{4\pi}{\lambda}\frac{h}{R_B}\Delta Z \quad (3-58)$$

假设雷达工作频段为 X 波段,雷达平台高度为 600km,雷达在 Y,Z 方向的

偏移量分别为 $\Delta Y = 3$ m, $\Delta Z = -1$ m, 当斜距 R_B 为 700km、750km 和 800km 时, 忽略地形起伏造成的相位误差如图 3-26(a) 所示。采用同样的参数, 假设雷达斜距 R_B 为 800km, 当雷达平台高度为 500km、550km 和 600km 时, 忽略地形起伏造成的相位误差如图 3-26(b) 所示。

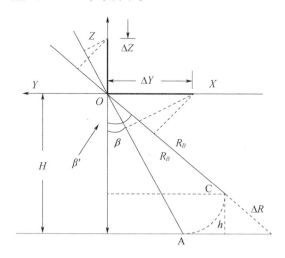

图 3-25　地形起伏影响示意图

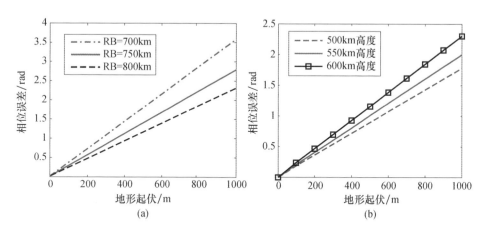

图 3-26　忽略地形起伏造成的相位误差

(a) 不同斜距相位误差；(b) 不同高度相位误差。

从图中可以看出，地形起伏越大，造成的相位误差也越大。当高度一定时，斜距越小，忽略地形起伏造成的相位误差越大；当斜距一定时，高度越大，忽略地形起伏造成的相位误差越大。

3.4 星载多角度 SAR 成像技术

传统 SAR 成像受雷达成像机理及观测视角的约束，SAR 图像常存在阴影、遮挡等，容易造成图像目标的信息缺失。随着超高分辨率成像技术的发展，雷达大角度扫描能力不断提升，对目标的观测视角不断扩展。大角度的 SAR 成像通过对目标的多方位观测，可以获取目标更多角度图像信息，得到目标多侧面、立体图像，从而解决传统 SAR 对部分目标存在观测盲区的问题[56]。多角度 SAR 成像体制，从机理上可以克服传统 SAR 单角度观测盲区的缺陷，填补 SAR 多方位成像的空白。

3.4.1 多角度成像需求

大方位角波束扫描工作模式是实现多角度信息获取有效方法之一。该模式利用天线波束方位向大角度扫描能力，完成对目标区域的连续观测，获取地面目标不同方位角的观测图像，提升雷达系统的对地观测性能[57]。随着方位观测斜视角度变大，回波信号的距离徙动量大幅增加，基于双变体制可有效缓解超大距离徙动对回波信号接收带来的影响。

德国 TerraSAR – X 系统已经对该模式进行了原理验证，如图 3 – 27 所示，其处理结果验证了大角度波束扫描对图像质量的提升。若进一步利用多方位角图像信息间的冗余性和互补性，还可显著提升地面目标检测、识别、确认和描述能力。

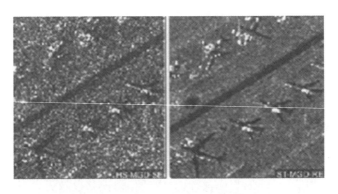

图 3 – 27　TerraSAR – X 多视角成像结果

多角度成像对目标观测及确认具有重要意义，主要体现在以下几个方面：

1. 多方位角观测可有效提升图像质量

传统 SAR 图像反映的是目标在较小方位角范围内的目标散射信息,图像信噪比相对受限,目标轮廓特征弱。多方位角 SAR 可对目标实施多角度观测,利用获取的多方位角信息能够显著提升图像质量。

2. 获取目标多方位角散射信息,提升目标识别能力

SAR 图像应用的核心在于如何提高 SAR 图像目标识别的效率和准确度。从信息获取的角度看,为支持 SAR 图像的解译,其关键在于如何提升 SAR 对目标信息的观测能力,以及如何通过先进的处理方法将探测的信息在 SAR 图像上进行表征,从而降低目标识别、确认与描述的难度。通过多角度 SAR 图像,可以充分获取目标散射单元在多角度范围内对雷达入射波的响应,提供更为丰富的目标散射特性信息,更好地反映目标的散射特性和轮廓信息,提升 SAR 图像的可视化效果,有效提高对目标类型、类别判断的准确性,为目标判断提供更详细的图像信息,从体制和数据源上缓解 SAR 图像判读和解译的难题。

3. 对热点地区和重点目标实施高分辨率持续监视

由于目前星载系统不能在指定区域上空持续监视,不利于及时发现目标变化,尤其是对高价值时敏目标的动态监视能力还很有限。多角度观测 SAR 改变了传统星载 SAR 卫星只能在一定时间对目标实施观测的状况,可实现对重点目标的持续监视。

3.4.2 多视角 SAR 成像方法

本节针对单视角 SAR 难以稳定获得目标的重要部件信息问题,对多视角成像方法及图像合成进行了探讨。

1. 多视角成像

对于一般的 SAR 成像模式而言,其合成孔径角度较小,在成像时一般假设目标的后向散射特性为各向同性。而对于多角度 SAR 而言,由于其成像角度较大,各向同性假设已经不再成立。针对多角度 SAR 的各向异性成像问题,处理方法一般分为子孔径方法和全孔径方法两类。子孔径方法泛指那些将整个孔径划分为若干子孔径,然后假设在子孔径之内,目标的后向散射特性是各向同性,利用传统的 SAR 成像算法进行成像的方法;全孔径方法泛指建模时将整个孔径的数据包含在内,成像时利用整个孔径的数据对目标的各方位后向散射进行重构的方法。

1) 子孔径方法

子孔径方法将整个孔径划分为若干子孔径,子孔径之间重叠或者不重叠。在子孔径之内,由于合成孔径角度较小,目标的后向散射特性可认为基本恒定。对子孔径回波数据,利用传统的 SAR 成像方法,如后向投影算法和正则化方法等进行成像,得到子孔径图像,将子孔径图像利用一些合成方法得到合成图像。

2) 全孔径方法

全孔径方法是将场景目标的后向散射作为空间和方位角的函数,然后构建相关模型,并对模型联合求解,得到目标全方位后向散射特性。常见的方法主要包括参数化方法以及正则化方法。

参数化方法将散射体的散射特性用参数模型来表示,并利用最小二乘拟合对参数模型的参数进行估计[58-59]。由于建模精确,参数模型是描述规则散射体各向异性的有力工具。但是,参数化方法计算量较大,在实际数据处理中并不适用。

正则化方法通过构建全孔径观测模型,利用正则化方法进行求解。常见的全孔径观测模型主要包括基于过完备字典的观测模型[60]和子孔径联合观测模型[61]。过完备字典的观测模型使用过完备字典将联合各向异性表征和成像这两个问题作为稀疏信号表征问题进行解决。传统雷达成像生成每个散射体的后向散射值,而过完备字典方法在模型中考虑了后向散射随角度变化,并生成每个散射体的散射函数。子孔径联合观测模型对不同子孔径数据,基于一些先验假设,比如不同子孔径中目标的位置高度重合等,然后基于这些先验假设,构建相关正则化模型联合进行求解,获得目标各方位的后向散射性质。

2. 多角度图像合成

多视角 SAR 图像合成通过集成多幅 SAR 子视角图像中互补信息获得一幅合成图像,能更加丰富、准确和全面地描述目标整体特征[62]。

1) 相干累加

第一种多角度 SAR 图像合成方法为相干累加。相干累加方法假设目标的后向散射为各向同性,然后对整个孔径的后向散射相干累加,并进行聚焦。该方法虽然能够提高目标的分辨率,但该方法相当于是对目标不同方位散射值进行平均,因此该方法会对一些目标造成掩盖。

2) 非相干累加

第二种多角度 SAR 图像合成方法是非相干累加方法。非相干累加方法首先以一定的度数将整个孔径划分为若干子孔径,然后对子孔径图像序列进行非相干累加。

在多角度 SAR 测量条件下,目标散射稳定性无法保证。因为测量角度增大,姿态敏感性对多角度 SAR 成像的影响尤为突出。一种稳健的方法是采用基于广义似然比检验(Generalized Likelihood Ratio Test,GLRT)的多视角图像融合方法

$$I(x,y) = \arg\max_{\phi_c,\alpha} R(x,y,\phi_c,\alpha) \qquad (3-59)$$

式中:$R(x,y,\phi_c,\alpha)$ 为多视角图像序列,ϕ_c 为子图像的中心视角,α 为子图像对应的积累角。则基于 GLRT 融合后的多视角图像为

$$\text{GLRT Image:pixel } p_{ij} = \arg\max_{\phi_c} p_{ij}^{\phi_c} \approx \arg\max_{k} p_{ij}^{k} \qquad (3-60)$$

式中:p_{ij}^k 为第 k 个子孔径图像中坐标为 (i,j) 的像素点。该公式的含义是求取每个像素点在不同方位后向散射幅度的最大值,如果其对应的子孔径图像的索引为 k,该索引信息可用于辅助目标的可视化或用于自动目标识别。

国外美国空军实验室已经开展了多视角成像理论及实验研究,并公布了 Backhoe 数据集[56]。图 3-28 是回波数据在波数域的支撑集,这里将数据划分为若干子孔径,对子孔径图像利用后向投影算法进行成像,得到右图的上方图像,然后利用 GLRT 进行操作,得到右方下图的图像。经过 GLRT 之后,合成图像具有更清晰的目标轮廓。

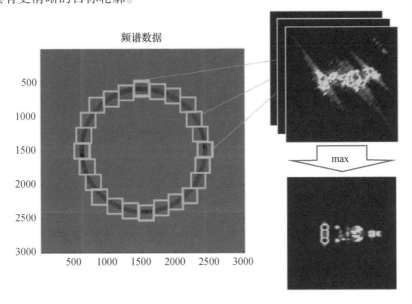

图 3-28 基于 GLRT 的多视角图像融合

图 3-27 给出了基于 GLRT 的某波段机载实测数据多角度 SAR 图像合成结果。两个单视角成像结果分别如图 3-29(a)、图 3-29(b) 所示。利用 GLRT 图像合成方法进行融合处理,得到多视角融合的图像结果如图 3-29(c) 所示。图中蓝色部分由视角 1 的结果提供,红色部分由视角 2 的结果提供,白色部分为两个视角成像重叠部分。通过多视角数据的融合处理,合成后的目标具备不同方位角度的后向散射特性,目标部件信息更加完整,结构轮廓更加清楚,便于后期目标识别。

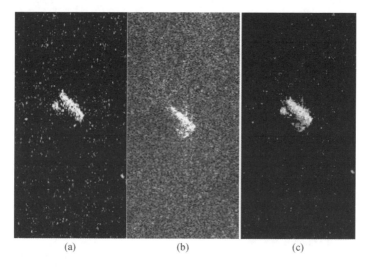

图 3-29 多视角成像结果(见彩图)
(a) 视角 1 SAR 图像;(b) 视角 2 SAR 图像;(c) 多视角图像。

分辨率一直是星载成像雷达追求的重要指标之一,目前在轨星载成像雷达的分辨率在 0.3m 左右。为了实现更高的分辨率,除了本章讨论的信号模型、成像方法以及各种影响等,还涉及硬件系统的宽带特性等诸多因素,涉及面较广,在此不一一讨论。

本章同时对多角度 SAR 成像技术进行了初步探讨。当前,多方位角观测星载 SAR 技术的研究尚处于初始阶段,但在图像质量提升、动目标检测、三维几何信息提取等方面已经取得了一定的研究成果,受到国内外研究学者的重视,多角度星载 SAR 技术将有显著的应用前景。

第 4 章
星载高分辨率宽测绘带成像技术

随着星载 SAR 应用领域的不断拓展和深入,越来越多的观测任务对星载 SAR 系统性能提出了更高要求。一方面,在土地规划、植被制图、海洋观测和环境监测等领域要求成像带要宽,例如利用差分干涉(Differential Synthetic Aperture Radar Interferometry,DInSAR)技术进行地震形变和城市沉降检测等应用均需大面积成像[63-64];另一方面,很多遥感应用也要求成像分辨率高,例如地图绘制、海陆侦查以及目标信息提取等[65-69]。因此,同时获取高分辨和宽测绘带(High Resolution and Wide Swath,HRWS)星载 SAR 图像成为必然发展趋势。

然而,对于 HRWS SAR 成像需求,传统星载单通道条带 SAR 系统存在最小天线面积限制[70]:为保证距离模糊信号比(Range Ambiguity to Signal Ratio,AASR),宽距离测绘带要求低的脉冲重复频率(Pulse Repetition Frequency,PRF),而高方位分辨率则要求高的 PRF,使得高方位分辨率和宽距离测绘带成为矛盾。在其他常见的星载 SAR 工作模式中,扫描模式 SAR(Scan SAR)是通过在一个合成孔径时间内沿距离向进行多次照射,实现对多个子测绘带的间歇性扫描观测,将各子测绘带成像数据拼接可得到宽测绘带的 SAR 图像。但是,间歇性扫描将减小各子测绘带的方位向积累时间,导致方位分辨率下降,也就是说 Scan SAR 是以牺牲方位分辨率为代价来获得宽测绘带[71-73]。聚束模式 SAR(Spotlight SAR)通过控制天线波束指向增加对目标区域的照射时间,进而提高方位分辨率,但同时造成测绘带减小,即聚束 SAR 是以牺牲距离测绘带为代价来提高方位分辨率[74-76]。此外,研究者们还提出了多种其他工作模式,如滑动聚束 SAR 模式(Sliding Spotlight SAR)、方位向电扫描模式(TOPSAR),但均无法突破最小天线面积的限制,无法同时获取高分辨宽测绘带的 SAR 图像[77]。

为了解决传统星载单通道 SAR 方位高分辨和距离宽测绘带的矛盾问题,国内外学者们提出多通道结合数字波束形成(Digital Beam Forming,DBF)技术,包括方位多通道模式[78-80]和距离多通道模式[81-86]。此外,为实现 HRWS SAR 成像及相关应用,通过控制天线波束指向,研究人员提出一种聚束或滑动聚束模式与扫描模式相结合的混合工作模式,即马赛克 SAR 成像模式(Mosaic SAR)[87-91],其高分辨率采用聚束或者滑动聚束模式来实现,宽测绘带则利用距离向的波束扫描来实现。

本章主要对方位多通道 SAR、距离多通道 SAR 以及马赛克模式 SAR 三种典型的高分宽幅成像技术进行介绍。

4.1 方位多通道 HRWS SAR 成像技术

4.1.1 方位多通道 SAR 成像模型

为便于推导星载方位多通道 HRWS SAR 系统成像模型,在地心固连(Earth Centered Earth Fixed,ECEF)坐标系下建立方位多通道 HRWS SAR 系统的观测几何,如图 4-1 所示[80]。

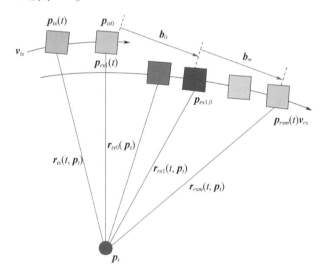

图 4-1 星载方位多通道 SAR 成像几何关系示意图

设发射通道的速度矢量为 v_{tx},目标点位置矢量为 p_t,假设各方位接收通道的速度相同且恒定,速度矢量为 v_{rx},各方位接收通道的间距恒定。发射通道零多普勒时刻(此时发射通道离目标点最近)的位置矢量为 p_{tx0},斜距矢量为 $r_{tx0}(p_t)$,此时参考接收通道(假定为第一个接收通道)的位置矢量为 $\boldsymbol{p}_{rx1,0}$,其与发射通道间的基线矢量为 $\boldsymbol{b}_0$,距目标点的斜距矢量为 $\boldsymbol{r}_{tx,0}(\boldsymbol{p}_t)$。在时刻 t 时,发射通道的空间坐标位置为 $\boldsymbol{p}_{tx}(t)$,其距目标点的瞬时斜距矢量为 $\boldsymbol{r}_{tx}(t,\boldsymbol{p}_t)$,参考接收通道的空间坐标位置为 $\boldsymbol{p}_{rx1}(t)$,其距目标点的瞬时斜距矢量为 $\boldsymbol{r}_{rx1}(t,\boldsymbol{p}_t)$,第 m($1 \leqslant m \leqslant M$,$M$ 为方位接收通道数)个接收通道的空间坐标位置为 $\boldsymbol{p}_{rxm}(t)$,其与参考接收通道间的基线矢量为 $\boldsymbol{b}_m$,距目标点的瞬时斜距矢量为 $\boldsymbol{r}_{rxm}(t,\boldsymbol{p}_t)$。

在星载方位多通道 SAR 系统中,参考通道接收的单点目标回波信号为

$$s(\tau,t) = \sigma(\boldsymbol{p}_t)g_1(t)h\left(\tau - \frac{r_1(t,\boldsymbol{p}_t)}{c}\right)\exp\left(-j\frac{2\pi r_1(t,\boldsymbol{p}_t)}{\lambda}\right) \quad (4-1)$$

$$\begin{aligned} r_1(t,\boldsymbol{p}_t) &= \|\boldsymbol{r}_{tx}(t,\boldsymbol{p}_t)\| + \|\boldsymbol{r}_{rx1}(t,\boldsymbol{p}_t)\| \\ &= \|\boldsymbol{r}_{tx0}(\boldsymbol{p}_t) - \boldsymbol{v}_{tx} \cdot t\| + \|\boldsymbol{r}_{rx1,0}(\boldsymbol{p}_t) - \boldsymbol{v}_{rx} \cdot t\| \end{aligned} \quad (4-2)$$

式中:$r_1(t,\boldsymbol{p}_t)$ 为收发双程斜距;$\|\cdot\|$ 为向量取模;t 为方位慢时间;τ 为距离快时间;c 为光速;λ 为工作波长;$\sigma(\boldsymbol{p}_t)$ 为地面单元 $\boldsymbol{p}_t$ 处目标的复反射系数;$g_1(t)$ 为发射通道和参考接收通道的联合天线方向图;$h(\tau)$ 为发射脉冲;$\boldsymbol{r}_{tx0}$、$\boldsymbol{r}_{rx1,0}(\boldsymbol{p}_t)$ 和 $\boldsymbol{r}_{rxm}(\boldsymbol{p}_t)$ 为发射通道零多普勒时刻的单程斜距。各变量虽受目标位置 $\boldsymbol{p}_t$ 和方位慢时间 t 的影响,但为简化表达,在后面分析中,将不再显式表示出某些变量对 $\boldsymbol{p}_t$ 和 t 的依赖。

相应地,第 m 个通道接收的回波信号为

$$s_m(\tau,t) = \sigma(\boldsymbol{p}_t)g_m(t)h\left(\tau - \frac{r_m(t,\boldsymbol{p}_t)}{c}\right)\exp\left(-j\frac{2\pi r_m(t,\boldsymbol{p}_t)}{\lambda}\right) \quad (4-3)$$

式中:$g_m(t)$ 为发射通道和第 m 个接收通道的联合天线方向图,通常情况下,可认为 $g_m(t) = g_1(t) = g(t)$,即各接收通道的天线方向图相同。第 m 个通道对应的双程斜距 $r_m(t,\boldsymbol{p}_t)$ 为

$$\begin{aligned} r_m(t,\boldsymbol{p}_t) &= \|\boldsymbol{r}_{tx0} - \boldsymbol{v}_{tx} \cdot t\| + \|\boldsymbol{r}_{rx1,0} - \boldsymbol{v}_{rx} \cdot t - \boldsymbol{b}_m\| \\ &= \{\|\boldsymbol{r}_{tx0} - \boldsymbol{v}_{tx} \cdot (t + \Delta t_m)\|^2 + 2[\boldsymbol{r}_{tx0} - \boldsymbol{v}_{tx} \cdot (t + \Delta t_m)] \cdot (\boldsymbol{v}_{tx} \cdot \Delta t_m) + \\ &\quad \|\boldsymbol{v}_{tx} \cdot \Delta t_m\|^2\}^{\frac{1}{2}} + \{\|\boldsymbol{r}_{rx1,0} - \boldsymbol{v}_{rx} \cdot (t + \Delta t_m)\|^2 + 2[\boldsymbol{r}_{rx1,0} - \boldsymbol{v}_{rx} \cdot \\ &\quad (t + \Delta t_m)] \cdot (\boldsymbol{v}_{rx} \cdot \Delta t_m - \boldsymbol{b}_m) + \|\boldsymbol{v}_{rx} \cdot \Delta t_m - \boldsymbol{b}_m\|^2\}^{\frac{1}{2}} \end{aligned} \quad (4-4)$$

式中:Δt_m 为方位向延迟时间。

$$\Delta t_m = \frac{\boldsymbol{v}_{rx} \cdot \boldsymbol{b}_m}{2\|\boldsymbol{v}_{rx}\|^2} \quad (4-5)$$

对式(4-4)进行一阶泰勒展开,并忽略高阶微小项,可得

$$r_m(t, \boldsymbol{p}_t) \approx \|\boldsymbol{r}_{tx0} - \boldsymbol{v}_{tx} \cdot (t + \Delta t_m)\| + \frac{[\|\boldsymbol{r}_{tx0} - \boldsymbol{v}_{tx} \cdot (t + \Delta t_m)\|] \cdot (\boldsymbol{v}_{tx} \cdot \Delta t_m)}{\|\boldsymbol{r}_{tx0} - \boldsymbol{v}_{tx} \cdot (t + \Delta t_m)\|} +$$

$$\|\boldsymbol{r}_{rx1,0} - \boldsymbol{v}_{rx} \cdot (t + \Delta t_m)\| + \frac{\|\boldsymbol{v}_{tx} \cdot \Delta t_m\|^2}{2\|\boldsymbol{r}_{tx0} - \boldsymbol{v}_{tx} \cdot (t + \Delta t_m)\|} +$$

$$\frac{\|\boldsymbol{v}_{rx} \cdot \Delta t_m - \boldsymbol{b}_m\|^2}{2\|\boldsymbol{r}_{rx1,0} - \boldsymbol{v}_{rx} \cdot (t + \Delta t_m)\|} + \frac{[\|\boldsymbol{r}_{rx1,0} - \boldsymbol{v}_{rx} \cdot (t + \Delta t_m)\|] \cdot (\boldsymbol{v}_{rx} \cdot \Delta t_m - \boldsymbol{b}_m)}{\|\boldsymbol{r}_{rx1,0} - \boldsymbol{v}_{rx} \cdot (t + \Delta t_m)\|}$$

$$= r_1(t + \Delta t_m, \boldsymbol{p}_t) + \Delta r_m(t, \boldsymbol{p}_t) \tag{4-6}$$

$$\Delta r_m(t, \boldsymbol{p}_t) = \frac{\|\boldsymbol{v}_{tx} \cdot \Delta t_m\|^2}{2\|\boldsymbol{r}_{tx0} - \boldsymbol{v}_{tx} \cdot (t + \Delta t_m)\|} + \frac{[\boldsymbol{r}_{tx0} - \boldsymbol{v}_{tx} \cdot (t + \Delta t_m)] \cdot (\boldsymbol{v}_{tx} \cdot \Delta t_m)}{\|\boldsymbol{r}_{tx0} - \boldsymbol{v}_{tx} \cdot (t + \Delta t_m)\|} +$$

$$\frac{\|\boldsymbol{v}_{rx} \cdot \Delta t_m - \boldsymbol{b}_m\|^2}{2\|\boldsymbol{r}_{rx1,0} - \boldsymbol{v}_{rx} \cdot (t + \Delta t_m)\|} + \frac{[\boldsymbol{r}_{rx1,0} - \boldsymbol{v}_{rx} \cdot (t + \Delta t_m)] \cdot (\boldsymbol{v}_{rx} \cdot \Delta t_m - \boldsymbol{b}_m)}{\|\boldsymbol{r}_{rx1,0} - \boldsymbol{v}_{rx} \cdot (t + \Delta t_m)\|}$$

$$\tag{4-7}$$

式中:$\Delta r_m(t, \boldsymbol{p}_t)$为等效前后第 m 通道对应的斜距误差。

通常,对于米级的分辨率,$\Delta r_m(t, \boldsymbol{p}_t)$可小于一个距离采样单元。若$\Delta r_m(t, \boldsymbol{p}_t)$过大,可先对各接收通道回波数据进行距离向配准,配准之后可得

$$s_m(\tau, t) \approx s_1(\tau, t + \Delta t_m) \exp\left(-j\frac{2\pi \Delta r_m(t, \boldsymbol{p}_t)}{\lambda}\right) \tag{4-8}$$

从式(4-8)中可以看出,补偿一个相位 $2\pi\Delta r_m(t,\boldsymbol{p}_t)/\lambda$ 后,第 m 个通道的接收回波可等效为参考通道接收回波的时延形式,且该时延只与接收通道间距有关。

此外,从式(4-8)中可以看出,需补偿的相位实际上是一个随时间和目标位置变化的量。在实际情况中,由于回波信号发生了多普勒模糊,无法对此进行精确补偿,通常只需对回波数据补偿一个常数相位 $\Delta\psi_m$ 即可达到处理要求[69](当场景起伏较大时,也可对数据进行分块补偿),此常数补偿相位值为

$$\Delta\psi_m = \frac{2\pi}{\lambda}\left[\frac{\|\boldsymbol{v}_{tx} \cdot \Delta t_m\|^2}{2\|\boldsymbol{r}_{tx0} - \boldsymbol{v}_{tx} \cdot \Delta t_m\|} + \frac{\|\boldsymbol{v}_{rx} \cdot \Delta t_m - \boldsymbol{b}_m\|^2}{2\|\boldsymbol{r}_{rx1,0} - \boldsymbol{v}_{rx} \cdot \Delta t_m\|} \right.$$

$$\left. + \frac{(\boldsymbol{r}_{tx0} - \boldsymbol{v}_{tx} \cdot \Delta t_m) \cdot (\boldsymbol{v}_{tx} \cdot \Delta t_m)}{\|\boldsymbol{r}_{tx0} - \boldsymbol{v}_{tx} \cdot \Delta t_m\|} + \frac{(\boldsymbol{r}_{rx1,0} - \boldsymbol{v}_{rx} \cdot \Delta t_m) \cdot (\boldsymbol{v}_{rx} \cdot \Delta t_m - \boldsymbol{b}_m)}{\|\boldsymbol{r}_{rx1,0} - \boldsymbol{v}_{rx} \cdot \Delta t_m\|}\right]$$

$$\tag{4-9}$$

值得指出的是,式(4-9)前两项表示由各接收通道间沿航向基线长度引起的相位误差,后两项表示各接收通道间垂直航向基线长度引起的相位差。目前

大多数相位补偿方法均只考虑了前两项误差[78],而后两项误差对后续多普勒解模糊处理有很大的影响。另外,各接收通道间垂直航向基线引起的相位差也可通过通道误差估计方法来给予补偿[92-103]。

当发射通道和各接收通道间不存在垂直航向基线时,式(4-9)可简化为

$$\Delta\psi_m \approx \frac{2\pi}{\lambda} \frac{\|\boldsymbol{b}_m\|^2}{4r_m} \quad (4-10)$$

对于高分辨 SAR 图像来说,通常要求补偿常数相位后残余误差最大不超过 $\pi/4$。补偿常数相位 $\Delta\psi_m$ 后,式(4-8)可重写为

$$s_m(\tau,t) \approx s_1(\tau, t+\Delta t_m) \quad (4-11)$$

由此可见,对于某一点目标来说,不同通道接收的回波在时间上存在固定差异,变换到多普勒域,可得不同接收通道的回波在同一距离—多普勒单元上仅相差一个线性相位项,即

$$S_m(\tau,f_d) \approx S_1(\tau,f_d)\exp(j2\pi\Delta t_m f_d) \quad (4-12)$$

式中:f_d 为多普勒频率。每个多普勒单元均包含无数同锥角 ϕ 的场景回波,其与多普勒的关系为

$$S_m(\tau,f_d) = \sum_{k=-\infty}^{+\infty} S_1(\tau,f_d+k\cdot f_p)\exp(j2\pi\Delta t_m(f_d+k\cdot f_p)) \quad (4-13)$$

式中:$-f_p/2 \leqslant f_d \leqslant f_p/2$;$k$ 为多普勒模糊倍数;锥角 ϕ 为斜距矢量与零多普勒面的夹角。

当不存在多普勒模糊时,多普勒值与锥角的正弦值在空时平面上表现为一条直线,如图 4-2(a)所示。在高分辨宽测绘带 SAR 系统中,通常发射低脉冲重复频率 f_p 的信号保证 RASR,这样每一个通道接收的回波都发生了多普勒模糊,且以 f_p 为模糊周期,如图 4-2(b)所示。

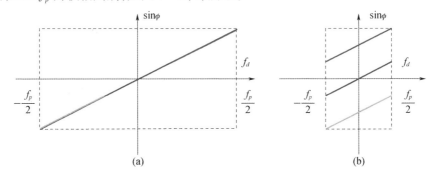

图 4-2 回波信号的空时二维谱

(a) 无多普勒模糊;(b) 存在多普勒模糊。

在存在多普勒模糊的情况下,考虑加性噪声,将式(4-13)重写为

$$S_m(\tau, f_d) = \sum_{k=-\infty}^{+\infty} S_1(\tau, f_d + k \cdot f_p) \exp(j2\pi \Delta t_m(f_d + k \cdot f_p)) + N_m(\tau, f_d) \quad (4-14)$$

式中:N_m 为加性高斯白噪声。为简化表达,在下面的分析中分别用 S_m,$S_{1,k}$ 和 N_m 替代 $S_m(\tau, f_d)$,$S_1(\tau, f_d + k \cdot f_p)$ 和 $N_m(\tau, f_d)$。

用矢量形式表达距离—多普勒单元的输出信号为

$$s = \sum_{k=-\infty}^{+\infty} S_{1,k} \boldsymbol{p}_k + \boldsymbol{n} \quad (4-15)$$

$$\boldsymbol{s} = [S_1, S_1, \cdots, S_M]^T \quad (4-16)$$

$$\boldsymbol{p}_k = [1, e^{j2\pi \Delta t_2(f_d + k \cdot f_p)}, \cdots, e^{j2\pi \Delta t_M(f_d + k \cdot f_p)}]^T \quad (4-17)$$

$$\boldsymbol{n} = [N_1, N_2, \cdots, N_M]^T \quad (4-18)$$

式中:$(\cdot)^T$ 为矢量转置;$\boldsymbol{p}_k$ 为多普勒频率 $f_d + k \cdot f_p$ 的信号对应的导向矢量。

不失一般性,在后续的分析中假设回波信号的多普勒中心为零。若多普勒中心不为零,可利用轨道参数[104]或基于回波的方法行多普勒中心估计[105,106]。

若只考虑主信号频谱范围内的回波,此时多普勒模糊次数(即主信号频谱范围内的多普勒带宽与脉冲重复频率之比)为 N,令 $L = (N-1)/2$,则式(4-15)可改写为

$$\boldsymbol{s} = \boldsymbol{P}\boldsymbol{s}_1 + \boldsymbol{n} \quad (4-19)$$

$$\boldsymbol{P} = [\boldsymbol{p}_{-L}, \boldsymbol{p}_{-L+1}, \cdots, \boldsymbol{p}_L] \quad (4-20)$$

$$\boldsymbol{s}_1 = [S_{1,-L}, S_{1,-L+1}, \cdots, S_{1,L}]^T \quad (4-21)$$

式中:$\boldsymbol{P}$ 为系统传递函数(或阵列流型矩阵)。

星载高分宽幅 SAR 成像首先需完成方位谱的重构或解模糊处理,使其回波恢复成无模糊的方位谱,然后再按方位单通道 SAR 的处理流程进行聚焦成像处理。方位频谱重构是高分宽幅 SAR 成像处理的核心步骤,接下来对重构方法进行介绍。

4.1.2 方位频谱重构技术

由于脉冲重复频率小于多普勒带宽,方位多通道 SAR 系统中单个通道接收到的信号在多普勒域是模糊的,需要进行方位无模糊多普勒谱重构[103]。

合成孔径雷达通过方位合成雷达接收到的目标信号来实现方位高分辨,当卫星速度一定时,脉冲重复频率决定了空间采样的疏密。增加方位接收通道数意味着增加了雷达目标的空间采样数,等效为单通道 SAR 系统增加了脉冲重复

频率。如图 4-3 所示,图 4-3(a)为单通道 SAR 系统的空间采样,图 4-3(b)表示采用方位多通道后的空间采样,等效提高了回波空间采样率。

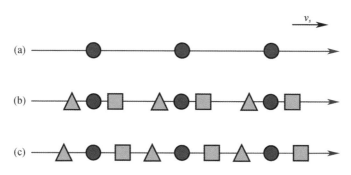

图 4-3 方位多通道 SAR 系统空间采样示意图
(a)单通道;(b)方位多通道;(c)空间均匀采样。

当脉冲重复频率满足式(4-22)要求时,方位多通道系统可实现空间均匀采样(图 4-3(c))。

$$\mathrm{PRF}_{uni} = \frac{2 \cdot V}{M \cdot \Delta x} \qquad (4-22)$$

式中:V 为卫星平台平均速度;M 为方位接收通道数;Δx 为相邻接收通道的沿方位向距离。文献[78]对方位多通道空间采样关系进行了详细分析,在此不再赘述。

当方位多通道系统满足均匀采样要求时,可根据各通道回波的空间采样位置将其按顺序直接拼接起来即可实现高分辨宽测绘带 SAR 成像。但在实际情况中,均匀采样对 PRF 的要求太过苛刻,难以满足。针对此问题,国内外已提出多种方位多通道 HRWS SAR 成像算法,如传递函数法[107]和空时自适应处理法[108]等,下面分别对其进行介绍。

1. 传递函数法

传递函数法是通过对系统传递函数求逆,从而得到无多普勒模糊的回波信号。假设已对所有通道失配分量进行很好的补偿和校正,可重写回波信号矩阵为

$$s = Ps_1 + n \qquad (4-23)$$

$$P = [p_{-L}, p_{-L+1}, \cdots, p_L] \qquad (4-24)$$

式中:s_1 为待重构的无模糊回波信号;P 为系统传递函数矩阵。

忽略噪声影响,可得重构出的信号 s_1 为

$$s_1 = P^+ s \qquad (4-25)$$

式中:$(\cdot)^+$为求广义逆矩阵。对于某一距离—多普勒单元信号,其回波来自N个不同的方向,显然是不相关的,即P为行满秩矩阵,由此可得

$$P^+ = (P^H P)^{-1} P^H \qquad (4-26)$$

将式(4-26)代入式(4-25)得

$$s_1 = (P^H P)^{-1} P^H s \qquad (4-27)$$

式中:$(\cdot)^{-1}$为矩阵求逆;$(\cdot)^H$为求矩阵共轭转置。

2. 空时自适应处理法

空时自适应处理法(Space Time Adaptive Processing,STAP)是从阵列信号处理的角度进行多普勒模糊抑制[93]。空时自适应处理法主要是通过对信号方向进行约束,在模糊分量处形成零陷以抑制方位模糊和重建无模糊多普勒谱。

假设要提取的信号谱分量为S_{1,k_0},下面利用 Capon 法求解最优权矢量。Capon 空时处理法是将多普勒带宽内的模糊信号作为色噪声,以最小化滤波器输出功率为优化目标函数,可以自适应地在方位模糊分量处形成零陷,能够同时实现方位模糊抑制和无模糊方位多普勒频谱重构。对于多普勒带宽内的信号分量,可以通过构造下面约束条件进行优化求解,即

$$\begin{cases} w_{k_0}^H p_{k_0} = 1 \\ \min_w w_{k_0}^H R w_{k_0} \end{cases} \qquad (4-28)$$

回波信号的协方差矩阵为

$$R = E[ss^H] = \sum_{k=-\infty}^{+\infty} S_{1,k}^2 p_k p_k^H + \sigma_n^2 I_M \qquad (4-29)$$

式中:$E[\cdot]$为统计平均;I_M为M阶单位矩阵;σ_n^2为噪声功率。

求得的最优权矢量为

$$w_{k_0} = \frac{R^{-1} p_{k_0}}{p_{k_0}^H R^{-1} p_{k_0}} \qquad (4-30)$$

从式(4-30)可以看出,利用最优 Capon 法得到的权矢量包含了各谱分量的导向矢量和幅值,而传递函数法得到的权矢量仅包含各谱分量的导向矢量。从某种意义上来说,由 STAP 法得到的权矢量可看作由传递函数法得到的加权结果。在无通道误差情况下,若回波均匀采样,则两种方法的处理性能一致。另外,由于两种方法的主要运算量均在于矩阵求逆,且求逆维数相同,因此两种方法的

计算复杂度相当。

在实际中,式(4-29)通常采用统计协方差矩阵进行估计,可利用邻近距离单元的回波样本来进行估计得到,即

$$\hat{R} = \frac{1}{2K+1} \sum_{k=0}^{2K} s(\tau - K + k, f_d) s^H(\tau - K + k, f_d) \quad (4-31)$$

式中:$2K+1$ 为从距离单元获得的独立同分布的样本数目。

需要说明的是,获取协方差矩阵的目的是得到权矢量。在理想情况下,希望能得到回波信号的统计协方差矩阵,从而得到最优权矢量。对于一般阵列信号处理,阵列信号的统计协方差矩阵是根据有限快拍数据估计得到的,如式(4-31)所示。但是对于方位多通道 HRWS SAR 成像来说,每个多普勒单元回波的方向均精确已知,即来波方向精确已知,从这个意义上来说,可将协方差矩阵 R 写为

$$R = \sum_{k=-\infty}^{+\infty} p_k p_k^H \quad (4-32)$$

式(4-32)可看作传递函数法中的回波信号矩阵的扩展,其不仅包含了主频谱范围内的信号,还考虑了主瓣以外的信号。

当观测场景均匀时,还可利用已知的发射接收天线方向图对式(4-32)进行加权,使之更接近于真实的统计协方差矩阵,即

$$R = \sum_{k=-\infty}^{+\infty} \sigma_{s,k}^2 p_k p_k^H \quad (4-33)$$

式中:$\sigma_{s,k}^2$ 为对应方向角的天线功率。此外,基于该原理,可利用天线方向图进行通道误差估计。

从上面的分析可知,利用 STAP 法进行多普勒解模糊时,并不一定要求利用回波数据来估计协方差矩阵,也可根据式(4-32)或式(4-33)来得到协方差矩阵。只是从这个意义上来看,STAP 已非真正意义上的自适应处理。

基于空时自适应处理的解模糊方法,在多普勒模糊分量方向形成的凹口是通过最小化滤波器输出功率来实现的。在通常情况下,空时自适应算法形成凹口的深度是有限的。当多普勒频谱存在强的模糊分量时,空时自适应处理算法无法很好地对模糊分量进行抑制。对此,下面介绍一种基于多个多普勒方向约束的解模糊算法[109]。该方法是直接在多普勒模糊分量方向上形成零点,同时以最小化滤波器输出功率为目标函数,其最优准则可以构造为

$$\begin{cases} \min\limits_{w_i} \boldsymbol{w}_i^H \boldsymbol{R} \boldsymbol{w}_i \\ \text{s.t } \boldsymbol{w}_i^H \boldsymbol{C} = \boldsymbol{Q}^H \end{cases} \quad (4-34)$$

式中:$\boldsymbol{C}$ 为 $M \times (2L+1)$ 维的矩阵。

$$\boldsymbol{C}(f_d) = [\boldsymbol{a}(\phi_0), \boldsymbol{a}_2(\phi_0), \boldsymbol{a}_3(\phi_0), \cdots, \boldsymbol{a}_{2L+1}(\phi_0)] \quad (4-35)$$

式中:$\boldsymbol{a}(\phi_0)$ 为所需要提取的第 i 模糊分量信号方向;$\boldsymbol{a}_2(\phi_0)$、$\boldsymbol{a}_3(\phi_0)$ 及 $\boldsymbol{a}_{2L+1}(\phi_0)$ 等为需要抑制的模糊分量方向;$\boldsymbol{Q} = [1\ 0\ 0\ \cdots\ 0]^T$ 为 $(2L+1) \times 1$ 维的列向量。式(4-34)所示优化问题的最优解为

$$\boldsymbol{w}_i^{opt} = \boldsymbol{R}^{-1} \boldsymbol{C} (\boldsymbol{C}^H \boldsymbol{R}^{-1} \boldsymbol{C})^{-1} \boldsymbol{Q} \quad (4-36)$$

利用式(4-36)提取出来的各个多普勒分量,可以拼接得到无模糊的方位多普勒频谱。

4.1.3 方位频谱重构性能分析

本节对星载方位多通道 SAR 成像的重构性能进行介绍,主要包括保相性、信噪比损失和方位模糊比等。

1. 保相性

保相性是评判 SAR 成像算法的一项重要指标,是否具有保相性是决定后续能否进行干涉处理和目标定位的先决条件。下面以空时自适应处理法为例,对其保相性进行分析[103]。

假设要提取的信号谱分量为 S_{1,k_0},其余谱分量称为干扰谱分量,则式(4-15)可重写为

$$\boldsymbol{s} = S_{1,k_0} \boldsymbol{p}_{k_0} + \sum_{\substack{k=-\infty \\ k \neq k_0}}^{+\infty} S_{1,k} \boldsymbol{p}_k + \boldsymbol{n} \quad (4-37)$$

其协方差矩阵为

$$\boldsymbol{R} = E[\boldsymbol{s}\boldsymbol{s}^H]$$

$$= S_{1,k_0}^2 \boldsymbol{p}_{k_0} \boldsymbol{p}_{k_0}^H + \sum_{\substack{k=-\infty \\ k \neq k_0}}^{+\infty} S_{1,k}^2 \boldsymbol{p}_k \boldsymbol{p}_k^H + \sigma_n^2 \boldsymbol{I}_M$$

$$= S_{1,k_0}^2 \boldsymbol{p}_{k_0} \boldsymbol{p}_{k_0}^H + \boldsymbol{R}_{Jn} \quad (4-38)$$

$$\boldsymbol{R}_{Jn} = \sum_{\substack{k=-\infty \\ k \neq k_0}}^{+\infty} S_{1,k}^2 \boldsymbol{p}_k \boldsymbol{p}_k^H + \sigma_n^2 \boldsymbol{I}_M \quad (4-39)$$

式中:$\boldsymbol{R}_{Jn}$ 为干扰加噪声的协方差矩阵。

对式(4-38)求逆可得

$$R^{-1} = R_{Jn}^{-1} - \frac{S_{1,k_0}^2 R_{Jn}^{-1} p_{k_0} p_{k_0}^H R_{Jn}^{-1}}{1 + S_{1,k_0}^2 p_{k_0}^H R_{Jn}^{-1} p_{k_0}} \qquad (4-40)$$

由此得

$$R^{-1} p_{k_0} = R_{Jn}^{-1} p_{k_0} - \frac{S_{1,k_0}^2 R_{Jn}^{-1} p_{k_0} p_{k_0}^H R_{Jn}^{-1} p_{k_0}}{1 + S_{1,k_0}^2 p_{k_0}^H R_{Jn}^{-1} p_{k_0}}$$

$$= \frac{R_{Jn}^{-1} p_{k_0}}{1 + S_{1,k_0}^2 p_{k_0}^H R_{Jn}^{-1} p_{k_0}} \qquad (4-41)$$

$$p_{k_0}^H R^{-1} p_{k_0} = \frac{p_{k_0}^H R_{Jn}^{-1} p_{k_0}}{1 + S_{1,k_0}^2 p_{k_0}^H R_{Jn}^{-1} p_{k_0}} \qquad (4-42)$$

根据式(4-30)、式(4-41)和式(4-42)可得权矢量w_{k_0}为

$$w_{k_0} = \frac{R^{-1} p_{k_0}}{p_{k_0}^H R^{-1} p_{k_0}} = \frac{p_{k_0}^H R_{Jn}^{-1} p_{k_0}}{p_{k_0}^H R_{Jn}^{-1} p_{k_0}} = \mu R_{Jn}^{-1} p_{k_0} \qquad (4-43)$$

式中：$\mu = 1/(p_{k_0}^H R_{Jn}^{-1} p_{k_0})$。

从式(4-43)可知，利用信号干扰噪声协方差矩阵R获取的权矢量与利用干扰噪声协方差矩阵R_{Jn}所获取的权相同。

对干扰噪声协方差矩阵R_{Jn}进行特征分解可得

$$R_{Jn} = \sum_{m=1}^{M} \lambda_m u_m u_m^H \qquad (4-44)$$

式中：λ_m为R_{Jn}的特征值，且满足$\lambda_1 \geq \lambda_2 \geq \cdots \geq \lambda_{N-1} \geq \lambda_N = \cdots = \lambda_M = \sigma_n^2$。通常情况下，系统设计应满足$N \leq M$。$R_{Jn}$的$N-1$个大特征值对应$N-1$个干扰谱分量，对应的$N-1$个特征向量构成的子空间称为信号子空间，另外$M-N+1$个特征值为噪声特征值，对应的特征向量构成噪声子空间。由于回波信号的模糊谱分量来自不同的视角，显然是不相关的，因此特征向量构成标准的正交向量组，即

$$\begin{cases} u_m^H u_q = 0 \\ u_q^H u_q = 1 \end{cases} (m \neq q, 1 \leq m, q \leq M) \qquad (4-45)$$

由此可得R_{Jn}的逆矩阵为

$$R_{Jn}^{-1} = \frac{1}{\sigma_n^2} \left(\sum_{m=1}^{N-1} \frac{\sigma_n^2}{\lambda_m} u_m u_m^H + \sum_{m=N}^{M} \frac{\sigma_n^2}{\lambda_m} u_m u_m^H \right) \qquad (4-46)$$

通常情况下，干扰信号功率远大于噪声功率，由$\lambda_m \gg \sigma_n^2 (m \leq N-1)$和$\lambda_m = \sigma_n^2 (m > N-1)$得

$$w_{k_0} \approx \frac{1}{\mu \sigma_n^2} \sum_{m=N}^{M} \frac{\sigma_n^2}{\lambda_m} u_m u_m^H p_{k_0}$$

$$= \frac{1}{\mu \sigma_n^2} \sum_{m=N}^{M} u_m^H p_{k_0} u_m$$

$$= \frac{1}{\mu \sigma_n^2} \sum_{m=N}^{M} \rho_m u_m \tag{4-47}$$

式中：$\rho_m = u_m^H p_{k_0}$。

从式(4-47)可知权矢量 w_{k_0} 位于噪声子空间。R_{Jn}^{-1} 的 $N-1$ 个大特征值的特征向量 $u_1, u_2, \cdots, u_{N-1}$ 与干扰谱分量的导向矢量张成的子空间为同一子空间，因此 p_k 与 $u_1, u_2, \cdots, u_{N-1}$ 均正交。仅考虑主信号频谱范围内的回波，可得

$$w_{k_0}^H s = \frac{p_{k_0}^H R_{Jn}^{-1}}{p_{k_0}^H R_{Jn}^{-1} p_{k_0}} \cdot \left(S_{1,k_0} p_{k_0} + \sum_{\substack{k=-L \\ k \neq k_0}}^{+L} S_{1,k} p_k + n \right)$$

$$= \frac{p_{k_0}^H R_{Jn}^{-1} p_{k_0}}{p_{k_0}^H R_{Jn}^{-1} p_{k_0}} \cdot S_{1,k_0} + \frac{1}{\mu \sigma_n^2} \sum_{m=N}^{M} \rho_m u_m^H \left(\sum_{\substack{k=-L \\ k \neq k_0}}^{+L} S_{1,k} p_k \right) + w_{k_0}^H \cdot n$$

$$= S_{1,k_0} + w_{k_0}^H \cdot n \tag{4-48}$$

由此可提取谱分量 S_{1,k_0}，又保持了原有信号的相位和幅度。同样地，通过修改权矢量 w_{k_0}，可提取出所有无模糊的多普勒谱分量 $[S_{1,-L}, \cdots, S_{1,l}, \cdots, S_{1,L}]$，且各个谱分量均保持了原有的相位和幅度，也就是说，经过多普勒模糊抑制后的输出信号可等效为参考接收通道提高脉冲重复频率后接收的无模糊回波，且每个方位时刻回波所对应的卫星轨道位置由参考接收通道的位置决定，然后采用传统的 SAR 成像处理算法即可得到无模糊的高分辨宽测绘带 SAR 图像。SAR 图像的保相性为后续高分宽幅成像、干涉处理等提供了保证。

2. 信噪比

本节主要分析的是多普勒模糊抑制对系统信噪比的影响，为便于直观理解，图 4-4 给出了在采样和多普勒模糊抑制前后的信号与噪声频谱的示意图，图中假设多普勒模糊次数为 3。

假设输入噪声为高斯白噪声，在整个频谱范围内均匀分布，其功率谱密度为 σ_n^2。采样后，受脉冲重复频率的限制，其频谱分布范围为 $f_d \in [-f_p/2, f_p/2]$，功率谱密度仍为 σ_n^2，因此在多普勒模糊抑制前噪声的平均输入功率为 σ_n^2。

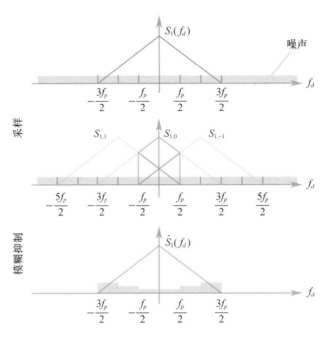

图4-4 采样和重构前后的信号与噪声频谱

假设回波信号的主频谱分布范围为 $f_d \in [-L \cdot f_p/2, L \cdot f_p/2]$,其中 $L = (N-1)/2$,N 为主信号带宽的多普勒模糊次数,信号功率为 $S_1^2(f_d)$。受脉冲重复频率的限制,对于每个多普勒单元输出,均有 N 个不同多普勒频率的频谱分量相叠加,因此信号的平均输入功率为

$$\overline{P}_{si} = N \cdot \text{mean}\left[S_1^2(f_d) \text{rect}\left(\frac{f_d}{N \cdot f_p}\right)\right] \quad (4-49)$$

$$\text{rect}(\cdot) = \begin{cases} 1 & |f_d| \leqslant 1/2 \\ 0 & |f_d| > 1/2 \end{cases}$$

式中:mean[·]为对所有多普勒单元求均值。

由此可得,输入信噪比为

$$\text{SNR}_{in} = \frac{\overline{P}_{si}}{\sigma_n^2} = \frac{N \cdot S_1^2(f_d) \text{rect}\left(\frac{f_d}{N \cdot f_p}\right)}{\sigma_n^2} \quad (4-50)$$

下面讨论输出信噪比。不失一般性,用 $w(f_d)$ 替代 w_{k_0} 表示位于多普勒频率单元 f_d 的输出信号的最优权矢量。多普勒模糊抑制后,输出噪声功率为

$$P_{no}(f_d) = \sigma_n^2 \, w^H(f_d) w(f_d) \quad (4-51)$$

输出信号功率为

$$P_{so}(f_d) = \| \boldsymbol{w}^H(f_d) S_1(f_d) \boldsymbol{p}(f_d) \|^2$$

$$= S_1^2(f_d) \boldsymbol{w}^H(f_d) \boldsymbol{p}(f_d) \boldsymbol{p}^H(f_d) \boldsymbol{w}(f_d)$$

$$= S_1^2(f_d) \frac{\boldsymbol{p}^H(f_d) \boldsymbol{R}^{-1}}{\boldsymbol{p}^H(f_d) \boldsymbol{R}^{-1} \boldsymbol{p}(f_d)} \boldsymbol{p}(f_d) \boldsymbol{p}^H(f_d) \frac{\boldsymbol{R}^{-1} \boldsymbol{p}(f_d)}{\boldsymbol{p}^H(f_d) \boldsymbol{R}^{-1} \boldsymbol{p}(f_d)}$$

$$= S_1^2(f_d) \tag{4-52}$$

从式(4-52)可知,多普勒模糊抑制后,信号得以恢复且信号功率与单通道输入信号功率相同。假设系统处理带宽为 B_d,则平均输出噪声功率为

$$\overline{P}_{no} = \sigma_n^2 \cdot \mathrm{mean}\left[\boldsymbol{w}^H(f_d) \boldsymbol{w}(f_d) \mathrm{rect}\left(\frac{f_d}{B_d}\right) \right] \tag{4-53}$$

平均输出信号功率为

$$\overline{P}_{so} = \mathrm{mean}\left[S_1^2(f_d) \mathrm{rect}\left(\frac{f_d}{B_d}\right) \right] \tag{4-54}$$

由此可得输出信噪比为

$$\mathrm{SNR}_{out} = \frac{\mathrm{mean}\left[S_1^2(f_d) \mathrm{rect}\left(\frac{f_d}{B_d}\right) \right]}{\sigma_n^2 \cdot \mathrm{mean}\left[\boldsymbol{w}^H(f_d) \boldsymbol{w}(f_d) \mathrm{rect}\left(\frac{f_d}{B_d}\right) \right]} \tag{4-55}$$

根据式(4-50)和式(4-55)可得信噪比损失因子 Φ 为

$$\Phi = \frac{\mathrm{SNR}_{in}}{\mathrm{SNR}_{out}} = N \cdot \mathrm{mean}\left[\boldsymbol{w}^H(f_d) \boldsymbol{w}(f_d) \mathrm{rect}\left(\frac{f_d}{B_d}\right) \right] \cdot$$

$$\frac{\mathrm{mean}\left[S_1^2(f_d) \mathrm{rect}\left(\frac{f_d}{N \cdot f_p}\right) \right]}{\mathrm{mean}\left[S_1^2(f_d) \mathrm{rect}\left(\frac{f_d}{B_d}\right) \right]} \tag{4-56}$$

当脉冲重复频率满足最优阵列分布,即各通道采样满足均匀采样时,易得 $\boldsymbol{w}^H(f_d)\boldsymbol{w}(f_d) = 1/N$,此时信噪比损失因子主要由 $B_d = N \cdot f_d$ 决定,式(4-56)可简化为

$$\Phi = N \cdot \mathrm{mean}\left[\boldsymbol{w}^H(f_d) \boldsymbol{w}(f_d) \mathrm{rect}\left(\frac{f_d}{B_d}\right) \right] = 1 \tag{4-57}$$

也就是说,在均匀采样情况下,信噪比损失因子为1,即无信噪比损失。

3. 方位模糊比

评价多普勒模糊抑制算法的另一重要指标为 AASR,文献[10,110]中

AASR 定义为在主信号区间 $f_d \in [-L \cdot f_p/2, L \cdot f_p/2]$ 外的回波信号经多普勒模糊抑制后与主信号分量的比值,未考虑主值区间内残余的干扰谱分量对主信号分量的影响。为了进一步评估模糊抑制算法的性能,在此将 AASR 定义为经模糊抑制后所有残余的干扰谱分量与信号分量的比值,残余干扰谱分量包含所有频谱范围内的信号。假设要提取的频谱分量为 $S_{1,k_0}(-L \leqslant k_0 \leqslant L)$,则输出的残余干扰谱功率为

$$
\begin{aligned}
P_{\text{ambo}}(f_d) &= \boldsymbol{w}^H(f_d) \sum_{\substack{k=-\infty \\ k \neq k_0}}^{+\infty} S_{1,k}^2 \boldsymbol{p}_k \boldsymbol{p}_k^H \boldsymbol{w}(f_d) \\
&= \boldsymbol{w}^H(f_d) \boldsymbol{R}_{Jn} \boldsymbol{w}(f_d) - \sigma_n^2 \boldsymbol{w}^H(f_d) \boldsymbol{w}(f_d) \\
&= \frac{1}{\boldsymbol{p}_{k_0}^H \boldsymbol{R}_{Jn}^{-1} \boldsymbol{p}_{k_0}} - \sigma_n^2 \boldsymbol{w}^H(f_d) \boldsymbol{w}(f_d)
\end{aligned}
\quad (4-58)
$$

平均输出模糊信号功率为

$$
\overline{P}_{\text{ambo}}(f_d) = \text{mean}\left[P_{\text{ambo}}(f_d)\,\text{rect}\left(\frac{f_d}{B_d}\right)\right] \quad (4-59)
$$

由此可得方位模糊信号比 AASR 为

$$
\text{AASR} = \frac{\overline{P}_{\text{ambo}}}{\overline{P}_{so}} = \frac{\text{mean}\left[P_{\text{ambo}}(f_d)\,\text{rect}\left(\dfrac{f_d}{B_d}\right)\right]}{\text{mean}\left[S_1^2(f_d)\,\text{rect}\left(\dfrac{f_d}{B_d}\right)\right]} \quad (4-60)
$$

从以上分析中可以看出,由于权矢量 $\boldsymbol{w}(f_d)$ 与脉冲重复频率有关,因此,信噪比损失因子 Φ 和 AASR 均与脉冲重复频率有关。作为一个关键参数,在进行系统设计时应充分考虑 PRF 的影响[78]。

4.1.4 实测数据处理

为验证方位频谱重构性能,对机载方位多通道高分宽幅 SAR 试飞数据进行了成像处理。原始回波数据方位各子孔径回波 PRF 满足 Shannon – Nyquist 采样定理,方位过采样率大于3。因此在进行方位多通道高分宽幅 SAR 数据处理前,先对各子孔径回波进行了3抽1处理,使得抽取后的回波产生了方位模糊。另外,以抽取前的无模糊回波为标准,将抽取后的方位多通道高分宽幅 SAR 处理结果与之对比,通过对比进一步验证算法处理性能。

图 4-5(a)为回波抽取前的成像结果,图 4-5(b)为回波抽取后的成像结果,由于方位欠采样导致图中存在较为明显的方位模糊,图像信噪比明显降低。

图 4-5 方位无模糊结果与 3 抽 1 后方位模糊结果对比

(a)方位抽取前;(b)方位抽取后。

图 4-6 为对方位抽取后回波数据进行方位解模糊和 SAR 成像处理后的图像效果,图 4-6(a)为输出的 SAR 图像,图 4-6(b)为方位多通道解模糊合成谱与方位单通道无模糊谱(即没有抽样的频谱)的对比。相比图 4-5(b),方位模糊得到有效抑制,图像聚焦效果与图 4-5(a)理想情况非常接近。从谱形状来看,合成谱与单通道无模糊谱也非常接近,进一步验证了方位解模糊处理的有效性。

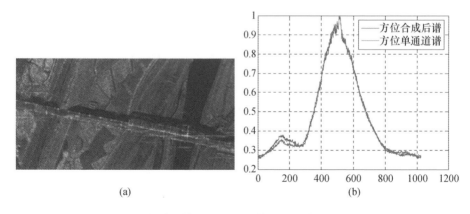

图 4-6 方位解模糊和 SAR 成像处理后结果(见彩图)

(a) SAR 图像;(b)方位谱对比。

4.2 方位多通道 SAR 误差估计与补偿

方位多通道 SAR 系统多普勒谱解模糊要求各通道间特性一致,但在实际情况中,由于制造工艺、加工环境、测量误差等因素,通道间不可避免地存在通道偏差,而通道偏差的存在会降低频谱重构性能。因此,在无模糊多普勒谱重构前需要进行通道误差校正。本节首先分析引起通道误差的各项因素,并建立通道误差的数学模型,然后对通道误差影响进行分析,最后介绍几种通道相位误差估计方法。

4.2.1 通道误差因素与误差模型

通道误差的主要影响因素包括通道自身误差、卫星姿态误差、卫星速度误差和卫星位置误差[80]。按对 SAR 成像的影响来分,通道自身误差可分为通道幅度误差、通道相位误差和通道位置误差,其中沿视线方向的通道位置误差可等效为通道相位误差。卫星速度误差将导致空间采样误差,卫星位置误差引起各通道的整体位置误差,卫星姿态误差引起通道间的相对位置误差,这三种误差均可等效看作通道位置误差。

综合以上所述,可将通道误差划分为通道幅度误差、通道相位误差和通道位置误差。

假设各通道的幅相误差为 $g_m \exp(\mathrm{j}\zeta_m)$,位置误差为 $\delta\boldsymbol{b}_m$,重写式(4-14)为

$$S_m(\tau, f_d) = (1+g_m)\exp(\mathrm{j}\zeta'_m) \sum_{k=-\infty}^{+\infty} S_{1,k} \exp(\mathrm{j}2\pi\Delta t'_m(f_d + k \cdot f_p)) + N_m \quad (4-61)$$

$$\Delta t'_m = \Delta t_m + \delta t_m = \Delta t_m + \frac{\boldsymbol{v}_{rx} \cdot \delta\boldsymbol{b}_m}{2\|\boldsymbol{v}_{rx}\|^2} \quad (4-62)$$

$$\zeta'_m = \zeta_m + \delta\psi_m \quad (4-63)$$

$$\delta\psi_m = \Delta\psi'_m - \Delta\psi_m \quad (4-64)$$

$$\Delta\psi'_m \approx \frac{2\pi}{\lambda}\left[\frac{\|\boldsymbol{v}_{tx} \cdot \Delta t'_m\|^2}{2\|\boldsymbol{r}_{tx0} - \boldsymbol{v}_{tx} \cdot \Delta t'_m\|} + \frac{\|\boldsymbol{v}_{rx} \cdot \Delta t'_m - \boldsymbol{b}_m - \delta\boldsymbol{b}_m\|^2}{2\|\boldsymbol{r}_{rx1,0} - \boldsymbol{v}_{rx} \cdot \Delta t'_m\|} + \right.$$

$$\left.\frac{(\boldsymbol{r}_{tx0} - \boldsymbol{v}_{tx} \cdot \Delta t'_m)(\boldsymbol{v}_{tx} \cdot \Delta t'_m)}{\|\boldsymbol{r}_{tx0} - \boldsymbol{v}_{tx} \cdot \Delta t'_m\|} + \frac{(\boldsymbol{r}_{rx1,0} - \boldsymbol{v}_{rx} \cdot \Delta t'_m)(\boldsymbol{v}_{rx} \cdot \Delta t'_m - \boldsymbol{b}_m - \delta\boldsymbol{b}_m)}{\|\boldsymbol{r}_{rx1,0} - \boldsymbol{v}_{rx} \cdot \Delta t'_m\|}\right]$$

$$(4-65)$$

式中:$\delta\psi_m$ 为沿视线方向的位置误差引起的相位误差。

用矢量形式表达式(4-61)为

$$\boldsymbol{s} = S_{1,k_0}\boldsymbol{\Gamma}X_{k_0}\boldsymbol{p}_{k_0} + \sum_{\substack{k=-\infty \\ k \neq k_0}}^{+\infty} S_{1,k}\boldsymbol{\Gamma}X_k\boldsymbol{p}_k + \boldsymbol{n} \quad (4-66)$$

$$\boldsymbol{\Gamma} = \mathrm{diag}[1, (1+g_2)\mathrm{e}^{\mathrm{j}\zeta'_2}, \cdots, (1+g_M)\mathrm{e}^{\mathrm{j}\zeta'_M}] \quad (4-67)$$

$$X_k = \mathrm{diag}[1, \mathrm{e}^{\mathrm{j}\delta\psi_{2,k}}, \cdots, \mathrm{e}^{\mathrm{j}\delta\psi_{M,k}}] \quad (4-68)$$

$$\delta\psi_{m,k} = 2\pi \frac{\boldsymbol{v}_{rx} \cdot \delta\boldsymbol{b}_m}{2\|\boldsymbol{v}_{rx}\|^2}(f_d + k \cdot f_p) \qquad (4-69)$$

式中:$\delta\psi_{m,k}$为沿航向位置误差引起的相位误差,其大小随多普勒频谱变化。

4.2.2 通道误差影响分析

上一节对各种通道误差因素进行分类,并对其进行了建模,本节对通道误差对 HRWS SAR 成像的影响进行分析,主要包括通道误差对多通道成像性能、SNR 损失因子和方位模糊信号比的影响[103]。

当存在通道误差时,回波信号的协方差矩阵变为

$$\boldsymbol{R} = \mathrm{E}[\boldsymbol{s}\boldsymbol{s}^{\mathrm{H}}] = S_{1,k_0}^2 \boldsymbol{\Gamma} \boldsymbol{X}_{k_0} \boldsymbol{p}_{k_0} \boldsymbol{p}_{k_0}^{\mathrm{H}} \boldsymbol{X}_{k_0}^{\mathrm{H}} \boldsymbol{\Gamma}^{\mathrm{H}} + \boldsymbol{R}_{Jn} \qquad (4-70)$$

式中:$\boldsymbol{R}_{Jn}$为干扰加噪声协方差矩阵。

$$\boldsymbol{R}_{Jn} = \sum_{\substack{k=-\infty \\ k \neq k_0}}^{+\infty} S_{1,k}^2 \boldsymbol{\Gamma} \boldsymbol{X}_k \boldsymbol{p}_k \boldsymbol{p}_k^{\mathrm{H}} \boldsymbol{X}_k^{\mathrm{H}} \boldsymbol{\Gamma}^{\mathrm{H}} \qquad (4-71)$$

对回波协方差矩阵 $\boldsymbol{R}$ 进行特征分解得

$$\boldsymbol{R} = \sum_{m=1}^{M} \lambda_m \boldsymbol{u}_m \boldsymbol{u}_m^{\mathrm{H}} \qquad (4-72)$$

式中:λ_m 为 $\boldsymbol{R}$ 的特征值,且满足 $\lambda_1 \geq \lambda_2 \geq \cdots \geq \lambda_{N-1} \geq \lambda_N = \cdots = \lambda_M = \sigma_n^2$;$\boldsymbol{u}_m$ 为对应的特征向量;N 为主信号区间内的多普勒模糊次数。通常情况下信号功率远大于噪声功率,即 $\lambda_m \gg \sigma_n^2 (m \leq M)$,则对 $\boldsymbol{R}$ 求逆可得

$$\begin{aligned}
\boldsymbol{R}^{-1} &= \frac{1}{\sigma_n^2} \Big(\sum_{m=1}^{M} \boldsymbol{u}_m \boldsymbol{u}_m^{\mathrm{H}} - \sum_{m=1}^{M} \frac{\lambda_m - \sigma_n^2}{\lambda_m} \boldsymbol{u}_m \boldsymbol{u}_m^{\mathrm{H}} \Big) \\
&= \frac{1}{\sigma_n^2} \Big(\boldsymbol{I} - \sum_{m=1}^{N} \frac{\lambda_m - \sigma_n^2}{\lambda_m} \boldsymbol{u}_m \boldsymbol{u}_m^{\mathrm{H}} \Big) \\
&= \frac{1}{\sigma_n^2} \sum_{m=N+1}^{M} \boldsymbol{u}_m \boldsymbol{u}_m^{\mathrm{H}} \\
&= \frac{1}{\sigma_n^2} \boldsymbol{P}_N
\end{aligned} \qquad (4-73)$$

$$\boldsymbol{w}_{k_0} = \frac{1}{\boldsymbol{p}_{k_0}^{\mathrm{H}} \boldsymbol{R}^{-1} \boldsymbol{p}_{k_0}} \boldsymbol{R}^{-1} \boldsymbol{p}_{k_0} = \frac{1}{\sigma_n^2 \boldsymbol{p}_{k_0}^{\mathrm{H}} \boldsymbol{R}^{-1} \boldsymbol{p}_{k_0}} \boldsymbol{P}_N \boldsymbol{p}_{k_0}, \quad \boldsymbol{p}_{k_0} \in \boldsymbol{U}_N \qquad (4-74)$$

式中:$\boldsymbol{P}_N = \sum_{m=N+1}^{M} \boldsymbol{u}_m \boldsymbol{u}_m^{\mathrm{H}}$ 为噪声子空间 $\boldsymbol{U}_N$ 上的投影矩阵。也就是说,权矢量 $\boldsymbol{w}_{k_0}$ 属于噪声子空间。由于 $\boldsymbol{\Gamma}\boldsymbol{X}_k \boldsymbol{p}_k \in \boldsymbol{U}_N^{\perp}$,其中,$\boldsymbol{U}_N^{\perp}$ 为 $\boldsymbol{U}_N$ 的正交补空间,只考虑主值区间内的回波信号,可得

$$w_{k_0}^H s = w_{k_0}^H \left(S_{1,k_0} \Gamma X_{k_0} p_{k_0} + \sum_{\substack{K=-L \\ k \neq k_0}}^{+L} S_{1,k} \Gamma X_k p_k + n \right)$$

$$\approx S_{1,k_0} w_{k_0}^H \Gamma X_{k_0} p_{k_0} + w_{k_0}^H \cdot n \qquad (4-75)$$

由此可知，当存在通道误差时，由于导向矢量的错误使得信号受抑制较严重，如式(4-76)第一项所示，但干扰谱分量的零点位置变化不大[111]。为了减小通道误差对解模糊的影响，可进行简单的对角加载求取权矢量[111,112]，即

$$w'_{k_0} = \frac{1}{p_{k_0}^H (R + \sigma^2 I)^{-1} p_{k_0}} (R + \sigma^2 I)^{-1} p_{k_0} \qquad (4-76)$$

式中：σ^2 为对角加载量。这样可在保证干扰谱分量零点位置不变的同时，尽量保持信号分量，且不增加运算量。

下面分析通道误差对 SNR 损失因子和 AASR 的影响。

为便于表达式的一般化，下面统一用 ΓX 表示各通道的加权矢量。输出信号功率为

$$P_{so}(f_d) = S_1^2(f_d) \parallel w^H(f_d) \Gamma X(f_d) p(f_d) \parallel^2 \qquad (4-77)$$

输出噪声功率为

$$P_{no}(f_d) = \sigma_n^2 w^H(f_d) w(f_d) \qquad (4-78)$$

由此可得输出信噪比为

$$\mathrm{SNR}_{\mathrm{out}} = \frac{\mathrm{mean}\left[S_1^2(f_d) \parallel w^H(f_d) \Gamma X(f_d) p(f_d) \parallel^2 \mathrm{rect}\left(\frac{f_d}{B_d}\right) \right]}{\sigma_n^2 \cdot \mathrm{mean}\left[w^H(f_d) w(f_d) \mathrm{rect}\left(\frac{f_d}{B_d}\right) \right]} \qquad (4-79)$$

信噪比损失因子为

$$\Phi = \frac{\mathrm{SNR}_{\mathrm{in}}}{\mathrm{SNR}_{\mathrm{out}}} = \frac{N \cdot \mathrm{mean}\left[w^H(f_d) w(f_d) \mathrm{rect}\left(\frac{f_d}{B_d}\right) \right]}{\mathrm{mean}\left[S_1^2(f_d) \parallel w^H(f_d) \Gamma X(f_d) p(f_d) \parallel^2 \mathrm{rect}\left(\frac{f_d}{B_d}\right) \right]} \qquad (4-80)$$

同理可得残余的干扰谱分量功率为

$$P_{\mathrm{ambo}}(f_d) = w^H(f_d) R_{Jn} S_1^2(f_d) w(f_d) - \sigma_n^2 w^H(f_d) w(f_d) \qquad (4-81)$$

方位模糊信号比 AASR 为

$$\mathrm{AASR} = \frac{\mathrm{mean}\left[P_{\mathrm{ambo}}(f_d) \mathrm{rect}\left(\frac{f_d}{B_d}\right) \right]}{\mathrm{mean}\left[P_{so}(f_d) \mathrm{rect}\left(\frac{f_d}{B_d}\right) \right]} \qquad (4-82)$$

在 C 波段三通道条件下进行误差仿真分析,平台高度为 700km,单个接收天线尺寸为 3.8m,仿真时分别添加通道间幅度误差、通道间相位误差和沿航向通道位置误差,通道误差均为零均值高斯分布。对各误差影响结果分别统计 50 次取平均,沿航向位置误差对方位多相位中心成像的影响较小,如 3cm 的沿航向位置误差引起的 SNR 损失因子远小于 0.1dB,引起的 AASR 损失小于 0.5dB。而幅度误差和相位误差的影响较大,必须加以补偿,例如:1dB 的幅度误差引起的 SNR 损失因子约为 0.3dB,引起的 AASR 损失约为 5dB;10°的相位误差引起的 SNR 损失因子约为 0.1dB,引起的 AASR 约为 4dB。

此外,三种通道误差因素对 SAR 成像积分旁瓣比损失、峰值旁瓣比损失、分辨率展宽因子和绝对相位误差的影响不尽相同。幅度误差主要影响积分旁瓣比,而对其他三项指标的影响较小;通道相位误差主要影响积分旁瓣比和绝对相位误差,对分辨率的影响较小;沿航向通道位置误差对四项指标的影响都较小。总的来说,通道相位误差的影响较大,沿航向位置误差的影响较小,但也应控制在厘米量级,而幅度误差可通过通道均衡予以消除[113]。

4.2.3 通道误差估计与补偿

由第 4.2.2 节分析可知,沿航向的通道位置误差对多普勒模糊抑制的影响通常较小,可以忽略,通道幅度误差可预先通过通道幅度均衡得到校正,沿视线方向的位置误差可等效为相位误差,因此通道间相位误差估计与校正工作也是非常必要的。针对方位多通道 HRWS SAR 系统,现已提出多种通道误差估计方法[103,105,114-115]。下面将给出三种方位多通道 SAR 系统通道误差估计方法:内定标法、信号子空间比较法和相邻通道相关函数法。

1. 内定标法

基于内定标信号的通道幅相误差估计与补偿处理方法的步骤如下:

(1)通道内幅相误差估计。对内定标信号进行距离 FFT,计算距离谱的归一化平均幅度 $a(f_r)$,f_r 为距离频率。对内定标信号距离脉压,将脉压峰值时移到时间零点,然后通过 FFT 变换到频域,利用多个脉冲计算平均相位 $\varphi(f_r)$。各个通道分别进行。

(2)通道间幅相误差估计。利用 $\exp[-\varphi(f_r)]/a(f_r)$ 补偿各个通道的相位误差和距离脉压,通过各通道脉压结果的幅度相关估计通道间时移 t_i,脉压复信号的峰值之比估计固定幅度项 A_i 和固定相位项 φ_i。

(3)基于以上步骤构造各个通道的幅相误差补偿函数,即

$$r_i(f_r) = \frac{A_i}{a(f_r)} \exp\left[-j\varphi(f_r) - j2\pi f_r t_i + j\varphi_i\right] \quad (4-83)$$

回波数据距离压缩时与该补偿函数相乘,即可完成通道误差补偿。

2. 信号子空间比较法

信号子空间比较法主要用于估计通道相位误差[103]。假设多普勒模糊次数为 N,令 $L = (N-1)/2$,重写式(4-15)为

$$s = \boldsymbol{\Gamma P} s_1 + n \quad (4-84)$$

$$\boldsymbol{\Gamma} = \mathrm{diag}\left[e^{j\zeta_1}, e^{j\zeta_2}, \cdots, e^{j\zeta_M}\right] \quad (4-85)$$

假设每一通道的加性噪声均是独立同分布的,则式(4-84)的协方差矩阵可写为

$$\boldsymbol{R} = E[ss^H] = \boldsymbol{\Gamma P} \boldsymbol{R}_{s_1 s_1} \boldsymbol{P}^H \boldsymbol{\Gamma}^H + \sigma_n^2 \boldsymbol{I}_M \quad (4-86)$$

$$\boldsymbol{R}_{s_1 s_1} = E[s_1 s_1^H] = \mathrm{diag}\left[\sigma_{s,1}^2, \cdots, \sigma_{s,N}^2\right] \quad (4-87)$$

式中:$\boldsymbol{I}_M$ 为 M 阶单位矩阵;σ_n^2 为噪声功率;$\sigma_{s,N}^2$ 为第 n 个模糊信号功率。

对式(4-87)进行特征分解,可得

$$\boldsymbol{R} = \sum_{m=1}^{N} \alpha_m \boldsymbol{u}_m \boldsymbol{u}_m^H + \sum_{m=N+1}^{M} \alpha_m \boldsymbol{u}_m \boldsymbol{u}_m^H \quad (4-88)$$

式中:α_m 和 $\boldsymbol{u}_m$ 在 $m \leq N$ 时为 $\boldsymbol{R}$ 的信号特征值和对应的信号特征向量,$n \geq N$ 时为噪声特征值和噪声特征向量。多普勒谱分量的真实导向矢量张成的空间为信号子空间,且与信号特征向量张成的空间相同,即

$$\mathrm{span}\{\boldsymbol{\Gamma p}_{-L}, \cdots, \boldsymbol{\Gamma p}_L\} = \mathrm{span}\{\boldsymbol{u}_1, \cdots, \boldsymbol{u}_N\} \quad (4-89)$$

令

$$\boldsymbol{U} = [\boldsymbol{u}_1, \cdots, \boldsymbol{u}_N] \quad (4-90)$$

则在忽略噪声影响的前提下,由正交投影算子的唯一性可得

$$\boldsymbol{U}(\boldsymbol{U}^H \boldsymbol{U})^{-1} \boldsymbol{U}^H = \boldsymbol{\Gamma P}(\boldsymbol{P}^H \boldsymbol{\Gamma}^H \boldsymbol{\Gamma P}) \boldsymbol{P}^H \boldsymbol{\Gamma}^H \quad (4-91)$$

易知 $\boldsymbol{U}$ 为仿酉矩阵,即 $\boldsymbol{U}^H \boldsymbol{U} = \boldsymbol{I}_N$,且 $\boldsymbol{\Gamma}^H \boldsymbol{\Gamma} = \boldsymbol{I}_M$,可得

$$\boldsymbol{U U}^H = \boldsymbol{\Gamma P}(\boldsymbol{P}^H \boldsymbol{P})^{-1} \boldsymbol{P}^H \boldsymbol{\Gamma}^H \quad (4-92)$$

令

$$\boldsymbol{V} = \boldsymbol{U U}^H \quad (4-93)$$

$$\boldsymbol{Q} = \boldsymbol{P}(\boldsymbol{P}^H \boldsymbol{P})^{-1} \boldsymbol{P}^H \quad (4-94)$$

则有

$$V_{m1} - \Gamma_{mm} Q_{m1} \Gamma_{11}^* = V_{m1} - Q_{m1} \exp(j(\zeta_m - \zeta_1)) = 0 \quad (4-95)$$

$$\zeta_m - \zeta_1 = \angle\left(\frac{V_{m1}}{Q_{m1}}\right), m = 1, \cdots, M \qquad (4-96)$$

式中：$\angle(\cdot)$为取相位。由此，通过式(4-96)就能计算出各个通道相对参考通道的相位误差。为了减小噪声的影响，可用相同的方法对若干个不同的多普勒单元进行计算，再将结果取平均得到各个通道的相位误差。值得一提的是，当各通道采样均匀时，有$P^H P = I_N$，此时式(4-94)变为

$$Q = PP^H \qquad (4-97)$$

在实际处理中，R可用其采样协方差矩阵$\hat{R}$替代，可重写为

$$\hat{R}(\tau, f_d) = \frac{1}{2K+1} \sum_{k=0}^{2K} s(\tau - K + k, f_d) s^H(\tau - K + k, f_d) \qquad (4-98)$$

这样，式(4-97)改写为

$$(\hat{\zeta}_m - \hat{\zeta}_1) = \angle\left(\frac{\hat{V}_{m1}}{\hat{Q}_{m1}}\right), m = 1, \cdots, M \qquad (4-99)$$

在对不同多普勒单元进行计算平均时，可以通过事先计算好的某一多普勒单元所对应的$Q(f_d)$来推导其他多普勒单元对应的$Q(f_d)$，例如已经计算得到零多普勒单元对应的$Q(0)$值，则多普勒单元f_d对应的$Q(f_d)$为

$$Q(f_d) = T(f_d) Q(0) T^H(f_d) \qquad (4-100)$$

$$T(f_d) = \mathrm{diag}\{1, \mathrm{e}^{\mathrm{j} 2\pi \Delta t_2 f_d}, \cdots, \mathrm{e}^{\mathrm{j} 2\pi \Delta t_M f_d}\} \qquad (4-101)$$

这样，在整个计算过程中只需进行一次矩阵求逆。综合以上分析，信号子空间比较法的处理流程总结如下：

（1）根据式(4-98)估计回波的协方差矩阵，对协方差矩阵进行特征分解获得V。

（2）根据式(4-100)得Q。

（3）根据式(4-99)得到各个通道相对参考通道的相位误差。

（4）为减小噪声的影响，可对若干个不同的多普勒单元回波重复以上三步，将得到的结果求平均，最终获得精确的通道相位误差。

3. 相邻通道相关函数法

第m通道和第$m+1$通道接收到回波的互相关函数为

$$C_{m+1,m} = \mathrm{E}[s_{m+1}(\tau, t) \cdot \mathrm{conj}(s_m(\tau, t))] = A_m \cdot \mathrm{e}^{\mathrm{j}(\Delta\phi_{m+1} - \Delta\phi_m)} \qquad (4-102)$$

进而可得

$$\Delta\hat{\phi}_{m+1} - \Delta\hat{\phi}_m = \angle(C_{m+1,m}) \qquad (4-103)$$

在通道误差估计过程中,所需要估计的是各个通道之间的相对相位误差。不妨假设 $\Delta\hat{\phi}_1=0$,由此,可得到第 $m+1$ 通道的相对相位误差 $\Delta\hat{\phi}_{m+1}$,即

$$\Delta\hat{\phi}_{m+1} = \sum_{j=1}^{m}(\Delta\hat{\phi}_{j+1} - \Delta\hat{\phi}_j), m = 1,2,\cdots,M-1 \qquad (4-104)$$

利用式(4-104),可以估计得到所有通道相对于第一通道的相位误差[69,105]。利用估计得到的相对相位误差就可以对方位多通道 SAR 回波进行通道相位误差校正。

4.3 距离多通道 SAR 成像技术

距离多通道 SAR 成像模式在距离向上利用多通道回波信号来形成一个高增益数字波束接收回波,可提高雷达接收增益和抑制距离模糊。现已提出了两种距离向 DBF 处理方法:① 扫描接收法(Scan – On – Receive,SCORE)[81-84],对各通道 AD 采样数据在数字 DBF 中时变加权合成一路数据;② 距离向各通道数据先距离压缩,然后按距离门时变加权合成一路信号[85]。第一种处理方式中每个采样点的回波包含不同距离目标信号,采样距离与目标距离不是一一对应关系,时变加权时根据采样距离计算出的 DBF 权值与目标距离并不完全对应,只适用于脉冲长度较短、覆盖范围不超过接收波束 3dB 宽度的情形,脉冲较长时则需进一步处理。第二种处理方式中 DBF 权值与目标距离完全对应,DBF 能取得最优效果,但需要在星上完成距离向压缩,极大地增加了处理量与系统实现难度。

现有的距离向 SCORE 研究主要集中在理论和仿真方面[81-85],DBF 权值的计算以理论计算为主,基于回波数据自适应估计 DBF 权值的研究较少。理论上测绘带内地形无起伏或起伏较小时,根据几何关系可计算出各通道 DBF 权值。但在实际系统中,即使地形无起伏,由于雷达平台姿态的变化很难准确测量,DBF 权值计算也可能出现较大误差,导致接收波束指向偏差和增益下降。

针对上述问题,下面介绍自适应 SCORE 和两步自适应 SCORE 处理算法[86]。该算法通过分析 DBF – SAR 中各通道信号相位差的产生和加权机理,基于各通道数据之间的相位和幅度,自适应计算 DBF 权值。相比于传统的直接计算方法,该方法不受平台运动误差和姿态的影响,较为稳健和精确。

4.3.1 距离多通道 SAR 回波信号模型

假设接收天线在俯仰向的接收通道数为 N,第一个通道编号 0 且为参考通道。0 号通道发射电磁波信号,所有通道接收,第 i 个通道相对于 0 号通道的间隔为 d_i。不失一般性,假设所有通道位于一个面板上且沿高度线方向安装。地面目标的位置为 P,天线安装位置以及天线与目标间的关系如图 4-7 所示,其中 θ 是通道 0 相对目标的下视角。

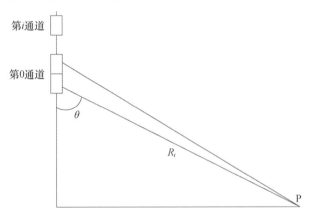

图 4-7 距离多通道 SAR 几何简图

设通道 0 到目标的距离为 R_t,根据余弦定理,目标到第 i 个通道的单程距离为

$$R_r = \sqrt{d_i^2 + R_t^2 - 2d_i R_t \cos(\theta)} \qquad (4-105)$$

在星载距离多通道 SAR 系统,相对于接收天线和场景间的距离,天线高度是非常小的,即 $d_i \ll R_t$,因此,目标到通道 i 的双程距离为

$$R = R_t + R_r \approx 2R_t - d_i \cos(\theta) \qquad (4-106)$$

设发射的线性调频信号为

$$s(\tau) = \text{rect}\left[\frac{\tau}{T}\right] \exp(j2\pi f_c \tau + j\pi k_r \tau^2) \qquad (4-107)$$

式中:f_c 为载频;k_r 为调频斜率;T_r 为脉宽;τ 为距离向快时间变量。发射信号经过 P 点反射后,通道 0 所接收到的信号为

$$s_0(\tau) = A_0 \text{rect}\left[\frac{\tau - 2R_t/c}{T_r}\right] \cdot \exp[j2\pi f_c(\tau - 2R_t/c) + j\pi k_r(\tau - 2R_t/c)^2] \qquad (4-108)$$

式中:c 为光速;A_0 为由目标散射系数、天线增益以及接收机增益等决定的信号

幅度，$2R_t/C$ 为脉冲发射后经 P 点反射返回到参考通道所需时间。相应地，第 i 个距离向通道的接收信号为

$$s_i(\tau) = A_i \text{rect}\left[\frac{\tau - (2R_t - d_i\cos(\theta))/c}{T_r}\right] \cdot$$
$$\exp[j2\pi f_c(\tau - (2R_t - d_i\cos(\theta))/c)] \cdot$$
$$\exp[j\pi k_r(\tau - (2R_t - d_i\cos(\theta))/c)^2] \qquad (4-109)$$

令 $\tau_0 = 2R_t/c$ 和 $\Delta\tau_i = d_i\cos(\theta)/c$，则参考通道和第 i 个通道接收的回波可分别表示为

$$s_0(\tau) = A_0 \text{rect}\left[\frac{\tau - \tau_0}{T_r}\right]\exp[j2\pi f_c(\tau - \tau_0) + j\pi k_r(\tau - \tau_0)] \qquad (4-110)$$

$$s_i(\tau) = A_i \text{rect}\left[\frac{\tau - (\tau_0 - \Delta\tau_i)}{T_r}\right] \cdot \exp[j2\pi f_c(\tau - (\tau_0 - \Delta\tau_i)) + j\pi k_r(\tau - (\tau_0 - \Delta\tau_i))^2]$$
$$(4-111)$$

对回波进行零中频处理，则第 i 个通道的信号可表示为

$$s_i(\tau) = A_i \text{rect}\left[\frac{\tau - (\tau_0 - \Delta\tau_i)}{T_r}\right] \cdot \exp[-j2\pi f_c(\tau_0 - \Delta\tau_i) + j\pi k_r(\tau - (\tau_0 - \Delta\tau_i))^2]$$
$$= A_i \text{rect}\left[\frac{\tau - (\tau_0 - \Delta\tau_i)}{T}\right]\exp(-j2\pi f_c\tau_0) \cdot$$
$$\exp[j\pi k_r(\tau - (\tau_0 - \Delta\tau_i))^2]\exp(j2\pi f_c\Delta\tau_i) \qquad (4-112)$$

式(4-112)为第 i 个俯仰通道经零中频处理后的精确回波信号，其中第一项和第三项中的 $\Delta\tau_i$ 影响距离脉压后目标的包络位置。在实际的高分辨宽测绘带星载 SAR 应用中，测绘带内任意位置处的目标回波到达接收天线两端的距离差一般很小，因此可近似认为距离向各通道采样的包络相同，差别只在于由各通道到目标的距离差所引起的相位差。因此可将式(4-112)近似为

$$s_i(\tau) = A_i \text{rect}\left[\frac{\tau - \tau_0}{T_r}\right]\exp(-j2\pi f_c\tau_0) \cdot \exp[j\pi k_r(\tau - \tau_0))^2]\exp(j2\pi f_c\Delta\tau_i)$$
$$= (A_i/A_0)s_0(\tau)\exp(j2\pi f_c\Delta\tau_i)$$
$$= (A_i/A_0)s_0(\tau)\exp\left(j2\pi\frac{d_i}{\lambda}\cos(\theta)\right) \qquad (4-113)$$

4.3.2 距离多通道 SCORE 处理技术

距离压缩前的回波信号弥散在整个脉宽内，下变频后的 AD 采样信号中，每

个采样点的信号包含多个距离目标信号和距离模糊信号。模糊信号与目标信号在距离上相差一个脉冲重复频率以上的时间,距离脉压前弥散在整个脉宽内,通常较弱,可将其视为噪声,因此由式(4-113)可知第 i 个通道的回波信号可表示为

$$x_i(n) = a_1^i s_1(n) e^{j\phi_1} + \cdots + a_k^i s_k(n) e^{j\phi_k} + \cdots + n_i(n) \qquad (4-114)$$

式中:$s_k(n)$ 为第 k 个距离目标的第 n 个采样值;a_k^i 和 $e^{j\phi_k}$ 为接收通道带来的幅度和相位;$n_i(n)$ 为通道噪声和距离模糊信号。距离目标总个数与脉宽有关,脉宽越宽采样点包含的距离目标越多,ϕ_k 的变化范围也越大。根据同样的原理,参考通道的信号可表示为

$$x_0(n) = a_1^0 s_1(n) + \cdots + a_k^0 s_k(n) + \cdots + n_0(n) \qquad (4-115)$$

比较式(4-114)和式(4-115),如果能对式(4-114)中每个目标分别补偿其幅度和相位,则式(4-114)和式(4-115)中的距离目标信号将完全一样,即式(4-115)和式(4-116)可表示为

$$x_i(n) = a_i s(n) e^{j\phi_i} + n_i(n) \qquad (4-116)$$

$$x_0(n) = s(n) + n_0(n) \qquad (4-117)$$

式中:$s(n)$ 为所有目标之和;$e^{j\phi_i}$ 为第 i 个通道与参考通道之间天线阵元间隔带来的相位差。由于目标信号 $s(n)$ 比噪声强得多,因此,第 i 个通道的幅度和相位可表示为

$$a_i \approx \frac{|x_0(n)|}{|x_i(n)|} \qquad (4-118)$$

$$\varphi_i \approx \angle (x_i^*(n) * x_0(n)) \qquad (4-119)$$

式中:$x_i^*(n)$ 为 $x_i(n)$ 的复共轭;$\angle$ 为计算相角。

1. 自适应 SCORE 处理

每个脉冲的多通道回波数据逐波门按式(4-118)和式(4-119)估计幅度和相角,然后构造加权因子与各通道信号加权累加,实现时变加权,即

$$x(n) = x_0(n) + x_1(n) \cdot a_1 \exp(j\varphi_1) + \cdots x_{N-1}(n) \cdot a_{N-1} \exp(j\phi_{N-1})$$

$$(4-120)$$

AD 采样后 SCORE 时变加权处理流程如图 4-8 所示。

2. 两步自适应 SCORE 处理

自适应 SCORE 处理中直接利用每个采样点的回波数据估计幅度和相位,要求目标信号强于噪声和距离模糊信号之和。如果距离向 DBF 通道数较多,每个通道的接收增益偏低,SCORE 处理可分成两步实现。

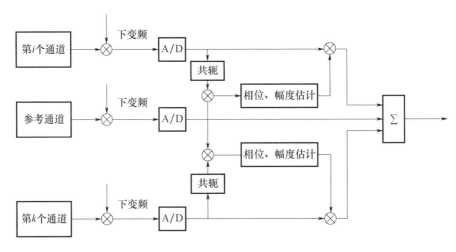

图 4-8 自适应 SCORE 处理流程

(1) 将 DBF 通道分组,每组利用成像几何和平台姿态计算 DBF 权系数,然后加权累加成一路信号。第 i 通道单个目标信号时变权系数相乘结果为

$$s^w(n) = s(n)\exp\left[j\frac{2\pi d_i}{\lambda}(\cos(\theta_n) - \cos(\theta))\right], n = 1, 2, \cdots, M \quad (4-121)$$

式中:M 为脉宽对应的采样点数,采样率一定时脉冲越宽采样点越多;θ_n 为采样距离对应的下视角;θ 为目标距离对应的下视角。$\cos(\theta_n) - \cos(\theta)$ 等价于距离时间的线性函数[85],脉冲较短时其值近似为 0,脉冲较长时 θ_n 和 θ 的差异不能忽略,第 n 个采样值加权累加后的结果为

$$s^s(n) = s(n)\left(\frac{\sin[D_a(\cos(\theta_n) - \cos(\theta))]}{\sin[D_a(\cos(\theta_n) - \cos(\theta))/2N]}\right), n = 1, 2, \cdots, M \quad (4-122)$$

式中:D_a 为阵列天线孔径长度。由式(4-122)可知,θ_n 和 θ 的差异会导致合成信号衰减,孔径 D_a 越大,波束越窄,衰减也越大,衰减程度与脉冲长度和接收波束宽度有关,当脉冲长度超过接收波束 3dB 宽度时不能直接加权累加。因此,接收通道分组能克服上述问题,每组通道等价于宽接收波束的 SCORE 处理,输出信号提高了信噪比并降低了距离模糊。

(2) 按自适应 SCORE 处理的方法自适应估计各组输出信号的幅度和相位,然后形成更窄接收波束的 SCORE 处理,修正系统权值的接收波束指向偏差。

4.3.3 实测数据处理

根据第 4.3.2 节中的自适应 SCORE 处理算法,利用国内机载演示系统的距离向 5 通道数据进行 SCORE 处理和成像实验。权系数估计采用回波数据自适应计算,每个脉冲(含 5 个通道)估计一次,先完成原始数据的距离向加权求和,合成一路信号,然后完成距离压缩、运动补偿和方位压缩等成像处理。

原始数据距离向 8192 个采样点,分别按自适应 SCORE 和两步自适应 SCORE 处理进行了验证。在验证两步自适应 SCORE 处理时,将 5 个通道分成两组,第一组取前 2 个通道,第二组为后 3 个通道。以原始数据的第 4096 点为 DBF 中心,先根据载机姿态、天线安装角等参数直接计算权系数合成两路信号,然后估计两路信号的幅度和相位合成单路信号。图 4 - 9 是 5 通道数据直接计算加权结果,从图中可以看出,由于权系数存在误差,距离向能量不在场景中心。图 4 - 10 是两步自适应 SCORE 处理结果,由图 4 - 10 可知两步自适应 SCORE 处理可以修正天线指向,提高接收增益。

图 4 - 9　直接计算权系数处理结果

图 4 - 10　两步自适应 SCORE 处理结果

图 4 - 11 是自适应 SCORE 处理逐波门估计权系统,然后加权求和及成像处理结果。从实验结果可知,自适应 SCORE 处理也能较准确地估计出实测数据的 DBF 权值,并且不受平台运动误差和姿态的影响,非常稳健和精确。

图 4 - 11　自适应 SCORE 处理结果

距离向 DBF-SAR 在 SCORE 处理中按采样距离对回波信号时变加权,形成接收扫描,提高有效幅宽内的接收增益和抑制距离模糊,实现宽幅成像。工程实现 SCORE 的关键是 DBF 权系数的获取和加权处理,DBF 权系数计算精度受制于平台运动误差、姿态误差和测绘带内的地形起伏等因素,误差较大时会导致波束指向严重偏差、接收增益下降,加权处理与脉冲长度和接收波束的宽度有关,脉冲较长时不能简单地进行权系数相乘和累加。本节提出的自适应 SCORE 处理算法,能够有效克服权系数精度和加权处理中的问题,具有运算量小、精度高和鲁棒性好的特点,对 AD 采样数据和距离压缩后的数据都能应用,具有一定的工程应用价值。

4.4 马赛克模式成像技术

马赛克(Mosaic)模式与传统的条带模式、扫描模式有很大的区别,它是一种聚束或滑动聚束模式与扫描模式相结合的混合工作模式[87-91]。马赛克模式可以同时实现方位高分辨率和距离向的宽覆盖,其高分辨率利用方位维聚束或者滑动聚束模式实现,宽测绘带则利用距离向的波束扫描来实现。

4.4.1 马赛克模式工作原理

马赛克模式基本工作原理是方位向聚束或滑动聚束、距离向扫描。马赛克模式通过方位向聚束或滑动聚束获得高的空间分辨率,通过距离向扫描获得大的测绘带宽,最终对各马赛克成像单元的雷达图像进行拼接获得大范围雷达图像[87-89]。

马赛克模式成像几何如图 4-12 所示,距离向宽幅成像通过多条子带 Scan 扫描实现,每个子带内通过滑动聚束方式实现高的方位向分辨率。采用马赛克模式工作时,卫星沿航迹的速度相对稳定,但波束在地面沿航迹的扫描速度将降低,以满足距离向多条扫描的无间隔成像要求。在 Scan 模式下,假设子带数是 N,子带间波束切换时间是 t_n,子带内对应方位分辨率所需的相干积累时间是 T_{coh},则距离向完成扫描成像的时间是 $N \times (T_{coh} + t_n)$。一般情况下 $N \times t_n < T_{coh}$,为了讨论的方便和简化的需要,通常取 $N \times t_n \approx T_{coh}$,于是距离向完成扫描成像的时间是 $(N+1) \times T_{coh}$,也有取 $(N+k) \times T_{coh}, 0 < k < 1$。

为了实现马赛克模式,每个子带内方位向波束扫描(一般通过卫星的机动或 SAR 的波束控制实现方位向的波束扫描)的速度为

$$V_g \leq \frac{\theta_a R_0}{(N+1)T_{\text{coh}}} = \frac{\theta_a V}{(N+1)\theta_{\text{syn}}} \qquad (4-123)$$

式中:θ_a 为方位向波束宽度;θ_{syn} 为实现马赛克模式的方位分辨率所需的波束合成角度;R_0 为成像区域中心的斜距;V 为卫星平台的速度。代入波束宽度 $\theta_a = \lambda/D_a$ 和波束合成角度 $\theta_{\text{syn}} = \lambda/(2\rho_a)$,有

$$V_g \leq \frac{2\rho_a V}{(N+1)D_a} \qquad (4-124)$$

在常规滑动聚束模式下,$N=0$,此时波束扫描速度将退化为 $V_g \leq 2\rho_a V/D_a$;在常规 Scan 模式下,$V_g \approx V$,此时方位分辨率为 $\rho_a \approx (N+1)D_a/2$。

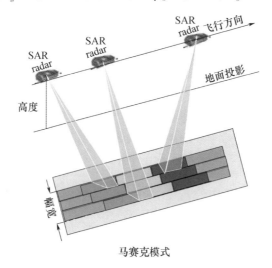

图 4-12 马赛克模式星地几何示意图(见彩图)

4.4.2 马赛克模式多普勒及方位分辨率

为了便于讨论马赛克模式的多普勒特性和方位分辨率,约定在星地目标波束斜平面内(图 4-13)来分析讨论。由于马赛克模式是 Scan 扫描模式和滑动聚束模式的有机结合,其方位多普勒特性与方位分辨率分析先从滑动聚束模式开始,然后引申到马赛克模式,因此,首先分析滑动聚束模式的多普勒特性,然后再讨论马赛克模式的方位多普勒特性。

假定目标 P 被波束照射的起始和结束时间为 $t_{a-\text{start}}$ 和 $t_{a-\text{end}}$,如图 4-14 所示,对应的起始斜视角和结束斜视角为 ψ_{start} 和 ψ_{end},方位中心时刻对应的波束中心斜距为 R_o,旋转中心斜距为 R_{rot}。

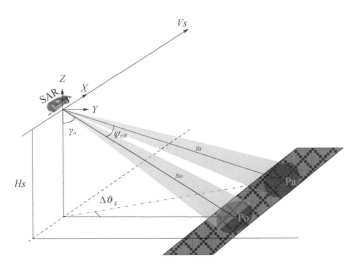

图 4-13 马赛克模式星地斜平面示意图(见彩图)

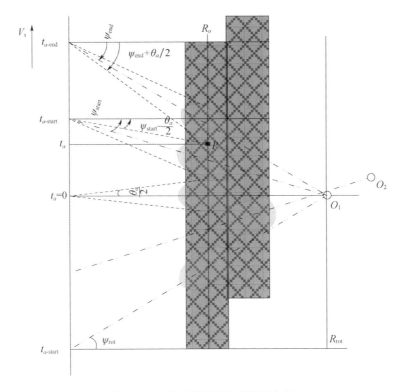

图 4-14 波束斜平面内的几何定义

不考虑地球自转引起的多普勒频率,根据星地波束斜平面的几何关系有

$$\tan(\psi_{\text{start}}) = \frac{V \cdot t_{a\_\text{start}}}{R_{\text{rot}}}; \quad \tan\left(\psi_{\text{start}} - \frac{\theta_a}{2}\right) = \frac{V \cdot (t_{a\_\text{start}} - t_a)}{R_0} \quad (4-125)$$

$$\tan(\psi_{\text{end}}) = \frac{V \cdot t_{a\_\text{end}}}{R_{\text{rot}}}; \quad \tan\left(\psi_{\text{end}} + \frac{\theta_a}{2}\right) = \frac{V \cdot (t_{a\_\text{end}} - t_a)}{R_0} \quad (4-126)$$

则 P 点在滑动聚束模式下的照射时间为

$$T_{sl} = t_{a\_\text{end}} - t_{a\_\text{start}} = \frac{R_{\text{rot}}}{V}(\tan(\psi_{\text{end}}) - \tan(\psi_{\text{start}})) \quad (4-127)$$

对应于目标照射的开始时间和结束时间,瞬时多普勒频率为

$$f_{a\_\text{start}} = -\frac{2V}{\lambda}\sin\left(\psi_{\text{start}} - \frac{\theta_a}{2}\right) = -\frac{2V^2}{\lambda} \cdot \frac{t_{a\_\text{start}} - t_a}{\sqrt{R_0^2 + V^2(t_{a\_\text{start}} - t_a)^2}} \quad (4-128)$$

$$f_{a\_\text{end}} = -\frac{2V}{\lambda}\sin\left(\psi_{\text{end}} + \frac{\theta_a}{2}\right) = -\frac{2V^2}{\lambda} \cdot \frac{t_{a\_\text{end}} - t_a}{\sqrt{R_0^2 + V^2(t_{a\_\text{end}} - t_a)^2}} \quad (4-129)$$

则多普勒带宽为

$$f_d = f_{a\_\text{end}} - f_{a\_\text{start}}$$

$$= -\frac{2V^2}{\lambda} \cdot \left[\frac{t_{a\_\text{end}} - t_a}{\sqrt{R_0^2 + V^2(t_{a\_\text{end}} - t_a)^2}} - \frac{t_{a\_\text{start}} - t_a}{\sqrt{R_0^2 + V^2(t_{a\_\text{start}} - t_a)^2}}\right] \quad (4-130)$$

由此可以计算得到 P 点对应的方位分辨率为

$$\rho_{a\_sl}(t_a, R_o) = \frac{\lambda}{2V\left[\dfrac{t_{a\_\text{end}} - t_a}{\sqrt{R_0^2 + V^2(t_{a\_\text{end}} - t_a)^2}} - \dfrac{t_{a\_\text{start}} - t_a}{\sqrt{R_0^2 + V^2(t_{a\_\text{start}} - t_a)^2}}\right]} \quad (4-131)$$

同理,对于马赛克模式,若距离向跳数是 N,子带间波束切换时间是 t_n,则目标照射时间为

$$T_{\text{mos}}(t_a, R_0) = \frac{T_{sl}(t_a, R_0)}{N} - t_n \quad (4-132)$$

相应地,马赛克模式下,P 点目标的多普勒带宽为

$$f_{d\_\text{mos}} = -\frac{2V^2}{N\lambda} \cdot \left[\frac{t_{a\_\text{end}} - t_a - N \cdot t_n}{\sqrt{R_0^2 + V^2\left(\dfrac{t_{a\_\text{end}} - t_a - N \cdot t_n}{N}\right)^2}} - \frac{t_{a\_\text{start}} - t_a - N \cdot t_n}{\sqrt{R_0^2 + V^2\left(\dfrac{t_{a\_\text{start}} - t_a - N \cdot t_n}{N}\right)^2}}\right]$$

$$(4-133)$$

由此可得马赛克条件下的方位分辨率为

$$\rho_{a\_mos} = \frac{N\lambda}{2V\left[\frac{t_{a\_end} - t_a - N \cdot t_n}{\sqrt{R_0^2 + V^2\left(\frac{t_{a\_end} - t_a - N \cdot t_n}{N}\right)^2}} - \frac{t_{a\_start} - t_a - N \cdot t_n}{\sqrt{R_0^2 + V^2\left(\frac{t_{a\_start} - t_a - N \cdot t_n}{N}\right)^2}}\right]}$$

(4-134)

从式(4-133)可知,马赛克模式下,目标的多普勒历程和方位分辨率与卫星目标的相对速度、星地距离、方位波束扫描时间、距离向跳数等因素有关,它是一个影响因素较多的物理量,且不同位置的目标对应的多普勒频率和方位分辨率不同,与常规的条带模式下目标的多普勒特性存在明显的差别。

4.4.3 马赛克模式处理算法

马赛克模式信号的发射接收方式与扫描模式相类似,各个子带之间的回波信号是不连续的,即相位彼此独立,同一子带内的信号也呈现"分块不连续"的特点。

设发射线性调频信号调频率为 k_r,$R(t_a;r_0)$ 为目标斜距,σ 为地表后向散射系数,t_a 为方位慢时间,t 为距离快时间,T_c 为每一子块的中心时刻,T_B 为每一子块驻留的时间,T_r 为脉冲宽度,r_0 为目标点最近斜距,λ 为发射波长,c 为光速,则采用聚束模式与扫描模式结合的马赛克模式回波信号可以表示为[87]

$$S(t,t_a;r_0) = \sigma \sum_n \text{rect}\left(\frac{t_a - nT_c}{T_B}\right) \cdot \text{rect}\left(\frac{t - \frac{2R(t_a;r_0)}{c}}{T_r}\right)$$

$$\exp\left(-j4\pi \frac{R(t_a;r_0)}{\lambda}\right) \cdot \exp\left(-j\pi k_r \left[t - \frac{2R(t_a;r_0)}{c}\right]^2\right) \quad (4-135)$$

采用马赛克模式实现高分辨时,需要方位向大角度扫描,边缘区域成像常为斜视成像。斜视下的星地几何关系如图4-15所示,其中,O_s 为某一成像块的合成孔径中心,O_g 为地面场景中心,P_s 为卫星飞行的瞬时位置,P_g 为地面任意目标点。

瞬时斜距表达式为

$$R(t_a;r_0) = \sqrt{(R_s\sin\theta - (Vt_a - Vt_0))^2 + r_0^2}$$

$$= \sqrt{R_s^2\sin^2\theta + r_0^2 + (Vt_a - Vt_0)^2 - 2R_s(Vt_a - Vt_0)\sin\theta} \quad (4-136)$$

式中:R_s 为合成孔径中心到场景中心距离;θ 为合成孔径中心与场景中心的连线与卫星飞行方向夹角的余角;t_0 为地面目标点离场景中心点距离时刻。

令 $r_0 = R_s\cos\theta$,则有

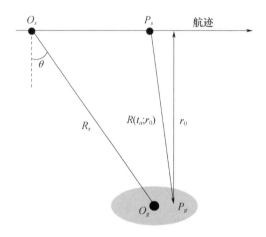

图4-15 斜视聚束模式示意图

$$R(t_a;r_0) = \sqrt{R_s^2 + (Vt_a - Vt_0)^2 - 2R_s(Vt_a - Vt_0)\sin\theta} \quad (4-137)$$

进行泰勒展开得

$$R(t_a;r_0) \approx R_s - \frac{\lambda}{2}f_{dc}(t_a - t_0) - \frac{\lambda}{4}f_{dr}(t_a - t_0)^2 + \cdots \quad (4-138)$$

$$f_{dc} = \frac{2V\sin\theta}{\lambda}$$

$$f_{dr} = -\frac{2V^2\cos^2\theta}{\lambda R_s}$$

式(4-138)第二项和第三项分别对应距离走动和距离弯曲,当斜视角较大时,距离走动显著增大,在成像处理时通常采用去走动的方法将斜视角引起的距离走动补偿掉,从而将成像模型简化为常规的正侧视情况[35]。距离走动的补偿可以根据信号回波变换到频域后进行补偿,补偿因子为

$$H_1(f_r,t_a) = \exp\left(-j\frac{4\pi(f_c + f_r)}{c}Vt_a\sin\theta\right) \quad (4-139)$$

式中:f_c为雷达信号载频频率;f_r为距离向频率。将原始信号距离向快速傅里叶变换,再经过因子H_1补偿后信号回波表达式为

$$S(f_r,t_a;r_0) = \sigma\sum_n \text{rect}\left(\frac{t_a - nT_c}{T_B}\right) \cdot \text{rect}\left(\frac{f_r}{k_r}\right) \cdot$$

$$\exp\left(-j4\pi\frac{(f_r + f_c)}{\lambda}(R(t_a;r_0) + Vt_a\sin\theta)\right) \cdot \exp\left(-j\pi\frac{f_r^2}{k_r}\right)$$

$$(4-140)$$

通过补偿后,相对速度变为 $V\cos\theta$,多普勒中心补偿为 0。

星载系统较低的脉冲重复频率将导致信号在方位向存在模糊,处理时常采用 Deramp 技术对回波信号进行处理方位向解模糊。斜视下的 Deramp 操作是将原始数据采集后,与一个改进的方位向参考因子卷积,改进的参考因子为

$$S_{\text{ref}}(t_a;r_{\text{ref}}) = \exp\left(j\frac{2\pi V^2 \cos^2\theta}{\lambda r_{\text{ref}}}t_a^2\right) \quad (4-141)$$

式中:r_{ref} 为参考斜距。与常规的参考因子相比较,改进参考因子考虑了斜视角的处理。经过 Deramp 操作后的信号二维频谱为

$$SS(f_r,f_a;r_0) = \sum_n \sigma \text{rect}\left(\frac{f_r}{k_e(f_a;R_s)}\right) \cdot \text{rect}\left(\frac{\dfrac{R_s\lambda f_a}{2V^2\cos^2\theta\sqrt{1-(\lambda f_a/(2V\cos\theta))^2}} - nT_c}{T_B}\right) \cdot$$

$$\exp\left(-j\frac{4\pi}{c}Vt_0(f_r+f_c)\sin\theta\right) \cdot \exp\left(-j\frac{2\pi}{V\cos\theta}R_s\sqrt{\left(\frac{2v\cos\theta}{\lambda}\right)^2 - f_a^2}\right) \cdot$$

$$\exp(-j2\pi f_a t_0) \cdot \exp\left(-j\pi\frac{f_r^2}{k_e(f_a;R_s)}\right) \cdot$$

$$\exp\left(-j\frac{4\pi}{c}\left[R_s + \frac{1}{2}R_s\left(\frac{\lambda f_a}{2V\cos\theta}\right)^2\right]f_r\right) \quad (4-142)$$

$$k_e(f_a;R_s) \approx \dfrac{1}{\dfrac{1}{k_r} - \dfrac{2\lambda R_s\left(\dfrac{\lambda f_a}{2V\cos\theta}\right)^2}{c^2\left(\sqrt{1-\left(\dfrac{\lambda f_a}{2V\cos\theta}\right)^2}\right)^3}} \quad (4-143)$$

接下来,在二维频域对信号进行距离压缩和距离徙动校正,校正函数为

$$H_2(f_r,f_a;R_s) = \exp\left(j\frac{2\pi R_s}{c}\left(\frac{\lambda f_a}{2V\cos\theta}\right)^2 f_r\right) \cdot$$

$$\exp\left(-j\pi\frac{1}{k_r}f_r^2 - j2\pi\lambda R_s f_r^2\left(\frac{\lambda f_a}{2V\cos\theta}\right)^2 \Bigg/ \left(c^2\left(\sqrt{1-\left(\frac{\lambda f_a}{2V\cos\theta}\right)^2}\right)^3\right)\right)$$

$$(4-144)$$

此时,信号的采样间隔为 $V\cos\theta/\text{PRF}'$,但由于马赛克模式距离向采样波位不同(脉冲重复频率也不同),不同块的信号采样间隔也不同。解决这个问题的办法:一种是采用插值重采样的方法,但计算量大;另一种是基于 Chirp Z 变换

(CZT)方法[87]。对于 CZT,通过引入尺度变换因子 ε,可以灵活选择方位向的像素间隔。子块间像素间隔的变换因子可以某一子块的像素间隔 $\Delta\beta$ 为标准进行归一化,即 $\varepsilon = \Delta\beta/\Delta\beta'$。

在距离向处理完成后,进行方位向快速傅里叶逆变换,然后将信号与相位因子 $H_3(t_r,t_a;R_s)$ 相乘,有

$$H_3(t_r,t_a;R_s) = \exp\left(j\pi \frac{2V^2\cos^2\theta}{\lambda R_s^2}t_a^2\right) \qquad (4-145)$$

然后在方位向进行 CZT 变换得到每一子块的图像,对每一子块图像进行辐射校正与图像二维拼接,即可得到最终图像。整个信号处理的流程如图 4 – 16 所示。

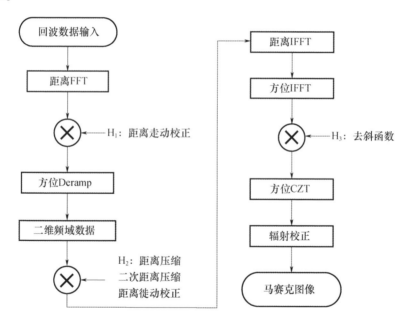

图 4 – 16 马赛克模式成像处理流程图

4.4.4 实测数据处理

根据第 4.4.3 节给出的马赛克模式处理算法,对国内机载演示系统录取的数据进行成像实验。距离向通过两个子带 Scan 扫描实现,每个子带内通过聚束方式实现高的方位向分辨率。图 4 – 17 和图 4 – 18 分别为距离向两个子带的 SAR 成像结果,拼接后为最终的高分宽幅 SAR 图像,如图 4 – 19 所示。需要说明的是,此处两子带图像拼接时并未进行辐射校正。

图 4-17 马赛克模式单子带成像处理结果

图 4-18 马赛克模式单子带成像处理结果

图 4-19 马赛克模式成像两子带图像拼接

目前国内外学者对高分宽幅成像技术进行了大量的理论研究,从理论上已证明其技术的可行性,多个研究机构通过机载 SAR 试验完成了初步的工程验证,但若在星载 SAR 中实现工程应用,后续仍需解决高相干性合成算法、高效处理架构、高精度幅相标定等工程技术问题。

第 5 章

星载合成孔径雷达地面运动目标检测技术

传统星载 SAR 只是用来对静止地物进行二维成像,而不涉及对运动目标的检测和成像。随着军事和民用需求的增加,地面运动目标指示(Ground Moving Target Indication,GMTI)功能越来越受到重视,合成孔径雷达地面运动目标检测(SAR – GMTI)[116-120]技术应运而生。SAR – GMTI 技术能够在获取静止场景的同时,对运动目标进行检测。军事上,SAR – GMTI 系统具有极大的应用价值,不仅能够对地面或者海面进行大面积侦察、监视,同时还能对运动目标进行检测、跟踪和定位,对于获取准确的战场军事信息具有重要意义。在民用领域,SAR – GMTI 在公路车辆、海面船只等交通监控和管理方面具有应用价值。

本章主要介绍星载 SAR – GMTI 系统典型指标、基于多通道及序贯图像的星载 SAR – GMTI 技术,分析系统误差对动目标检测性能的影响,并对校正技术进行讨论。

5.1 星载 SAR – GMTI 典型指标

在开展星载 SAR – GMTI 系统设计和研究处理算法时,需要通过定义一系列指标来衡量系统设计和处理性能的好坏,即需要建立一套指标体系。下面对星载 SAR – GMTI 典型指标进行介绍。

5.1.1 检测概率与虚警概率

运动目标检测是一个具有随机特性的信号处理问题,因此需要定义指标来量化描述星载雷达系统对地面运动目标的检测能力,其中最重要的两个 GMTI

指标就是虚警概率和检测概率。

假设 H_0 代表回波信号中只存在杂波和噪声的情况,H_1 代表回波信号中除杂波和噪声外还存在目标的情况。基于以上假设,虚警概率和检测概率分别定义为[121]

$$P_{fa} = \int_{\gamma_T}^{+\infty} p_0(z) \mathrm{d}z \qquad (5-1)$$

$$P_d = \int_{\gamma_T}^{+\infty} p_1(z) \mathrm{d}z \qquad (5-2)$$

式中:z 为检测单元的回波信号功率;γ_T 为判决门限;$p_0(z)$ 为不存在目标时检测单元回波信号的概率密度函数;$p_1(z)$ 为存在目标时检测单元回波信号的概率密度函数。在星载 SAR 系统中,假设雷达噪声和杂波信号近似服从均值为零、方差为 σ_{c+n}^2 的复高斯分布,则在 H_0 条件下的回波概率密度函数可以写为

$$p_0(z) = \frac{1}{\pi \sigma_{c+n}^2} \exp\left(-\frac{z}{\sigma_{c+n}^2}\right) \qquad (5-3)$$

将 $p_0(z)$ 的表达式代入式(5-1),可以得到在给定判决门限 γ_T 的条件下虚警概率为

$$P_{fa} = \exp(-\gamma_T / \sigma_{c+n}^2) \qquad (5-4)$$

在信号检测中通常根据虚警概率计算判决门限。由式(5-4),根据指定的虚警概率 P_{fa},可以得到 GMTI 处理时的检测门限为

$$\gamma_T = -\sigma_{c+n}^2 \ln P_{fa} \qquad (5-5)$$

从式(5-5)可以看出,检测门限依赖于噪声加杂波功率之和 σ_{c+n}^2,但实际中这个值通常未知,可以通过估计的方法来确定。

假设给出一幅 SAR 图像并对该图像进行取模平方操作,即将每一个像素点的值变为功率值。进行杂波加噪声功率估计时一共采用 N 个参考单元,z_i 表示第 i 个参考单元回波信号的功率值,则噪声加杂波功率的估计可以表示为

$$\hat{\sigma}_{c+n}^2 = \frac{1}{N} \sum_{i=1}^{N} z_i \qquad (5-6)$$

基于该功率估计,根据式(5-5)的结果,可以得到检测门限 γ_T 的表达式,即

$$\gamma_T = -\hat{\sigma}_{c+n}^2 \ln P_{fa} \qquad (5-7)$$

构建一个新的检测变量 z_t,即

$$z_t = \frac{|y_{\text{cut}}|^2}{\hat{\sigma}_{c+n}^2} \quad (5-8)$$

式中:$|y_{\text{cut}}|$为待检测单元的幅度值。此时的检测门限 $\gamma_T = -\ln P_{fa}$ 将只与虚警概率有关,因此,可以将判决准则表示为

$$z_t \underset{H_0}{\overset{H_1}{\gtrless}} \gamma_T \quad (5-9)$$

在 H_1 条件下,假设目标回波是一个未知常数,则噪声杂波和目标回波的概率密度函数可以写为[11]

$$p_1(z_t) = \exp(-z_t - \alpha) I_0(2\sqrt{\alpha z_t}) \quad (5-10)$$

式中:$\alpha = \text{SCNR}_0 = |y_s|^2/\sigma_{c+n}^2$ 为待检测单元的输出信杂噪比;$I_0(\cdot)$ 为修正的零阶贝塞尔函数。按照式(5-2)的定义方式,检测概率 P_d 可以表示为

$$P_d = \int_{\gamma_T}^{\infty} \exp(-z_t - \alpha) I_0(2\sqrt{\alpha z_t}) \mathrm{d}z_t \quad (5-11)$$

由式(5-11)看出,影响检测概率的参数有两个,即检测门限 γ_T 与输出信杂噪比 α。因此,在虚警概率给定的情况下,能够计算出唯一的与之对应的检测门限。此时检测概率只取决于输出信杂噪比,输出信杂噪比越大,检测概率也越大。

可以观察到式(5-11)函数的积分其实非常复杂,里面还包含一个零阶贝塞尔函数,因此计算起来难度较大。为了简化 P_d 的计算,North 提出了近似计算公式[122],即

$$P_d \approx 0.5 \times \text{erfc}(\sqrt{-\ln P_{fa}} - \sqrt{\alpha + 0.5}) \quad (5-12)$$

$$\text{erfc}(x) = \frac{2}{\sqrt{\pi}} \int_x^{\infty} \exp(-v^2) \mathrm{d}v$$

式中:$\text{erfc}(\cdot)$ 为补余误差函数。由式(5-12),如果给定检测概率 P_d 和虚警概率 P_{fa},即可求出达到此 P_d 和 P_{fa} 对应所需的最低信杂噪比 α,即

$$\alpha \approx 10\lg((\sqrt{-\ln P_{fa}} - \text{erfc}^{-1}(2P_d))^2 - 0.5) \quad (5-13)$$

图 5-1 给出了检测概率与输出信杂噪比和虚警概率的关系,可以看出,在确定虚警概率条件下检测概率随着输出信杂噪比的增加而提高。同一输出信杂噪比条件下,低虚警概率情况下得到的检测概率也相对较低。

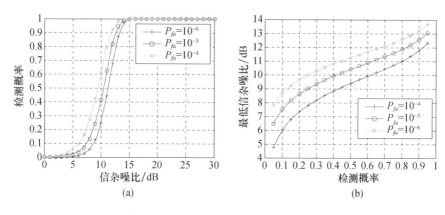

图 5-1 P_d 与 α 和 P_{fa} 的关系(见彩图)

(a)P_d 与 α 的关系;(b)P_d 与 P_{fa} 的关系。

5.1.2 最小可检测速度

星载 SAR-GMTI 系统难点在于需要在展宽的杂波谱中完成对动目标的检测。因此,SAR-GMTI 处理中通常需要先完成杂波抑制,静止杂波被消除而运动目标有可能产生较大剩余。在不考虑盲速的前提下,目标的径向速度越大,其多普勒偏移量越多,对检测越有利。目标的径向速度越小,其多普勒偏移量越少,对检测越不利。因此,对于 SAR-GMTI 系统的检测性能,最小可检测速度(Minimum Detectable Velocity,MDV)[123]指标尤为重要。

物理上 MDV 定义为输出信杂噪比大于(等于)检测所需信杂噪比的目标的最小速度。实际中,MDV 与检测概率、虚警概率以及系统参数等因素关系密切,同时还受所采用的杂波对消方法的影响,因此单纯从上述物理定义中无法准确衡量某一 SAR-GMTI 系统的检测能力。在本节中,基于不同的目标检测方法给出了 MDV 的几种具体定义和计算方法。

1. 基于单通道带外检测定义的 MDV

单通道方法主要基于这样一个事实:运动目标的径向速度会导致运动目标的多普勒谱相对于静止杂波多普勒谱产生偏移,利用多普勒滤波器组即可检测落在静止杂波多普勒谱带宽外的运动目标。由于目标径向速度的存在导致运动目标的多普勒谱发生偏移,当运动目标的多普勒谱的偏移量恰好等于静止杂波的多普勒 3dB 带宽(这里假定静止杂波的多普勒谱的宽度与运动目标的多普勒谱的宽度近似相等)时所对应的径向 MDV,如图 5-2 所示。

根据 SAR 成像的原理,静止杂波的多普勒带宽可表示为

$$B_{D\_3dB} = 2V_p/D \quad (5-14)$$

式中:V_p 为卫星平台速度;D 为雷达天线方位向孔径的长度。式(5-14)是以正侧视条带 SAR 为例来计算的。另一方面,由运动目标的径向速度所引起的多普勒偏移为 $\Delta f_D = 2v_r/\lambda$,$v_r$ 为目标相对雷达的径向速度。根据单通道最小可检测速度的定义,令 $B_{D\_3dB} = \Delta f_D$ 即可求得此时的 MDV,即

$$\text{MDV} = \frac{\lambda V_p}{D} \quad (5-15)$$

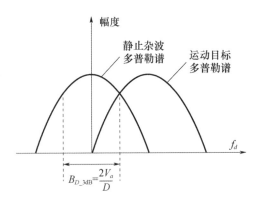

图 5-2 带外检测方法

2. 基于干涉相位定义的 MDV

这种定义适用于沿航迹干涉(Along Track Interferometry,ATI)[124-125]检测方法。假设运动目标回波信号经过天线 1 与天线 2 分别进行 SAR 成像后,会引起由距离变化造成的相位差 $\Delta\varphi$,即

$$\Delta\varphi = \frac{2\pi}{\lambda} \cdot 2\Delta y = \frac{4\pi}{\lambda}\left(\frac{d}{V_p}v_r\right) \quad (5-16)$$

式中:d 为天线 1 与天线 2 的间距;λ 为工作波长;Δy 为目标到天线 1 和天线 2 的波程差。

在两通道 ATI 处理后,若不考虑目标只考虑杂波加噪声,可以得到如图 5-3 所示的干涉相位统计图。此时,若设定一个相位检测门限 θ_0,当干涉相位的模值大于 θ_0 时被判定为存在目标(虚警),则图中斜线部分标识出的面积就代表虚警概率的大小。

如果指定虚警概率的大小,则根据虚警概率就可以确定这个检测门限 θ_0 的值,其对应的目标径向速度即为最小可检测速度 MDV,此时的 MDV 为

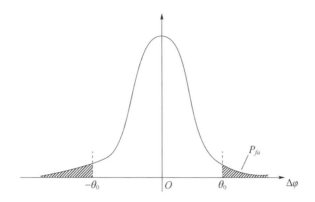

图 5-3 基于干涉相位定义的 MDV

$$\text{MDV} = \frac{\lambda V_p}{4\pi d}\theta_0 \qquad (5-17)$$

可知,当相位门限确定时,最小可检测速度即可求取。因此,图 5-3 中钟形统计特征形状的"胖瘦"决定了 MDV 的大小。此形状越"瘦",代表干涉相位接近于零的点越多,也就是杂波相位对消的越好,此时门限 θ_0 也越小,对应的 MDV 越小,代表检测性能越好。

这种定义的缺点是,MDV 只是单纯地根据虚警概率来计算,无法反映运动目标的状况,更无法反映信杂噪比随径向速度的变化。

3. 基于多通道速度响应因子定义的 MDV

这里的多通道检测方法以两通道偏置相位中心(Displace Phase Center Antenna,DPCA)方法[126-127]为例来分析。两通道的 SAR 图像通过 DPCA 方法进行杂波抑制,得到的对消结果中幅度以外的部分称为速度响应因子 β,即

$$\beta = \left|1 - \exp\left\{j\frac{4\pi}{\lambda}\left(\frac{d}{V_p}v_r\right)\right\}\right| \qquad (5-18)$$

根据式(5-18)可以得到如图 5-4 所示的 β 随径向速度 v_r 的变化关系图(最大值归一化结果)。

从图 5-4 中可以总结出以下几点:

(1)当运动目标的径向速度趋向于零时(即趋向于静止目标),β 会出现衰减。

(2)当式(5-18)中的相位等于 2π 的整数倍时,$\beta=0$,此时将出现盲速,图 5-4 中所标注的盲速即为第一盲速。

(3)当式(5-18)中的相位等于 π 的整数倍时,$\beta=2$,此时 β 为最大值。

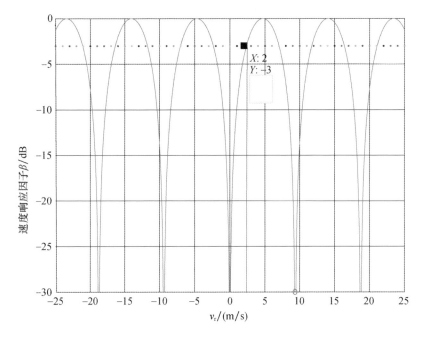

图 5-4 速度响应因子随径向速度变化关系

根据以上分析,基于 DPCA 滤波器的 MDV 定义为:使得速度响应因子出现第一个最大值时对应的径向速度的一半,也就是出现第一盲速时对应径向速度的 1/4[128]。因此,MDV 可表示为

$$\frac{4\pi}{\lambda}\left(\frac{d}{V_p}\text{MDV}\right) = \frac{2\pi}{4} \tag{5-19}$$

由式(5-19)可得

$$\text{MDV} = \frac{\lambda V_p}{8d} \tag{5-20}$$

与单通道检测情况相同,若天线方位孔径长度为 D,采用全孔径发射,接收时分为两个子孔径接收。根据相位中心等效原理,此时的天线配置可以等效为两个相位中心间隔为 $D/4$ 的子孔径进行自发自收,也就得到了一条长度如式(5-21)所示的基线,如图 5-5 所示。

$$d = D/4 \tag{5-21}$$

将式(5-21)代入式(5-20)可得此时的 MDV,即

$$\text{MDV} = \frac{\lambda V_p}{2D} \tag{5-22}$$

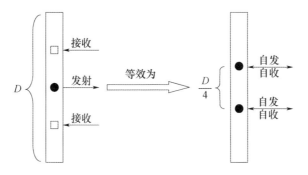

图 5-5　全孔径发射两个子孔径接收天线的等效天线配置

5.1.3　盲速

当采用多通道进行杂波对消和动目标检测时,本质上是两脉冲对消,其性能要受到两脉冲的限制。当目标速度为某些确定的速度值时,会在杂波对消过程中与杂波一起被抑制掉而无法检测,这些速度值即为"盲速"。有多种原因可以产生盲速现象,下面分别分析。

1. 子阵栅瓣对应的盲速

如图 5-6 所示,对于两通道 SAR-GMTI 系统的杂波对消,当通道间干涉相位满足

$$2\pi d\sin\theta/\lambda = 2k\pi \quad (k \text{ 为自然数}) \tag{5-23}$$

时(其中 θ 为目标相对雷达波束方向的夹角),该方向和零方向一样被消除,此方向的多普勒频率 $f_d = 2V_p\sin\theta/\lambda$,目标的多普勒频率 $f_{dt} = 2v_r/\lambda$。当 $f_{dt} = f_d$ 时求得目标盲速为

$$v_r = V_p\sin\theta = k\frac{\lambda V_p}{d} \tag{5-24}$$

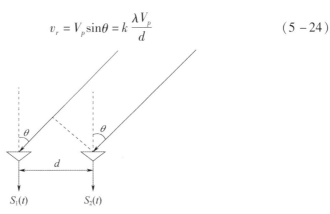

图 5-6　两子阵波程差示意图

2. 脉冲重复频率对应的盲速

典型的正侧视 SAR – GMTI 情况下，脉冲重复频率对应的盲速为

$$v_r = \frac{\lambda}{2}\text{PRF} \tag{5-25}$$

若满足 DPCA 条件时，有 $\text{PRF} = 2kV_p/d$。代入式(5-25)可知，此时的盲速与子阵栅瓣对应的盲速一致。

5.1.4 最大可检测速度

两幅图像的相位差 $\Delta\varphi$ 以 2π 为周期，当动目标引起的相位差超过 2π 时就会由于相位缠绕而引起速度模糊，因此所检测的目标径向速度应该处于 $[-v_{r\max}, v_{r\max}]$ 之间才能被正确地估计出来，由此可得最大可检测速度为

$$v_{r\max} = \pm\frac{\lambda}{4} \cdot \frac{V_p}{d \cdot \sin\theta} \tag{5-26}$$

当然，当目标速度超过最大可检测速度出现速度模糊时，仍然可以采用多通道参差基线设计、复杂信号处理等方法[129-130]来加以克服，在本节中不详细叙述。

5.2 基于多通道的星载 SAR – GMTI 技术

SAR 地面运动目标检测主要考虑的是低速目标的检测。如何最大限度地抑制杂波，设计具有最大凹口的杂波抑制滤波器，是 GMTI 领域的研究热点问题。尤其是对星载 SAR – GMTI，由于卫星平台运动速度快，杂波多普勒展宽严重，地面慢动目标的多普勒回波不可避免地淹没在杂波中。

本节重点介绍基于多通道的地面慢速运动目标检测技术。典型的多通道 GMTI 技术主要包括杂波抑制、动目标检测和测速、动目标定位等主要过程，下面在分析多通道回波模型的基础上分别讨论。

5.2.1 多通道 SAR – GMTI 回波模型

为了实现星载 SAR 系统最优 GMTI 性能，多通道相位中心通常采用顺轨构型，即天线多孔径中心或天线阵列方向与平台运动方向平行。

如图 5-7 所示，图中 X 轴表示卫星平台速度方向，V_p 表示平台速度；Y 轴表示场景距离向坐标；R_s 表示目标垂直斜距；d_n 表示接收通道 n 与发射通道

(参考通道)的间距;H 代表平台高度;α 和 β 分别表示点目标 P 的方位角和俯仰角;θ_{cone} 表示点目标 P 对应于雷达阵列的空间锥角并且有 $\cos\theta_{\text{cone}} = \cos\alpha\cos\beta$ 成立。假设在方位时间 $t_m = 0$ 时运动目标位于 (R_0, x_0) 处,并且以恒定速度 (v_r, v_x) 沿径向和方位向运动。通常情况下有 $R_0 \gg d_n$,$R_0 \gg v_r t_m$,$R_0 \gg v_x t_m$,则通道 n 接收到的回波信号可表示为[131]

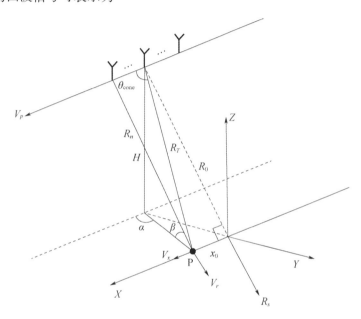

图 5 - 7 正侧视星载 SAR - GMTI 模型

$$s_n(t_m) = G_n(t_m)\sigma_0 h\left(\hat{t} - \frac{R_T(t_m) + R_n(t_m)}{c}\right)\exp\left(-j\frac{2\pi}{\lambda}(R_T(t_m) + R_n(t_m))\right) \quad (5-27)$$

$$R_T(t_m) = R_0 - v_r t_m + \frac{(V_{rx}t_m - x_0)^2}{2R_0}, R_n(t_m) = R_0 - v_r t_m + \frac{(V_{rx}t_m + d_n - x_0)^2}{2R_0} \quad (5-28)$$

式中:$G_n(t_m)$ 为第 n 个接收通道的双程增益特性;σ_0 为点目标的后向散射强度;$h(\cdot)$ 为发射信号的基带形式;$\hat{t}$ 为距离快时间;$V_{rx} = V_p - v_x$ 为雷达平台相对于目标 P 的沿航迹速度。对于参考通道,则有

$$s_r(t_m) = G_r(t_m)\sigma_0 h\left(\hat{t} - \frac{2R_T(t_m)}{c}\right)\exp\left(-j\frac{4\pi}{\lambda}R_T(t_m)\right) \quad (5-29)$$

不失一般性,假设不同通道接收的回波序列在距离上已经对齐,并且方位相干积累期间目标相对雷达平台的径向运动所导致的距离走动不超过一个距离分辨单元,则距离压缩后的参考通道和第 n 个通道回波信号分别为

$$s_{cr}(t_m) = G_{cr}(t_m)\exp\left[-j\frac{4\pi}{\lambda}R_T(t_m)\right]$$

$$= G_{cr}(t_m)\exp\left\{-j\frac{4\pi}{\lambda}\left[R_0 - v_r t_m + \frac{(V_{rx}t_m - x_0)^2}{2R_0}\right]\right\} \quad (5-30)$$

$$s_{cn}(t_m) = G_{cn}(t_m)\exp\left\{-j\frac{2\pi}{\lambda}[R_T(t_m) + R_m(t_m)]\right\}$$

$$= G_{cn}(t_m)\exp\left\{-j\frac{4\pi}{\lambda}\left[R_0 - v_r t_m + \frac{(V_{rx}t_m - x_0)^2}{2R_0} + \frac{(V_{rx}t_m - x_0)d_n}{2R_0} + \frac{d_n^2}{4R_0}\right]\right\}$$

$$(5-31)$$

式中：$G_{cr}(\cdot)$ 和 $G_{cn}(\cdot)$ 分别为参考通道和第 n 个通道接收回波在距离压缩后随方位时间 t_m 变化的复包络。

构造参考通道和第 n 个通道方位压缩参考函数为

$$s_{rc}(t_m) = \exp\left\{j\frac{4\pi}{\lambda}\left[R_0 + \frac{(V_p t_m)^2}{2R_0}\right]\right\} \quad (5-32)$$

$$s_{nc}(t_m) = \exp\left\{j\frac{4\pi}{\lambda}\left[R_0 + \frac{d_n^2}{4R_0} + \frac{d_n V_p t_m}{2R_0} + \frac{(V_p t_m)^2}{2R_0}\right]\right\} \quad (5-33)$$

暂不考虑目标回波在进行方位压缩处理时的散焦问题，即假设 $V_{rx} \approx V_p$ 成立，则方位压缩后的参考通道和第 n 个通道回波分别为

$$\hat{s}_r(t_m) = \text{IFFT}\{\text{FFT}[s_{rc}(t_m)] \cdot \text{FFT}[s_{cr}(t_m)]\}$$

$$= \text{IFFT}\left\{\text{FFT}\left[\exp\left(j\frac{4\pi}{\lambda}\frac{(V_p t_m)^2}{2R_0}\right)\right] \cdot \right.$$

$$\left. \text{FFT}\left[G_{cr}(t_m)\exp\left(-j\frac{4\pi}{\lambda}\left(R_0 - v_r t_m + \frac{(V_{rx}t_m - x_0)^2}{2R_0}\right)\right)\right]\right\} = \hat{G}_{er}(t_m) \quad (5-34)$$

$$\hat{s}_n(t_m) = \text{IFFT}\{\text{FFT}[s_{nc}(t_m)] \cdot \text{FFT}[s_{cn}(t_m)]\}$$

$$= \text{IFFT}\left\{\text{FFT}\left[\exp\left(j\frac{4\pi}{\lambda}\left(\frac{d_n^2}{4R_0} + \frac{d_n V_p t_m}{2R_0} + \frac{(V_p t_m)^2}{2R_0}\right)\right)\right] \cdot \right.$$

$$\left. \text{FFT}\left[G_{cn}(t_m)\exp\left(-j\frac{4\pi}{\lambda}\left(R_0 - v_r t_m + \frac{(V_{rx}t_m - x_0)^2}{2R_0} + \frac{(V_{rx}t_m - x_0)d_n}{2R_0} + \frac{d_n^2}{4R_0}\right)\right)\right]\right\}$$

$$= \hat{G}_{en}(t_m)\exp\left\{j\frac{2\pi x_0 d_n}{\lambda R_0}\right\} \quad (5-35)$$

把静止点目标在(r,t_m)域的成像结果沿通道方向排成列矢量,即

$$\boldsymbol{x}_e(t_m) = \boldsymbol{G}(t_m)\boldsymbol{a}_c(f_{d0}) \qquad (5-36)$$

$$\boldsymbol{G}(t_m) = \mathrm{diag}\left\{\hat{G}_{e1}(t_m),\cdots,\hat{G}_{en}(t_m),\cdots,\hat{G}_{eN}(t_m)\right\} \qquad (5-37)$$

$$\boldsymbol{a}_c(f_{d0}) = \left\{1,\exp\left(\mathrm{j}\frac{\pi d_2}{V_p}f_{d0}\right),\cdots,\exp\left(\mathrm{j}\frac{\pi d_N}{V_p}f_{d0}\right)\right\}^{\mathrm{T}} \qquad (5-38)$$

式中:$\boldsymbol{G}(t_m)$为静止目标回波距离—方位压缩后的复响应;$\boldsymbol{a}_c(f_{d0})$为静止目标(场景杂波)的空域导向矢量;$f_{d0} = \dfrac{2V_p x_0}{\lambda R_0} = \dfrac{x_0}{V_p}\cdot\dfrac{2V_p^2}{\lambda R_0}$为第$n$个通道的多普勒中心;$(\cdot)^{\mathrm{T}}$为转置操作。

假设在方位频率f_{d0}检测出的运动目标径向速度v_r,则运动目标的理想空域导向矢量可表示为

$$\boldsymbol{a}_s(f_{d0}) = \left\{1,\exp\left[\mathrm{j}\frac{\pi d_2}{V_p}\left(f_{d0}-\frac{2v_r}{\lambda}\right)\right],\cdots,\exp\left[\mathrm{j}\frac{\pi d_N}{V_p}\left(f_{d0}-\frac{2v_r}{\lambda}\right)\right]\right\}^{\mathrm{T}} \qquad (5-39)$$

由此可获得运动目标在雷达阵列的成像结果可表示为

$$\boldsymbol{x}_s(t_m) = \boldsymbol{G}(t_m)\boldsymbol{a}_s(f_{d0}) \qquad (5-40)$$

正是由于目标的径向运动在通道间带来不同于杂波的附加相位,在主瓣杂波区检测运动目标才成为可能。

考虑通道响应误差,对回波数据进行距离脉压和方位 FFT 处理后,给定距离门r_0和多普勒频率f_{d0}的回波数据矢量可表示为

$$\begin{cases} H_0: \boldsymbol{x}(r_0,f_{d0}) = \boldsymbol{\Gamma}(r_0,f_{d0})\boldsymbol{a}_c(f_{d0})\gamma_c(r_0,f_{d0}) + \boldsymbol{J}_a + \boldsymbol{n} \\ H_1: \boldsymbol{x}(r_0,f_{d0}) = \boldsymbol{\Gamma}(r_0,f_{d0})\boldsymbol{A}(f_{d0})\boldsymbol{\gamma}(r_0,f_{d0}) + \boldsymbol{J}_a + \boldsymbol{n} \end{cases} \qquad (5-41)$$

式中:

$$\boldsymbol{A}(f_{d0}) = [\boldsymbol{a}_c(f_{d0}),\boldsymbol{a}_s(f_{d0})]$$

$$\boldsymbol{\gamma}(r_0,f_{d0}) = [\gamma_c(r_0,f_{d0}),\gamma_s(r_0,f_{d0})]^{\mathrm{T}}$$

$$\boldsymbol{\Gamma}(r_0,f_{d0}) = \mathrm{diag}(A_1\exp(\mathrm{j}\phi_1),A_2\exp(\mathrm{j}\phi_2),\cdots,A_N\exp(\mathrm{j}\phi_N))$$

其中,H_0为检测单元不包含运动目标信号;H_1为检测单元包含运动目标信号;$\boldsymbol{J}_a$为干扰信号;$\boldsymbol{n}$为加性高斯白噪声;$A_1\mathrm{e}^{\mathrm{j}\phi_1}$为由各种非理想因素导致的通道幅度/相位误差;$\{A_m\}_{m=2}^N$为通道幅度增益误差;$\{\phi_m\}_{m=2}^N$为通道相位响应误差;$\gamma_c(r_0,f_{d0})$和$\gamma_s(r_0,f_{d0})$为杂波与目标的幅度。

5.2.2 图像域多像素联合杂波对消

多通道杂波抑制的基本原理是利用多个通道先后重复观测同一区域。理

论上,不同通道的场景图像,可认为是同一幅图像根据多通道阵元间距进行时延处理得到的结果。但是对于动目标,由于存在径向速度,不同时间观测的动目标回波数据将对应不同的斜距,因此,不同通道的动目标回波数据含有与其速度有关的差异。正是由于静止场景和动目标回波在多通道 SAR 图像上的相位差异,杂波抑制才得以进行。

杂波抑制方法主要有图像对消和自适应杂波抑制两类(实际上图像对消可以认为是一种特殊的自适应抑制方法)[132]。理论上不同通道的 SAR 图像在预处理之后将完全一致,因此两图相减便可以消除杂波。然而,实际由于各种误差的影响,两幅图像并不完全一致,常规的 DPCA、ATI 等方法都难以取得较好的动目标检测和测速效果[133-138]。

下面介绍两种适用于实际系统的杂波抑制方法——图像域多像素自适应 DPCA 和图像域自适应匹配滤波[139]。

1. 图像域多像素自适应 DPCA

星载雷达的各通道之间存在图像配准误差、杂波去相干以及阵列误差等因素。为了实现对运动目标的稳健检测,采用多通道、多像素联合处理的思路具有重要的实用价值。

由式(5-41),经过通道配准和相位补偿后的 N 个通道的 SAR 图像所对应的同一地面散射单元的数据可写成矢量形式,即

$$\begin{cases} H_0: \boldsymbol{x}(m,k) = \boldsymbol{c}(m,k) + \boldsymbol{n}(m,k) \\ H_1: \boldsymbol{x}(m,k) = \boldsymbol{c}(m,k) + \boldsymbol{n}(m,k) + \boldsymbol{s}(m,k) \end{cases} \quad (5-42)$$

式中:
$$\boldsymbol{c}(m,k) = [c_1(m,k), c_2(m,k), \cdots, c_N(m,k)]^\mathrm{T}$$
$$\boldsymbol{n}(m,k) = [n_1(m,k), n_2(m,k), \cdots, n_N(m,k)]^\mathrm{T}$$
$$\boldsymbol{s}(m,k) = [s_1(m,k), s_2(m,k), \cdots, s_N(m,k)]^\mathrm{T}$$

其中,m、k 分别为 SAR 图像中方位向和距离向的坐标;$c(m,k)$ 为 N 个通道对应像素的杂波信号矢量;$n(m,k)$ 为噪声信号矢量;$s(m,k)$ 为 N 个通道对应像素的目标信号矢量。如果不考虑地面杂波的时间去相关,且假设各通道照射地面时的入射角近似相同,从而杂波的复反射系数不变,则经过精确配准和相位补偿后该杂波分量对不同的 SAR 通道是相同的。

经过图像精确配准、通道数据均衡处理后,以发射通道为参考,静止杂波的空域导向矢量简化为 $\boldsymbol{a}_c = [1,1,\cdots,1]_N^\mathrm{T}$。与地面静止场景相比,目标由于运动在不同通道间产生额外的相位差,则动目标的空域导向矢量为

$$\boldsymbol{a}_s = \left\{ 1, \exp\left(-\mathrm{j}\frac{2\pi d_2 v_r}{\lambda V_p}\right), \cdots, \exp\left(-\mathrm{j}\frac{2\pi d_N v_r}{\lambda V_p}\right) \right\}^{\mathrm{T}} \quad (5-43)$$

不失一般性,以双通道系统为例,假设两个通道对地面相同区域所获得的 SAR 图像为 $\boldsymbol{x}_1(m,k)$ 和 $\boldsymbol{x}_2(m,k)$,考虑到不同成像系统的响应差异和场景杂波在两次观察期间具有平稳特性,则有

$$\boldsymbol{x}_{e21}(m,k) = \boldsymbol{x}_2(m,k) - \boldsymbol{x}_1(m,k) * \boldsymbol{h}(m,k) \quad (5-44)$$

式中:* 为二维卷积; $\boldsymbol{h}(m,k)$ 为两个成像系统对相同静止地面区域所成图像相对差异的冲击响应; $\boldsymbol{x}_{e21}(m,k)$ 为地面运动目标在第二幅 SAR 图像里相对第一幅 SAR 图像的差异信息(由目标运动导致)。显然如果能够利用 $\boldsymbol{x}_1(m,k)$ 中的杂波信息高精度预测出 $\boldsymbol{x}_2(m,k)$ 中对应杂波信息,则能够有效抑制场景杂波。

多通道、多像素联合处理的思想是利用多幅图像中参考点附近的像素来实现自适应杂波抑制,能够降低对图像配准精度的要求,并具有一定的抗多通道幅相误差能力。下面介绍多点消一点矢量(以下简称多消一矢量)和联合像素矢量的构造方法。

图 5-8 以三通道 SAR-GMTI 系统为例,给出 3×3 多消一和联合像素矢量的构造示意图。

图 5-8 多消一和联合像素矢量的构造示意图

在第 i 幅图像中选取样本窗大小 $(2k_m+1)\times(2k_n+1)$,则共计 $K=(2K_m+1)(2K_n+1)$ 个像素排成列矢量,即

$$\boldsymbol{x}_{fi}(m,n) = [\boldsymbol{f}_i(m-k_m, n-k_n), \cdots, \boldsymbol{f}_i(m,n), \cdots, \boldsymbol{f}_i(m+k_m, n+k_n)]^{\mathrm{T}},$$
$$i = 1, 2, \cdots, 3 \quad (5-45)$$

以图 5-8 为参考,分别构造多消一矢量 $\boldsymbol{x}(m,n)$ 和联合像素矢量 $\boldsymbol{x}_J(m,n)$,即

$$\begin{cases} \boldsymbol{x}(m,n) = [f_2(m,n), \boldsymbol{x}_{f1}^{\mathrm{T}}(m,n), \boldsymbol{x}_{f3}^{\mathrm{T}}(m,n)]^{\mathrm{T}} \\ \boldsymbol{x}_J(m,n) = [\boldsymbol{x}_{f2}^{\mathrm{T}}(m,n), \boldsymbol{x}_{f1}^{\mathrm{T}}(m,n), \boldsymbol{x}_{f3}^{\mathrm{T}}(m,n)]^{\mathrm{T}} \end{cases} \quad (5-46)$$

式中:$\boldsymbol{x}(m,n)$ 为 $(2K+1) \times 1$ 的列矢量;$\boldsymbol{x}_J(m,n)$ 为 $3K \times 1$ 的列矢量。为得到最优权,在约束运动目标响应的同时,最小化输出功率,即

$$\begin{cases} \min\ \boldsymbol{w}^{\mathrm{H}} \boldsymbol{R} \boldsymbol{w} & \text{s.t.}\ \boldsymbol{w}^{\mathrm{H}} \boldsymbol{a} = 1 \\ \min\ \boldsymbol{w}_J^{\mathrm{H}} \boldsymbol{R}_J \boldsymbol{w}_J & \text{s.t.}\ \boldsymbol{w}_J^{\mathrm{H}} \boldsymbol{a}_J = 1 \end{cases} \quad (5-47)$$

式中:$\boldsymbol{R}$ 和 $\boldsymbol{R}_J$ 分别为多消一矢量和联合像素矢量的协方差矩阵;$(\cdot)^{\mathrm{H}}$ 为共轭转置;$\boldsymbol{a}$ 和 $\boldsymbol{a}_J$ 为相应的运动目标导向矢量。通过拉格朗日乘子(Lagrange)算法,该约束优化问题的解为

$$\begin{cases} \boldsymbol{w}_{\mathrm{opt}} = \boldsymbol{R}^{-1} \boldsymbol{a} / (\boldsymbol{a}^{\mathrm{H}} \boldsymbol{R}^{-1} \boldsymbol{a}) \\ \boldsymbol{w}_{J\mathrm{opt}} = \boldsymbol{R}_J^{-1} \boldsymbol{a}_J / (\boldsymbol{a}_J^{\mathrm{H}} \boldsymbol{R}_J^{-1} \boldsymbol{a}_J) \end{cases} \quad (5-48)$$

由于动目标的导向矢量在实际中一般不能先验确知,通过如下的约束得到次优权,即

$$\begin{cases} \min\ \boldsymbol{w}^{\mathrm{H}} \boldsymbol{R} \boldsymbol{w} & \text{s.t.}\ \boldsymbol{w}^{\mathrm{H}} \boldsymbol{e}_1 = 1 \\ \min\ \boldsymbol{w}_J^{\mathrm{H}} \boldsymbol{R}_J \boldsymbol{w}_J & \text{s.t.}\ \boldsymbol{w}_J^{\mathrm{H}} \boldsymbol{e}_J = 1 \end{cases} \quad (5-49)$$

式中:$\boldsymbol{e}_1$ 为除第 1 个元素为 1 其余元素为 0 的列矢量;$\boldsymbol{e}_J$ 为除第 $(K+1)/2$ 个元素为 1 其余元素为 0 的列矢量。容易求得

$$\begin{cases} \boldsymbol{w}_{\mathrm{subopt}} = \boldsymbol{R}^{-1} \boldsymbol{e}_1 / (\boldsymbol{e}_1^{\mathrm{T}} \boldsymbol{R}^{-1} \boldsymbol{e}_1) \\ \boldsymbol{w}_{J\mathrm{subopt}} = \boldsymbol{R}_J^{-1} \boldsymbol{e}_J / (\boldsymbol{e}_J^{\mathrm{T}} \boldsymbol{R}_J^{-1} \boldsymbol{e}_J) \end{cases} \quad (5-50)$$

协方差矩阵估计从有限次样本中得到,即

$$\begin{cases} \hat{\boldsymbol{R}} = \dfrac{1}{(2K_m+1)(2K_n+1)} \sum\limits_{k_m=-K_m}^{K_m} \sum\limits_{k_n=-K_n}^{K_n} \boldsymbol{x}(m+k_m, n+k_n) \boldsymbol{x}^{\mathrm{H}}(m+k_m, n+k_n) \\ \hat{\boldsymbol{R}}_J = \dfrac{1}{(2K_m+1)(2K_n+1)} \sum\limits_{k_m=-K_m}^{K_m} \sum\limits_{k_n=-K_n}^{K_n} \boldsymbol{x}_J(m+k_m, n+k_n) \boldsymbol{x}_J^{\mathrm{H}}(m+k_m, n+k_n) \end{cases}$$

$$(5-51)$$

式中:k_m 和 k_n 分别为从距离和方位上采用的样本数目。样本应满足独立同分布条件,且样本数 $K = (2K_m+1)(2K_n+1)$ 至少大于协方差矩阵维数的 2 倍[140]。在动目标检测中,为了避免目标信号污染样本,可以在估计协方差矩阵时保留一些保护单元,即在估计杂波协方差矩阵时避开待检测像素及其最相邻的像素。

下面给出多像素自适应 DPCA 方法的具体实施步骤：

（1）构造多通道、多像素联合观察数据矢量，并估计相应的杂波相关矩阵。

（2）计算自适应抑制杂波的维纳权。

（3）利用自适应权矢量对观察数据矢量进行滤波处理。

多消一方法和联合像素方法的原理在本质上是相同的，只是联合像素方法由于构造后的矢量元素更多，自由度更大，可以获得相对更优的杂波抑制效果。但联合像素方法估计协方差矩阵需要的独立同分布的样本数较多，且相应的运算量也更大。

以多消一方法为例，图5-9所示为运动目标的检测结果和残差图。图5-9(a)中蓝线表示没有经过杂波对消时的归一化幅度，而红色表示经过杂波对消后的归一化幅度，经过杂波相消，运动目标很明显地可以检测出来。

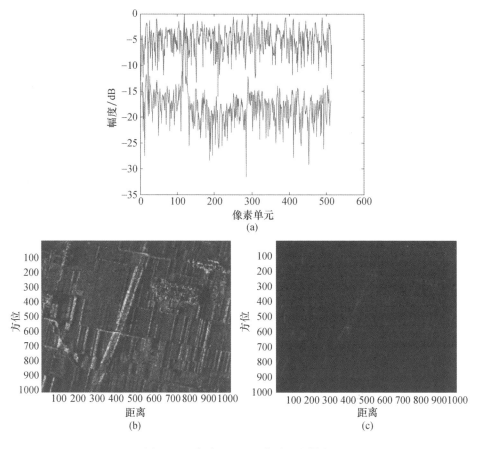

图5-9 多消一 DPCA 方法（见彩图）

（a）杂波抑制效果；（b）抑制前的图像；（c）抑制后的图像（残差图）。

2. 图像域自适应匹配滤波

采用自适应 DPCA 方法通过 SAR 图像配准和图像均衡能够较好地抑制固定场景回波,但却无法对运动目标信号进行最佳匹配处理。下面通过分析运动目标信号模型得到图像域的目标自适应匹配处理杂波抑制方法[139]。

采用图 5-10 示意图来构造多通道联合数据矢量。假设运动目标在 SAR 图像上的位置为 (i,j),则第 m 个 SAR-GMTI 通道中的运动目标成像后的信号可以写为

$$s_m(i,j) = \sigma(i,j) \exp\left(-j\frac{2\pi}{\lambda}R_s(i,j)\right) \exp\left(-j\frac{2\pi v_r(i,j)d_{m1}}{\lambda V_p}\right), m=2,\cdots,N$$

(5-52)

式中:$\sigma(i,j)$ 为该运动目标的复反射系数;$R_s(i,j)$ 为成像中心时刻雷达到该目标的斜距,由于采用沿航向线阵的构型,$R_s(i,j)$ 对不同的通道是相同的;d_{m1} 为通道 m 到参考通道的沿航向距离;$v_r(i,j)$ 为运动目标的径向速度。

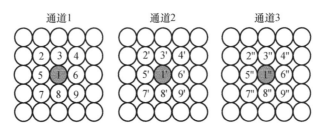

图 5-10 多通道联合数据构造示意

不同的接收通道接收到的目标信号相差一个由于目标的径向速度引起的相位,将该相位项联立就可以得到运动目标的空域导向矢量,即

$$\boldsymbol{a}_T = \left[1, \exp\left(-j\frac{2\pi v_r d_{21}}{\lambda V_p}\right), \cdots, \exp\left(-j\frac{2\pi v_r d_{N1}}{\lambda V_p}\right)\right]^T$$

(5-53)

根据波束形成的思想,当用该导向矢量构成的权矢量对信号进行波束形成时,运动目标的信号被相干积累,而由于杂波信号的导向矢量与运动目标的不同,故其输出较小从而被抑制。基于上述分析,通过最优波束形成使波束指向运动目标,而在杂波方向上自动归零,就可以检测到运动目标。同时,通过变换波束形成的权矢量搜索输出功率谱的峰值,就可以确定动目标的径向速度。

利用线性约束最小方差准则构造自适应权矢量,即

$$w = \mu R^{-1}(a_T \otimes \beta) \quad (5-54)$$

式中：$\otimes$ 为 Kronecker 直积；$\beta = [1,0,\cdots,0]_{N\times 1}^{T}$；$\mu$ 为复常数。对 SAR 图像中的每一个像素分别利用式(5-54)的权矢量进行自适应波束形成，然后就可以通过恒虚警率技术来检测运动目标，同时得到运动目标的速度估计值。具体的速度估计方法在 5.2.3 节中详细介绍。

图 5-11 给出该方法的处理流程框图，多通道数据经通道均衡后分别进行成像，进而构造多通道联合像素矢量实现自适应杂波对消。仿真结果结合运动目标速度估计结果一同在 5.2.4 节中展示。

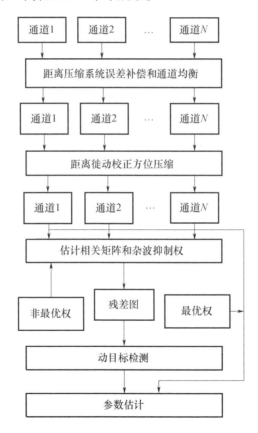

图 5-11 运动目标检测处理流程图

5.2.3 运动目标测速与定位

根据杂波对消和动目标检测方法不同，动目标测速方法也有所区别，主要分为以下两种方法。

1. 两通道干涉测速

对检测出来的运动目标,采用干涉法估计径向速度,相应的径向速度估计及估计误差可表示为

$$\begin{cases} v_r = \dfrac{V_p \cdot \lambda \cdot \phi'_{21}}{4\pi D} \\ \dfrac{\partial v_r}{\partial V_p} = \dfrac{\lambda \cdot \phi'_{21}}{4\pi D}, \dfrac{\partial v_r}{\partial \phi'_{21}} = \dfrac{V_p \cdot \lambda}{4\pi D}, \dfrac{\partial v_r}{\partial D} = \dfrac{-V_p \cdot \lambda \cdot \phi'_{21}}{4\pi D^2} \\ \sigma_{v_r}^2 = \left(\dfrac{\partial v_r}{\partial \phi'_{21}}\right)^2 \sigma_{\phi'_{21}}^2 + \left(\dfrac{\partial v_r}{\partial V_p}\right)^2 \sigma_{V_p}^2 + \left(\dfrac{\partial v_r}{\partial D}\right)^2 \sigma_D^2 \end{cases} \quad (5-55)$$

对应的方位向定位和定位误差为

$$\begin{cases} a = \dfrac{v_r}{V_p} \cdot r = \dfrac{r \cdot \lambda \cdot \phi'_{21}}{4\pi D} \\ \dfrac{\partial a}{\partial r} = \dfrac{\lambda \cdot \phi'_{21}}{4\pi D}, \dfrac{\partial a}{\partial \phi'_{21}} = \dfrac{r \cdot \lambda}{4\pi D}, \dfrac{\partial a}{\partial D} = \dfrac{-r \cdot \lambda \cdot \phi'_{21}}{4\pi D^2} \\ \sigma_a^2 = \left(\dfrac{\partial a}{\partial r}\right)^2 \sigma_r^2 + \left(\dfrac{\partial a}{\partial \phi'_{21}}\right)^2 \sigma_{\phi'_{21}}^2 + \left(\dfrac{\partial a}{\partial D}\right)^2 \sigma_D^2 \end{cases} \quad (5-56)$$

式中:D 为基线长度;ϕ'_{21} 为估计的目标干涉相位;a 为估计的方位偏移;r 为目标斜距;$\sigma_{V_p}^2$ 为平台沿航迹速度误差;$\sigma_{v_r}^2$ 为目标径向速度估计误差;σ_a^2 为目标方位向相对定位误差;σ_r^2 为目标距离测量误差;$\sigma_{\phi'_{21}}^2$ 为干涉相位估计误差;σ_D^2 为沿航迹基线测量误差。

2. 图像域匹配滤波测速

如5.2.2节所述,用自适应权对目标所在的单元进行多通道、多像素联合自适应波束形成,当构造的空域导向矢量 $\boldsymbol{a}_T$ 中的 v_r 等于运动目标的径向速度时,其输出信杂噪比达到最大。剩余杂波功率可表示为

$$\sigma_{\text{out}}^2 = \boldsymbol{w}_{\text{opt}}^H \boldsymbol{R} \boldsymbol{w}_{\text{opt}} \quad (5-57)$$

若 b 表示运动目标的回波幅度,则杂波抑制后的信杂噪比(Signal to Clutter and Noise Ratio,SCNR)为

$$\text{SCNR}_{\text{out}} = \dfrac{|b|^2 |\boldsymbol{w}_{\text{opt}}^H \boldsymbol{a}_T(v_r)|^2}{\boldsymbol{w}_{\text{opt}}^H \boldsymbol{R} \boldsymbol{w}_{\text{opt}}^H} \quad (5-58)$$

对应的目标径向速度估计为

$$v_r = \underset{v_r}{\arg\max} \text{SCNR}_{\text{out}} \quad (5-59)$$

得到动目标径向速度的估计后,就可以利用式(5-60)求得真实的方位位

置,从而可以对动目标进行重新定位,有

$$x = x_0 + v_r \frac{r(i,j)}{V_p} \quad (5-60)$$

5.2.4 实测数据验证

利用某机载多通道实测数据对上述方法进行验证。采用其中一个通道的数据得到 SAR 成像结果,利用图像域自适应匹配滤波处理完成杂波对消后对动目标进行检测,同时对检测到的目标进行速度估计和位置估计并标注到 SAR 图像上,处理结果如图 5-12 所示。图中经杂波对消后可以很清晰地检测出两个运动目标,但运动目标相对于静止 SAR 图像中存在较为明显的偏移,经测速定位处理后,两个运动目标均定位到道路上。

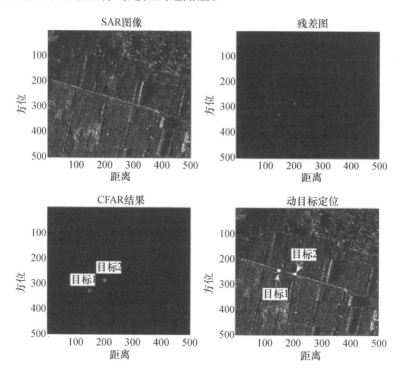

图 5-12 多通道 SAR - GMTI 处理结果(见彩图)

图 5-13 为不同场景的 SAR - GMTI 结果,其中重新定位后的目标以彩色点的形式标注在 SAR 图像上,红色、绿色分别表示不同方向的运动目标。从图中可以看出,标注的目标点基本都位于道路上或道路附近,说明对动目标实现了有效的检测和定位。

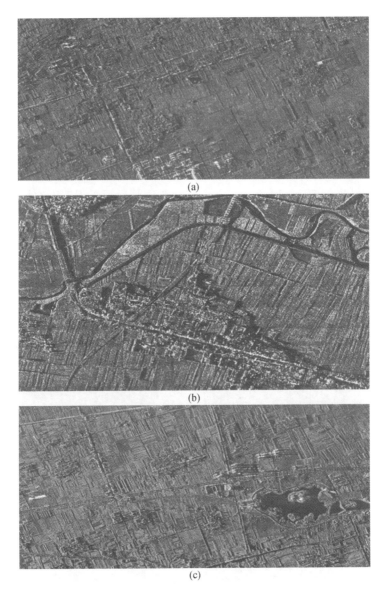

图 5-13 不同场景 SAR-GMTI 处理结果(见彩图)

5.3 基于序贯图像的星载 SAR-GMTI 技术

第 5.2 节介绍了基于多通道的动目标检测技术,可以实现地面慢速运动目标检测及定位,但此时只是得到了动目标的点迹信息。当系统处于条带工作模式时,对照射到动目标的时刻进行 SAR 成像,只能得到动目标的一次点迹信息,无法获得动目标的航迹,而动目标的航迹信息对目标轨迹预测和目标意图判断更为重要,也具有更重要的应用意义。针对该问题,近年来学者提出了基于序贯图像的 SAR – GMTI 技术[141-144]。与多通道 SAR – GMTI 技术相比,该技术更强调在序贯图像上实现对运动目标的检测与跟踪。

5.3.1 运动目标回波模型

假设在正侧视条带 SAR 模式,雷达沿 Y 轴方向以恒速 V_p 飞行,高度为 h。建立如图 5 – 14 的参考坐标系,天线波束角为 α。理想地面点运动目标 P 位于地距 x_t,方位 y_t 处,具有恒定的地面速度(v_x, v_y)和反射系数 δ_0。在快时间发射调频斜率为 γ、脉宽为 T_p 的线性调频信号。设参考斜距 $R_t = \sqrt{x_t^2 + y_t^2 + h^2}$,则在慢时间 t_m 时刻,雷达到运动目标的瞬时斜距 $R(t_m)$ 为[145]

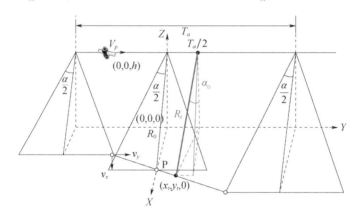

图 5 – 14 运动目标的成像几何关系

$$R(t_m) = \sqrt{[0 - (x_t + v_x t_m)]^2 + [V_p t_m - (y_t + v_y t_m)]^2 + h^2}$$
$$= \sqrt{R_t^2 - 2v_r R_t t_m + V^2 t_m^2} \quad (5-61)$$

式中:$V = \sqrt{v_x^2 + (V_p - v_y)^2}$ 为雷达与运动目标的相对速度;$v_r = \dfrac{(V_p - v_y)y_t - x_t v_x}{R_t}$ 为运动目标的径向速度;(x_t, y_t) 为坐标系(X, Y, Z)下运动目标像的位置,也称为实际位置。注意到 y_t 表示的是雷达照射到运动目标的合成孔径中心时刻的相对位置。当目标静止时,天线波束中心时刻与合成孔径中心时刻重合 $y_t = 0$。

雷达接收到的运动目标的回波为

$$ss(\tau,t_m) = \delta_0 \text{rect}\left[\frac{\tau - 2R(t_m)/c}{T_p}\right]\text{rect}\left[\frac{t_m - t_c}{T_a}\right] \cdot$$

$$\exp\left\{j\left[-\frac{4\pi}{\lambda}R(t_m) + \pi\gamma\left(\tau - \frac{2R(t_m)}{c}\right)^2\right]\right\} \quad (5-62)$$

$$t_c = R_t \sin\alpha_0 / (V_p - v_y)$$

式中：τ 为快时间；γ 为发射信号调频率；rect[·] 为矩形窗函数；T_a 为运动目标 P 的合成孔径时间；t_c 为运动目标合成孔径中心时刻 $T_a/2$ 照射到 P 的时间；α_0 为斜视角。

对式(5-62)进行二维傅里叶变换，得到运动目标精确的二维频谱，即

$$SS(f_r, f_a) = \delta_0 \text{rect}\left[\frac{f_r}{\gamma T_p}\right]\text{rect}\left[\frac{1}{T_a}\left(\frac{y'_t}{V} - \frac{R'_t}{V}\frac{f_a/f_{am}}{\sqrt{(1+f_r/f_c)^2 - (f_a/f'_{am})^2}} - t_c\right)\right] \cdot$$

$$\exp\left(-j\pi\frac{f_r^2}{\gamma}\right)\exp\left(-2\pi f_a\frac{y'_t}{V}\right)\exp\left(-\frac{4\pi}{\lambda}R'_t\sqrt{(1+f_r/f_c)^2 - (f_a/f'_{am})^2}\right)$$

$$(5-63)$$

式中：$R'_t = R_t\sqrt{1 - \frac{v_r^2}{V^2}}$；$y'_t = R_t\frac{v_r}{V}$，$f_r$ 为距离频率；f_a 为方位频率；$f'_{am} = \frac{2V}{\lambda}$ 为成像参数。式(5-63)中忽略了变换过程引入的常数项。

正侧视下，静止点目标 P 的二维频谱可表示为

$$SS^c(f_r, f_a) = \delta_0 \text{rect}\left[\frac{f_r}{\gamma T_p}\right]\text{rect}\left[\frac{1}{T_a^c}\left(-\frac{R_t}{V}\frac{f_a/f_{am}}{\sqrt{(1+f_r/f_c)^2 - (f_a/f_{am})^2}}\right)\right] \cdot$$

$$\exp\left(-j\pi\frac{f_r^2}{\gamma}\right)\exp\left(-\frac{4\pi}{\lambda}R_t\sqrt{(1+f_r/f_c)^2 - (f_a/f_{am})^2}\right) \quad (5-64)$$

式中：$f_{am} = 2V_p/\lambda$ 为成像参数；T_a^c 为静止目标的合成孔径时间。将式(5-63)与式(5-64)进行对比，易知式(5-63)中：

(1) 第一、第三项表示距离窗函数与距离向调制函数，与静止目标的表达式相同，不会引起运动目标的方位散焦或距离徙动。这里的徙动包括一阶距离走动，二阶距离弯曲。

(2) 第二项为运动目标的方位向窗函数。方位窗中心移动了 $y'_t/V - t_c$，$t_c = y_t/(V_p - v_y)$ 与合成孔径中心时刻的斜视角 α_0 有关，反映了运动目标的多普勒频偏；方位窗函数占据的合成孔径时间 T_a 与运动目标的运动参数有关，决定了目标多普勒频谱的宽度。利用该项的信息可以克服单通道系统运动目标定位

的方位不确定性问题,实现 SAR 系统的运动目标精确定位。

(3) 第四项反映了运动目标径向速度在时域图像上引起的方位位置偏移 y'_t,是将运动目标实际位置标定在 SAR 图像上时需考虑的变量。

(4) 第五项为运动目标的方位向调制函数,包括了运动目标回波距离与方位向的耦合函数。当静止场景的成像参数不能对该项进行有效补偿时,运动目标像会产生方位散焦和距离走动。

式(5-63)中与静止目标不同的项反映了运动目标特性,运动目标检测及定位方法均是对这些特性的有效利用。

5.3.2 单通道序贯图像 GMTI 技术

由 5.3.1 节的信号模型可以看出,运动目标获得聚焦像的过程是精确匹配式(5-63)中第五项的过程,各类运动目标成像算法都是在不同条件下对该项的近似。

考虑场景中同一斜距处具有相同散射特性的静止点目标与运动点目标,按照静止场景参数成像后,随着方位分辨率的提高,静止点目标聚焦像单位像素能量逐渐提高,而运动目标散焦像由于距离模糊与散焦,目标能量会因为运动速度呈现不同的变化特征。假设不同方位分辨率 $\rho_i(i=0,1,\cdots,N)$ 下获得了多方位分辨率图像序列 F_i,假定有一静止点目标与运动点目标能量均为 E_i,随着方位分辨率的降低,有 $E_i = \alpha_i E_0$,其中:α_i 为小于 1 的常系数,包含了实际 SAR 图像的幅度归一化系数;E_0 为全分辨率 ρ_0 时点目标的总能量。不同方位分辨率 ρ_i 下,静止目标主瓣内像素单元的归一化能量为

$$e_{si} = E_i / P_{si} \tag{5-65}$$

运动目标主瓣内像素单元的归一化能量为

$$e_{mi} = E_i / P_{mi} \tag{5-66}$$

式中:P_{si} 与 P_{mi} 分别为静止点目标与运动点目标主瓣占据的像素单元数,代表了目标的形状。

方位图像序列 F_i 与全方位分辨率图像 F_0 上静止目标主瓣内对应像素单元的归一化能量比为

$$z_s = \frac{e_{si}}{e_{s0}} = \alpha_i \frac{P_{s0}}{P_{si}} \tag{5-67}$$

方位图像序列 F_i 与全方位分辨率图像 F_0 上运动目标主瓣内对应像素单元的归一化能量比为

$$z_m = \frac{e_{mi}}{e_{m0}} = \alpha_i \frac{P_{m0}}{P_{mi}} \quad (5-68)$$

假设不存在雷达平台运动误差等导致静止目标散焦的因素,则随着方位分辨率的降低,静止目标的形状有规律地增大;而运动目标的形状变化与运动速度有关。z_s 与 z_m 利用每个像素的幅度值,反映了多方位分辨图像上聚焦像与散焦像的形状变化。

基于多方位分辨率图像的运动目标散焦图像的形状变化,可以设计基于序贯多方位分辨率图像和序贯图像差的运动目标检测算法[146]。算法的基本思想为:根据理想静止点目标在不同方位分辨率图像的变化,构造基于方位全分辨率图像的滤波器,通过变化检测抑制静止目标,检测运动目标;同时构造基于序贯图像差的似然比模型进行变化检测,提高序贯图像比模型的检测性能。

对方位全分辨率图像 F_0 进行方位向多普勒域的低通滤波,获得低方位分辨率图像序列 F_i,这里 $i=1,\cdots,N$,并对不同方位分辨率图像幅度进行归一化。为克服邻近静止目标的分裂,增强运动目标的变化特征,对不同方位分辨图像 F_i 进行邻域滤波。邻域滤波以低方位分辨率图像 $F_N(x,y)$ 为参照,根据 F_i 中的强杂波点设计滤波器,使邻域滤波后的图像与 $F_N(x,y)$ 的强杂波目标能够对消;再将该邻域滤波器应用到 F_i,获得邻域滤波后的图像 $\tilde{F}_i(x,y)$,即 $\tilde{F}_N(x,y) = F_N(x,y)$。邻域滤波抑制了静止目标在高方位分辨图像上的分裂,同时保留了运动目标散焦像的形状。对邻域滤波后的图像 $\tilde{F}_i(x,y)$ 的每条方位线的像素点能量进行差分,即

$$d\tilde{F}_i(\tau, t_m) = \tilde{F}_i(\tau, t_m) - \tilde{F}_i(\tau, t_{m-1}) \quad (5-69)$$

根据差分结果判断每条方位线上的多个峰值点,依次计算各峰值点的方位向脉冲响应宽度 $\tilde{L}_i(\tau, t_m)$,获得待检测图像,即

$$\overline{F}_i(\tau, t_m) = \tilde{F}_i(\tau, t_m) / \tilde{L}_i(\tau, t_m) \quad (5-70)$$

利用多方位分辨率图像上静止与运动目标能量差异,构造似然比检测,即

$$Z(\tau, t_m) = \begin{cases} \dfrac{|\overline{F}_N(\tau, t_m) - \overline{F}_i(\tau, t_m)|}{\overline{F}_N(\tau, t_m)}, & \text{若 } \overline{F}_N(\tau, t_m) \neq 0 \\ \dfrac{|\overline{F}_N(\tau, t_m) - \overline{F}_i(\tau, t_m)|}{\varepsilon}, & \text{若 } \overline{F}_N(\tau, t_m) = 0 \end{cases}$$

$$\begin{cases} H_0: Z(\tau, t_m) \leq \gamma, 无目标 \\ H_1: Z(\tau, t_m) > \gamma, 存在目标 \end{cases} \quad (5-71)$$

其中,常数 $0 < \varepsilon \leq 1$。似然比检测结果包含了静止杂波、噪声及运动目标,该检测结果易受到杂波与噪声的干扰,需对检测后的图像进行简单的聚类,判断目标占据的像素单元个数,结合形状检测排除干扰。

同时结合序贯图像差进行动目标检测。设 $I_l(l=1,2)$ 为序贯图像不同方位视角下同一均匀后向散射区域的 SAR 强度图像;方位子视图像 I_1 与 I_2 之间的相关系数在观测区域内处处相等。令 I_1 为参考图像,I_2 为待检测图像,Z_{dif} 为由 I_1 与 I_2 构成的差值检验量图像,则利用图像差值法对运动目标进行变化检测的数学表达式可表示为

$$\begin{cases} H_0: z_d = |z_{\text{dif}}| = |i_2 - i_1| \leq T_d \\ H_1: z_d = |z_{\text{dif}}| = |i_2 - i_1| > T_d \end{cases} \quad (5-72)$$

式中:z_{dif}, i_1, i_2 分别为图像 Z_{dif}、I_1、I_2 中对应像素点的幅度值;z_d 为检测量;T_d 为检测门限。方位子视图像在 H_0 假设下仅含有地面杂波,在 H_1 假设下包含杂波与运动目标。

基于序贯多方位分辨率图像和序贯图像差的运动目标检测算法处理流程如图 5-15 所示。

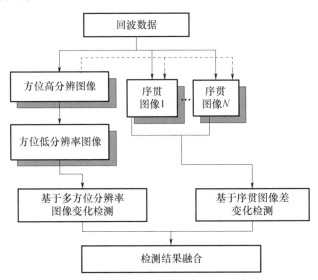

图 5-15 基于序贯图像的运动目标检测

5.3.3 多通道序贯图像 GMTI 技术

5.3.2 节中基于序贯图像 GMTI 处理技术针对单通道 SAR 系统,在地面运动目标信噪比较高时可以得到较好的目标检测及定位结果,但当目标信噪比较低时,该目标检测方法容易出现漏检,检测概率不能满足要求。本节介绍一种基于多通道序贯 SAR 图像的动目标检测及跟踪技术,通过多通道联合杂波抑制处理提高目标信噪比,从而达到较高的检测概率,然后采用序贯 SAR 图像跟踪锁定技术及动目标的点/航迹关联技术实现动目标的有效跟踪。

对于 SAR – GMTI 而言,通常选择与目标尺寸相当的分辨率,而目标尺寸多为米级到十米级,因此 SAR – GMTI 分辨率多为 1~5m,此时的合成孔径时间较短,而往往这种系统还兼具了高分辨率 SAR 的功能,其发射的方位向波束设计得会比较宽,这就为基于序贯 SAR 图像的 GMTI 跟踪提供了可能。

1. 杂波抑制与目标检测

设发射天线方位向孔径宽度为 D,则等效 3dB 方位向波束宽度为 $\theta_{3\mathrm{dB}} = K\lambda/D$($K$ 为展宽因子),在进行 SAR – GMTI 处理时,为了减轻由于动目标运动引起的距离走动的影响,通常合成孔径时间较短。若满足 SAR – GMTI 所需分辨率的合成孔径时间对应的积累点数为 $\mathrm{Num}_{\mathrm{single}}$,且相邻两幅图像成像时没有数据交叠,则整个波束照射范围内可以获得的序贯 SAR 图像的数量为

$$n = \frac{\mathrm{Num}}{\mathrm{Num}_{\mathrm{single}}} = \frac{L_s/V_a \cdot \mathrm{PRF}}{\mathrm{Num}_{\mathrm{single}}} = \frac{R_0 K \dfrac{\lambda}{DV_a} \cdot \mathrm{PRF}}{\mathrm{Num}_{\mathrm{single}}} \tag{5-73}$$

式中:Num 为方位波束照射范围内总的脉冲数;L_s 为整个方位波束照射范围对应的合成孔径长度;R_0 为作用距离;PRF 为脉冲重复频率。

对顺序获取的序贯多通道 SAR 进行 5.2 节中介绍的动目标检测和定位处理,可以得到在各幅序贯 SAR 图像中的动目标点迹信息,在此基础上需要对各序贯 SAR 图像进行配准,并将各序贯图像检测的动目标点迹信息进行航迹关联。

2. 序贯 SAR 图像跟踪锁定

采用基于图像跟踪锁定技术的序贯 SAR 图像配准方法,该方法以 R – D 模型[147]为基础。R – D 模型由距离方程、多普勒频移方程和地球数据模型组成,即

$$\begin{cases} \boldsymbol{R}_{st} = \boldsymbol{R}_s - \boldsymbol{R}_t \\ f_{DC} = -\dfrac{2}{\lambda R}(\boldsymbol{V}_s - \boldsymbol{V}_t) \cdot (\boldsymbol{R}_s - \boldsymbol{R}_t) \\ \dfrac{X_t^2 + Y_t^2}{(R_e + h)^2} + \dfrac{Z_t^2}{R_p^2} = 1 \end{cases} \qquad (5-74)$$

式中：$\boldsymbol{R}_{st}$，$\boldsymbol{R}_t$，$\boldsymbol{R}_s$ 分别为雷达与地面点 P 之间的位置矢量、地面点 P 的位置矢量、雷达的位置矢量；f_{DC} 为多普勒频移；$\boldsymbol{V}_s$ 为雷达的速度；$\boldsymbol{V}_t$ 为地面目标的速度矢量；R_e，R_p 分别为地球长半轴和短半轴；(x_t, y_t, z_t) 为地面点 P 直角坐标系下的三维坐标；h 为地面一点 P 到扁椭球体的法线距离。

序贯 SAR 图像跟踪锁定技术处理流程包括两大步骤：

（1）以第一幅图像为基准，令平台中心为原点，根据雷达平台的经纬度、作用距离、多普勒和航迹角等参数获得 SAR 图像中基准点的经纬度，在 GMTI 应用中选择关注的动目标所在的道路作为配准的基准点；

（2）根据第一幅图像的基准点经纬度，在序贯 SAR 图像中找到对应的点，以该点为序贯图像的中心，截取与第一幅图场景对应的部分。

相应处理流程如图 5-16 所示。

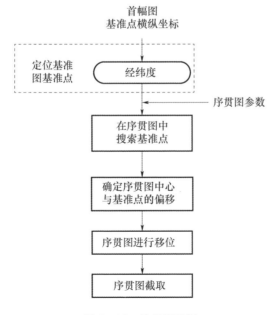

图 5-16 处理流程图

3. 动目标点迹、航迹关联处理

1）点迹预处理

真实目标回波在序贯图像之间的观测数据存在着很强的相关性,但虚警目标则不然,因此可以利用这一特性来甄别真实目标和虚警。利用真实目标点迹数据的空间几何特性以及幅度、相位之间的相关性,目标的距离、多普勒信息的一致性等作为判决条件,将满足一定判决条件的点迹信号作为真实的目标,并提取信息以进一步处理。

2）点迹、航迹联合相关处理

点迹和航迹的联合相关处理是为已建立的航迹和新发现的点迹进行最优相关处理,尽量避免漏相关造成的航迹分裂现象和误相关造成的航迹错误融合现象。利用 0-1 整数规划求解点迹与航迹的最优相关,即

$$\min \sum_{i=1}^{n} \sum_{j=1}^{m} \varepsilon_{i,j} x_{i,j}$$
$$\text{s.t.} \sum_{j=1}^{n} x_{i,j} \leq 1, i=1,2,\cdots,m, x_{i,j} \in \{0,1\}$$
(5-75)

式中:m 为待相关的航迹数目;n 为待相关的点迹数目;$\varepsilon_{i,j}$ 为航迹 i 和点迹 j 的归一化误差值,用于作为航迹 i 和点迹 j 是否相关的显著性检验;$x_{i,j}$ 为 0 表示航迹 i 和点迹 j 不相关,$x_{i,j}$ 为 1 表示航迹 i 和点迹 j 相关。

对于上述整数规划,可以采用隐枚举算法进行求解。当 m 和 n 的值非常大时,可以对上述整数规划做降维处理,以减少计算量。

5.3.4 实测验证结果

下面利用某机载雷达四通道 SAR – GMTI 实测数据进行试验验证。场景中某条垂直于载机航向的道路上设置 3 个合作目标,以一定的间距、相同的径向速度同向行驶,径向速度为 3m/s。以 SAR 成像方位向分辨率 3m 分析,该合作目标在波束照射时间内,可以获得 14 幅序贯 SAR 图像。图 5-17 所示为其中 4 幅序贯 SAR 图像,序号分别为 1、4、7、10,每次成像后采用多通道 SAR – GMTI 技术均检测到了 3 个运动目标并进行定位,分别以红色、绿色和黄色表示。

以序号为 4 的序贯图像中道路交叉点为基准点(图中用圆白点显示),对所有序贯 SAR 图像进行跟踪锁定,分别跟踪到基准点在该序贯图像中的位置(同样以圆白点显示),对跟踪锁定后的序贯图像序列截取相同区域的场景,试验中截取 550×400 大小的场景。由于序贯图像成像时间有差异,运动目标的位置在道路上

发生了变化,将所有序贯图像检测到的运动目标采用点航迹关联处理后,可以获得清晰的航迹,如图5-18所示,形成了红色、绿色和黄色3个运动目标的航迹。

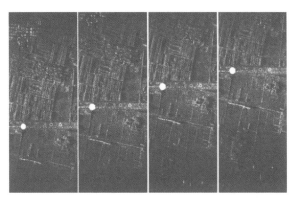

图 5-17　序贯 SAR 图像及动目标检测结果(见彩图)

(圆白点为基准点,红色、绿色、黄色分别为运动目标)

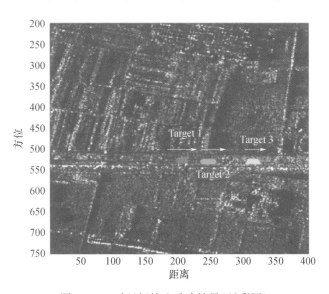

图 5-18　动目标轨迹重建结果(见彩图)

5.4　系统误差分析及校正

对于星载 SAR – GMTI 系统,尤其是多通道 SAR – GMTI 系统而言,回波误差的存在是不可避免的。根据误差来源的不同,回波误差可分为接收天线误差、接收机误差等多个方面。根据误差的影响,可划分为 SAR 成像过程误差和多通道动目标检测误差[137],表 5-1 给出了影响 GMTI 系统性能的主要误差。

表 5-1 SAR-GMTI 影响因素分类

类型	影响因素		影响
系统误差	天线方向图误差	距离向	检测
		方位向	成像、检测
	波束指向误差	距离向	检测
		方位向	成像、检测
	接收机误差	带内误差	成像、检测
		通道间幅相误差	检测

下面针对各种不同的误差,分别从误差模型、影响分析及校正方法等方面加以介绍。

5.4.1 带内频率响应误差

带内误差是指接收机的频率响应误差。在雷达接收机中,滤波器、放大器、混频器等器件的误差均会引起接收机的频率响应误差,从而导致系统处理的回波信号与理想的回波信号之间存在偏差[148]。

1. 误差建模

从频域角度对带内幅相误差建模。设距离向回波信号的频域为 $S(f)$,距离向数据接收以及脉压过程在频域可表达为

$$P(f) = [H(f) \cdot S(f)] \cdot S_{\text{ref}}(f) \quad (5-76)$$

式中:$S_{\text{ref}}(f)$ 为距离向频域匹配函数;$H(f)$ 为频率响应函数,$H(f) = |H(f)|\exp(\mathrm{j}\Psi(f))$。回波信号通过接收机后不产生畸变的条件为

$$\begin{cases} |H(f)| = a_0 \\ \Psi(f) = b_0 f \end{cases} \quad (5-77)$$

实际上,接收机系统的传递函数达不到上述要求,通常表现为简谐波动函数形式,即

$$\begin{cases} |H(f)| = a_0 + a_1 \cos(c_1 f) \\ \Psi(f) = b_0 f - b_1 \sin(c_1 f) \end{cases} \quad (5-78)$$

幅频特性围绕恒值 a_0 作余弦摆动,相频特性围绕直线 $b_0 f$ 作正弦摆动,这两种摆动的"频率"均为 c_1。如果系统输入信号及其频谱分别为 $s(t)$ 和 $S(f)$,

则输出信号 $s_o(t)$ 的频谱 $S_o(f)$ 为

$$S_o(f) = S(f)H(f) \qquad (5-79)$$

2. 影响分析

由式(5-78)和式(5-79)，将 $S_o(f)$ 变换至时域可得

$$\begin{aligned} s_o(t) = a_0 \Big\{ & J_0(b_1) s(t+b_0) + \frac{a_1}{2a_0} J_0(b_1) [s(t+b_0+c_1) + s(t+b_0-c_1)] + \\ & \sum_{n=1}^{+\infty} J_n(b_1) [s(t+b_0+nc_1) + (-1)^n s(t+b_0-nc_1)] + \\ & \frac{a_1}{2a_0} \sum_{n=1}^{+\infty} J_n(b_1) [s(t+b_0+nc_1+c_1) + (-1)^n s(t+b_0-nc_1+c_1)] + \\ & \frac{a_1}{2a_0} \sum_{n=1}^{+\infty} J_n(b_1) [s(t+b_0+nc_1-c_1) + (-1)^n s(t+b_0-nc_1-c_1)] \Big\} \end{aligned}$$

$$(5-80)$$

式中：$J_n(b_1)$ 为 n 阶第一类贝塞尔函数。回波信号含有无数组成对回波，但实际中仅有阶数较低(n 较小)的成对回波较为明显。

带内频率响应误差的存在将影响距离向线性调频函数脉压的结果，不仅会引起成对回波，还会恶化峰值旁瓣比和积分旁瓣比，需要进行校正。

3. 校正方法

带内频率响应误差校正主要有相位梯度自聚焦以及基于内定标信号的校正方法。

1) 相位梯度自聚焦

相位梯度自聚焦(Phase Gradient Autofocus, PGA)是一种无参数的自聚焦技术，对于估计线性调频信号的相位误差非常有效。设接收的回波信号为

$$s(t) = |s(t)| \exp(j(\phi(t) + \phi_e(t))) \qquad (5-81)$$

式中：$|s(t)|$ 和 $\phi(t)$ 分别为回波的幅度和相位；$\phi_e(t)$ 为系统相位误差。在 $s(t)$ 右端乘以 $\exp(-j\phi(t))$，消除直达波的相位 $\phi(t)$，得到 $y(t) = |s(t)| \exp(j\phi_e(t))$。对 $y(t)$ 求导，得到相位误差的导数 $\dot{\phi}_e(t)$，即

$$\dot{\phi}_e(t) = \frac{\text{Im}[\dot{y}(t) y^*(t)]}{|y(t)|^2} \qquad (5-82)$$

式中：$\text{Im}[c]$ 为 c 的虚部；* 为共轭。式(5-82)在最小方差的意义下是 $\dot{\phi}_e(t)$ 的最优估计，可以证明，相位梯度实际上是 $\dot{\phi}_e(t)$ 的线性无偏最小方差估计。

对 $\dot{\phi}_e(t)$ 积分,就可以得到相位误差的估计 $\hat{\phi}_e(t) = \int \dot{\phi}_e(t) dt$,将直达波信号与 $\exp(-j\hat{\phi}_e(t))$ 相乘,就可以消除估计的相位误差,即

$$s_c(t) = s(t)\exp(-j\hat{\phi}_e(t)) \tag{5-83}$$

用相位梯度算法校正宽带线性调频信号的相位误差是采取先估计相位误差然后补偿的思路,其流程如图 5-19 所示。

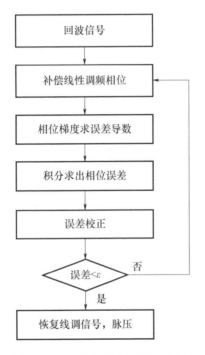

图 5-19 相位梯度自聚焦校正方法

2) 基于内定标信号的校正方法

PGA 算法是基于回波信号的相位校正方法,只有当回波是类似角反射体这样的强点目标的回波时,才能比较准确地提取误差。实际中雷达接收的信号是从地物返回的多个脉冲的叠加,这种情况下 PGA 精确提取和校正误差较为困难。

工程上常采用内定标信号来对回波信号的带内误差进行校正。内定标利用雷达系统自身的发射复制信号(参考信号)对发射功率的变化、脉冲信号特性的变化和雷达整个接收主通道增益和灵敏度的变化进行测量。

在接收机波门关闭的时候,利用宽带校正信号输入接收机前端,设校正信号频谱为 $X(f)$,经过接收机后的频谱为 $Y(f)$,由此得到接收机系统的频率响应

函数,即

$$H(f) = \frac{Y(f)}{X(f)} = A(f)\exp[j\varphi(f)] \qquad (5-84)$$

基于以上频响函数的带内误差校正可表示为

$$\widehat{s_r}(f) = \frac{s_r(f)}{H(f)} = \frac{s_r(f)}{A(f)}\exp[-j\varphi(f)] \qquad (5-85)$$

采用上述方法校正雷达回波信号后,基本可消除带内频率响应误差的影响。与 PGA 方法不同,内定标信号校正方法不需要场景中具有强散射点回波,具有更好的带内频响误差校正性能。该方法的流程图如图 5-20 所示。

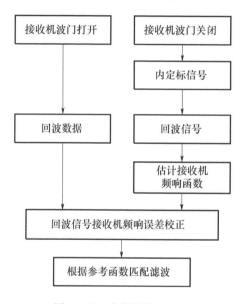

图 5-20　内定标校正方法

5.4.2　通道间幅度/相位误差

雷达的接收机包含射频、中频放大、基带、采样保持以及 A/D 转换等模块,在多通道系统下,通道间的接收机性能差异将导致通道间的频率响应误差。由于多通道杂波抑制方法需要不同通道间回波数据具有较高的一致性,因此通道间的频响误差将影响 GMTI 的性能,需要进行均衡处理。

1. 误差建模

多通道间回波数据的频率响应误差在快时间域,不考虑其他误差,回波信号经接收机之后的信号可表达为

$$\begin{cases} \hat{S}_{r,1}(f_r, t_m) = H_1(f_r) S_1(f_r, t_m) \\ \hat{S}_{r,2}(f_r, t_m) = H_2(f_r) S_2(f_r, t_m) \end{cases} \quad (5-86)$$

式中：$H_1(f_r)$，$H_2(f_r)$ 分别为接收机响应 $h_1(\hat{t})$，$h_2(\hat{t})$ 的频域函数。

以通道 1 为参考，通道 2 与参考通道的接收机响应误差可表示为

$$X_2(f_r) = \frac{H_2(f_r)}{H_1(f_r)} \quad (5-87)$$

2. 影响分析

第 m 通道回波距离向脉冲压缩处理可表示为

$$S_m(\hat{t}, t_m) = \text{IFFT}(H_m(f_r) \hat{S}_{r,m}(f_r, t_m) \text{FFT}(s_{\text{ref}}(\hat{t}))) \quad (5-88)$$

式中：$s_{\text{ref}}(\hat{t}) = \exp(-j\pi K_r \hat{t}^2)$ 为距离脉压的参考函数。

由式（5-88）可见，如果通道间的频响函数 $H_m(f_r)$ 一致，则不同通道下距离脉压后的信号 $S_m(\hat{t}, t_m)$ 完全相同；而当通道间的频响函数 $H_m(f_r)$ 存在差异时，不同通道距离脉压后的结果存在差异，集中表现为通道间的幅度/相位响应误差。这将影响系统 GMTI 处理的性能，需要进行通道均衡处理。

3. 校正方法

1）固定幅相误差

设第 m 通道相对于参考通道（以第 1 通道为例）的幅度误差 A_m、相位误差 φ_m 为固定值，即

$$X_m(f_r) = (1 + A_m) \exp(j\varphi_m) \quad (5-89)$$

由于误差不随时间变化，因此可以直接在脉冲域校正；同时由于 SAR 成像处理过程为线性系统，即通道间经过二维匹配滤波之后，误差项 $(1+A_m)\exp(j\varphi_m)$ 仍以相同的形式表现在图像域，因此可以在图像域均衡处理消除该幅相误差的影响。显然，固定幅相误差也可以在距离—方位两维频域进行补偿。不过，考虑频域均衡方法通常采用距离/方位解耦的方式，估计的固定幅相误差可能存在偏差。因此，对固定幅相误差，首先在脉冲域进行逐脉冲补偿，然后在图像域均衡校正剩余的误差。

图像域均衡处理常采用样本协方差矩阵特征分解的方法，根据大特征值对应的特征向量与误差向量一致可以均衡不同通道的数据。设成像后第 (i,j) 个像素对应的多通道数据构成的向量为

$$\boldsymbol{x}(i,j) = \sigma(i,j) \boldsymbol{\Gamma}(i,j) \boldsymbol{a}(i,j) + \boldsymbol{n} \quad (5-90)$$

式中：$\sigma(i,j)$ 为该像素点的幅度；$\boldsymbol{a}(i,j)$ 为导向矢量；$\boldsymbol{n}$ 为噪声分量；$\boldsymbol{\Gamma}(i,j) = \text{diag}[1, \varepsilon_2 e^{j\phi_2}, \cdots, \varepsilon_m e^{j\phi_m}, \cdots, \varepsilon_n e^{j\phi_n}]$ 为误差矩阵；ε_m, ϕ_m 分别为通道 m 相对于通

道 1 的幅度和相位误差。

设 $x(i,j)$ 的协方差矩阵为 $R(i,j)$（实际常采用样本协方差矩阵替代），其最大特征值对应的特征向量 u 与 $\Gamma(i,j)a(i,j)$ 一致，因此将 $x(i,j)$ 中各个元素除以 u 的对应元素可以完成通道间均衡处理。

2）非固定的幅相误差

在通道间的幅度误差、相位误差不为固定值时，则需要将数据变换至二维频率进行均衡，即

$$S_1(f_r,f_a) = X_2(f_r)S_2(f_r,f_a) \tag{5-91}$$

以最小二乘均方误差为目标函数可计算均衡函数 $X_2(f_r)$，即

$$\min_{H(f_r)} \int |S_1(f_r,f_a) - X_2(f_r)S_2(f_r,f_a)|^2 df_a$$
$$\Downarrow \tag{5-92}$$
$$\widehat{X}_2(f_r) = \frac{\int |S_1(f_r,f_a)S_2^*(f_r,f_a)| df_a}{\int |S_2^2(f_r,f_a)| df_a}$$

进而有频响误差均衡过程为 $\widehat{S}_1(f_r,f_a) = \widehat{X}_2(f_r)S_2(f_r,f_a)$。

综上所述，通道间幅相误差均衡的流程图如图 5-21 所示。

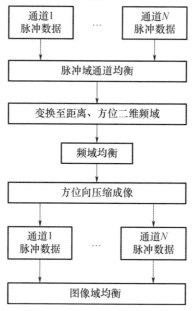

图 5-21 通道间幅相误差均衡

5.4.3 通道间空域误差

通道间空域误差可分为方位向方向图误差、俯仰向方向图误差以及相应的波束指向误差。在实际的 SAR 系统中,天线内部的硬件电路受温度和其他一些自然因素的影响[149],导致雷达天线在移动过程中方向图及波束指向不断变化,这里认为旁瓣区不一致所导致的影响可忽略,主要是主瓣区的差异。此外,天线安装过程也可能引入通道间的空域误差。

1. 误差建模

1)俯仰方向图误差

不同通道间俯仰方向图的误差将导致同一距离门信号的回波幅度存在差异。设天线俯仰方向图为距离门的函数 $a_r(u(i))$,i 为距离门序号,$\beta = u(i)$ 为该距离门对应的下视角,则对于同一距离门上散射单元,不同通道下的回波信号可表示为

$$\widehat{s}_{r,m}(\hat{t}, t_m) = a_{r,m}(u(i)) s_{r,m}(\hat{t}, t_m) \tag{5-93}$$

以通道 1 为参考,则其他通道的回波信号可表示为

$$\begin{cases} \widehat{s}_{r,m}(\hat{t}, t_m) = E_{r,m}(u(i)) \widehat{s}_{r,1}(\hat{t}, t_m) \\ E_{r,m}(u(i)) = \dfrac{a_{r,m}(u(i))}{a_{1,m}(u(i))} = A_{m,i} \mathrm{e}^{\mathrm{j}\phi_{m,i}} \end{cases} \tag{5-94}$$

2)方位向方向图误差

方位向方向图误差与方位向角度相对应,因此也与各个多普勒频率相对应。设通道 m 的方位向方向图为 $g_{a,m}(u(t_m))$,$\varphi = u(t_m)$ 为方位角,则该通道对应某一像素点的回波信号为

$$\widehat{s}_{r,m}(\hat{t}, t_m) = g_{a,m}(u(t_m)) s_{r,m}(\hat{t}, t_m) \tag{5-95}$$

以通道 1 为参考,则其他通道的回波信号可表示为

$$\begin{cases} \widehat{s}_{r,m}(\hat{t}, t_m) = E_{a,m}(u(t_m)) \widehat{s}_{r,1}(\hat{t}, t_m) \\ E_{a,m}(u(t_m)) = \dfrac{g_{a,m}(u(t_m))}{g_{a,1}(u(t_m))} \end{cases} \tag{5-96}$$

3)波束指向误差

通道间的波束固定指向误差来自天线安装过程,在进行精确校正后一般较小。俯仰方向上的固定波束指向误差将造成通道间的俯仰方向图整体的偏移,即

$$\widehat{s}_{r,m}(\hat{t}, t_m) = a_r(u(i) - \beta_m) s_{r,m}(\hat{t}, t_m) \tag{5-97}$$

式中：$a_r(\cdot)$ 为各通道在理想情况下的共同俯仰方向图；$\beta = u(i)$ 表示第 i 个距离门的下视角；β_m 为通道 m 与参考通道的固定俯仰波束指向误差。

在方位向上表现在通道间固定的方向图角度偏移，即

$$\widehat{s}_{r,m}(\hat{t}, t_m) = g_a(u(t_m) - \varphi_m) s_{r,m}(\hat{t}, t_m) \tag{5-98}$$

式中：$g_a(\cdot)$ 为各通道在理想情况下的共同方位向方向图；φ_m 为通道 m 与参考通道的固定方位向波束中心指向误差。

2. 影响分析

1）俯仰方向图影响

俯仰方向图造成同一距离门的回波数据在通道间存在差异，相当于乘上了固定的幅度和相位误差，因此该项误差并不影响二维压缩效果。但是该误差随着距离门缓变，影响多通道杂波抑制的效果，需要进行补偿。

2）方位向方向图误差

经过距离向压缩后，变换至方位向频域的数据为

$$\widehat{s}_{c,m}(\hat{t}, f_a) = G_m(f_a) s_{c,m}(\hat{t}, f_a) \tag{5-99}$$

式中：$G_m(f_a)$ 为方向图在频域的函数。对式（5-99）进行方位向脉冲压缩，即

$$\widehat{s}_{i,m}(\hat{t}, t_m) = \text{IFFT}[G_m(f_a) s_{c,m}(\hat{t}, f_a) s_{\text{ref}}(f_a)] \tag{5-100}$$

式中：$s_{\text{ref}}(f_a)$ 为方位向参考函数的频域表达。由于方向图的频域函数 $G_m(f_a)$ 随通道 m 变化，不同通道的成像结果存在差异，将影响通道间图像的相干性。

3）波束指向误差

固定的通道间俯仰波束指向误差将造成不同通道的俯仰方向图沿距离向偏移，进而使得不同通道下的同一距离门回波数据功率存在差异。

固定的通道间方位向波束指向误差将造成的多普勒中心偏移 $f_{ac,m} = 2V_a/\lambda \cos\varphi_m$，由于通道间 φ_m 的差异，回波的多普勒中心存在固定的偏移。

3. 校正方法

1）俯仰方向图误差

俯仰方向图误差等同于沿距离向的通道间幅相误差，可在二维频域进行均衡，具体校正方法与通道间幅相误差相同，这里不再叙述。

2）方位向方向图误差

以两通道系统为例给出校正方法。将距离压缩后的回波数据变换至二维频率域，忽略由通道间距造成的固定相位项，则有

$$\begin{cases} \widehat{S}_1(f_r, f_a) = G_1(f_a) S_1(f_r, f_a) \\ \widehat{S}_2(f_r, f_a) = G_2(f_a) S_2(f_r, f_a) \end{cases} \tag{5-101}$$

根据式(5-101)有

$$\frac{\widehat{S}_1(f_r,f_a)}{\widehat{S}_2(f_r,f_a)} = \frac{G_1(f_a)}{G_2(f_a)} = G(f_a) \quad (5-102)$$

以最小二乘均方根误差为目标函数求解补偿函数 $G(f_a)$，即

$$\min_{G(f_a)} \int |S_1(f_r,f_a) - G(f_a)S_2(f_r,f_a)|^2 df_r \quad (5-103)$$

求偏导可得

$$G(f_a) = \frac{\int |S_1(f_r,f_a)S_2^*(f_r,f_a)| df_r}{\int |S_2^2(f_r,f_a)| df_r} \quad (5-104)$$

因此有均衡过程 $S_1(f_r,f_a) = S_2(f_r,f_a)G(f_a)$。由于天线方向图误差和频响误差均是在二维频域进行，则两个均衡过程可以同时进行。同样目标函数采用最小二乘均方根误差准则，即

$$\min_{G(f_a)H(f_r)} \int\int |S_1(f_r,f_a) - G(f_a)H(f_r)S_2(f_r,f_a)|^2 df_r df_a$$

$$\Downarrow$$

$$\begin{cases} G(f_a) = \dfrac{\int |H(f_r)S_1(f_r,f_a)S_2^*(f_r,f_a)| df_r}{\int |H(f_r)S_2(f_r,f_a)|^2 df_r} \\ H(f_r) = \dfrac{\int |G(f_a)S_1(f_r,f_a)S_2^*(f_r,f_a)| df_a}{\int |G(f_a)S_2(f_r,f_a)|^2 df_a} \end{cases} \quad (5-105)$$

由于两个均衡函数互相依赖，因此通常采用如下迭代方法得到近似最优解，即

$$\begin{cases} S_2^{n+1}(f_r,f_a) = S_2^n(f_r,f_a) \dfrac{\int |S_1^*(f_r,f_a)S_2^n(f_r,f_a)| df_r}{\int |S_2^n(f_r,f_a)|^2 df_r} \\ S_2^{n+2}(f_r,f_a) = S_2^{n+1}(f_r,f_a) \dfrac{\int |S_1^*(f_r,f_a)S_2^{n+1}(f_r,f_a)| df_a}{\int |S_2^{n+1}(f_r,f_a)|^2 df_a} \end{cases} \quad (5-106)$$

3）波束指向误差

俯仰向上的固定波束中心指向误差对不同距离门回波信号的影响类似于通道间幅相误差的影响，因此可在二维频域均衡。

方位向上的固定波束中心指向误差造成不同通道间回波的多普勒中心偏移。由于偏移量固定,不同通道的图像相当于沿方位向移动,在误差较小时,对整幅场景图像的影响可忽略,否则需要在数据域校正回波信号的多普勒中心。

综上,通道间的空域误差校正流程图如图5-22所示。

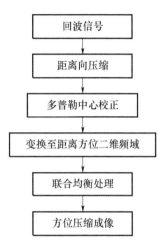

图5-22 空域误差校正方法

近年来,国内外深入开展了星载地面运动目标检测技术的理论研究和仿真分析,同时在一些机载试验中开展了应用并取得了良好的效果,技术性能得到了初步验证。但与此同时还存在很多待解决的问题,如星载条件下的杂波特性差异引起的算法适应性问题、远距离探测条件下的动目标定位精度问题以及建立精确的运动目标航迹问题等,均有待于相关领域的专家学者们开展深入研究。

第 6 章
中高轨星载合成孔径雷达成像技术

目前在轨的 SAR 卫星,多为低轨道 SAR(Low Earth Orbit SAR,LEO SAR),轨道高度通常在 500~1000km[150]。由于轨道高度的限制,可覆盖区域小,重复观测周期长,在很大程度上限制了其应用,LEO SAR 已越来越难以全面满足高空间分辨率的连续侦察监视需求。

解决上述问题的一种有效的途径就是将 SAR 卫星的轨道升至中高轨道。相对于 LEO SAR,中高轨道 SAR(Middle Earth Orbit SAR,MEO SAR)轨道高度在 1000~20000km 之间,对某一特定区域的重访周期短,观测范围宽[151-152]。若轨道高度进一步升高到 20000km 以上,即高轨道 SAR,其重访周期将更短,对地观测范围将更宽。最具有代表性的是轨道高度约为 36000km 的地球同步轨道 SAR(Geostationary Earth Orbit SAR,GEO SAR)[153]。GEO SAR 较 LEO SAR 有较大优势,但其功率消耗高、体积较大且发射成本较高,工程实现较为困难。

因此在现有技术条件下,为了同时满足持续观测与大幅宽覆盖,实现高分辨率宽测绘带对地/对海观测、战场侦察、灾害监控、环境监控等任务,中高轨道 SAR 是一种较为合适的折中体制。近几年,国内外对中高轨道 SAR 掀起了广泛的研究热潮[154-155]。

然而,轨道的升高和卫星速度的降低,MEO SAR 具有与 LEO SAR 不同的特性。由于 MEO SAR 合成孔径时间较长,曲线运动轨迹对成像的影响不能忽略,常规 LEO SAR 成像处理中基于直线轨迹模型的成像算法已经难以完成目标的精确聚焦。除了对地面固定目标聚焦成像难度增加以外,MEO SAR 对大面积海洋区域内的舰船目标成像也存在较大的难度。相对于地面固定目标,舰船目标在海洋上存在自身的航向运动,同时受洋流的影响,还存在自身的转动。这些非合作运动都将影响对舰船目标的聚焦成像,并且合成孔径时间越长,难度越大。

因此,研究中高轨条件下地面固定目标以及海面运动舰船成像技术具有较大意义,也是当前 SAR 成像处理的一个重大挑战。本章主要从中高轨 SAR 回波模型及多普勒特性对 SAR 回波进行了分析,并基于谱特性介绍中高轨 SAR 成像方法。对海面舰船目标,主要从舰船目标的多普勒特性、成像技术以及舰船检测等方面展开介绍。

6.1 中高轨 SAR 回波信号模型

6.1.1 中高轨 SAR 距离模型

MEO SAR 的成像几何如图 6-1(a)所示,卫星平台以曲线轨迹沿其轨道运行。设 t_m 为方位时间,通过对星地斜距矢量在孔径中心 $t_m = 0$ 处做泰勒级数展开并保留至四次项,得到 MEO SAR 真实运动轨迹下的斜距高阶近似式为

$$R(t_m) = R + Vt_m + \frac{1}{2}At_m^2 + \frac{1}{6}Bt_m^3 + \frac{1}{24}Ct_m^4 \qquad (6-1)$$

式中:R,V,A,B 和 C 分别为孔径中心处目标与天线相位中心的相对距离矢量、相对速度矢量、相对加速度矢量、相对加速度的变化率矢量、相对加速度变化率的变化率矢量。

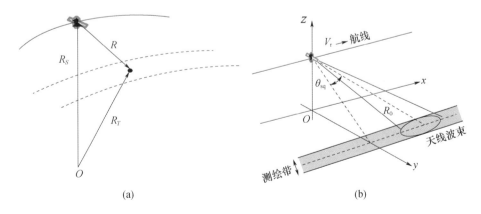

图 6-1 MEO SAR 真实成像几何与直线运动轨迹模型

(a)真实成像几何;(b)直线运动轨迹模型。

对 $R(t_m)$ 在参考距离 R_0 处进行泰勒展开,得[156]

$$R(t_m) = R_0 + k_1 t_m + k_2 t_m^2 + k_3 t_m^3 + k_4 t_m^4 + \cdots \qquad (6-2)$$

式(6-2)的斜距方程对实际斜距历程进行了多阶逼近,可以将其视为 MEO SAR 的真实斜距历程。中高轨 SAR 距离模型,如传统双曲线距离模型、改进双曲线距离模型及高阶修正双曲线距离模型等,均是对式(6-2)进行不同程度的逼近,以实现不同条件下的高精度成像。

1. 传统双曲线距离模型

传统双曲线距离模型(Conventional Hyperbolic Range Model,CHRE)源于机载 SAR 运动几何,如图 6-1(b)所示,具有物理含义清晰、解析频谱简洁精确、算法实现方便等优点,广泛应用于机载 SAR 成像算法。CHRE 包含雷达速度和斜视角两个模型参数。实践证明,只要利用多普勒参数对 CHRE 模型参数进行反算,CHRE 就能够很好地描述低轨 SAR 轨道运动和地球自转效应。因此,CHRE 也是目前低轨 SAR 成像算法中普遍使用的距离模型。

该模型下的斜距表达式即双曲线距离方程为

$$R(t_m) = \sqrt{V_r^2 t_m^2 + R_0^2 - 2 V_r t_m R_0 \sin\theta_{sq}} \qquad (6-3)$$

式中:V_r 为等效雷达速度;θ_{sq} 为等效斜视角。将式(6-3)进行泰勒展开并保留至二次项,得

$$R(t_m) \approx R_0 - V_r \sin\theta_{sq} t_m + \frac{V_r^2 \cos^2\theta_{sq}}{2R_0} t_m^2 \qquad (6-4)$$

其多普勒历程为

$$f_a(t_m) = -\frac{2}{\lambda}\left[\frac{\mathrm{d}R(t_m)}{\mathrm{d}t_m}\right]$$

$$\approx \frac{2V_r \sin\theta_{sq}}{\lambda} - \left(\frac{2V_r^2 \cos^2\theta_{sq}}{\lambda R_0}\right)t_m = f_{dc} - f_{dr} t_m \qquad (6-5)$$

式中:λ 为雷达波长;常数项 f_{dc} 为多普勒中心频率;线性项系数 f_{dr} 为方位多普勒调频率。

将式(6-4)和式(6-2)进行比较,得到如下含有两个未知数的方程组,即

$$\begin{cases} k_1 = -V_r \sin\theta_{sq} \\ k_2 = \dfrac{V_r^2 \cos^2\theta_{sq}}{2R_0} \end{cases} \qquad (6-6)$$

求解式(6-6)方程组,可以得到双曲线距离方程中的等效雷达速度 V_r 和等效斜视角 θ_{sq} 为

$$V_r = \sqrt{k_1^2 + 2R_0 k_2} = \sqrt{\left(\frac{\lambda f_{\text{dc}}}{2}\right)^2 - \frac{\lambda R_0 f_{\text{dr}}}{2}} \qquad (6-7)$$

$$\theta_{\text{sq}} = \arcsin\left(-\frac{k_1}{V_r}\right) = \arcsin\left(\frac{\lambda f_{\text{dc}}}{2V_r}\right) \qquad (6-8)$$

在 LEO SAR 中,轨道高度低,合成孔径时间短,通常利用双曲线距离方程带来的相位误差小于 0.25π,该距离方程在 LEO SAR 成像中得到了广泛应用。

但是,双曲线距离方程只有两个自由度,仅仅能够对真实斜距历程实现二阶精确逼近,缺乏对三次及三次以上项补偿能力。随着轨道高度的升高,对于 MEO SAR,合成孔径时间将增长,未补偿的三次项与四次项将会严重影响二维频谱的精度。因此对于 MEO SAR,为了获得良好聚焦的图像,需要更为精确的斜距模型,从而得到更高精度的补偿能力。

2. 改进双曲线距离模型

双曲线距离方程的主要缺点是未补偿三次和四次项,文献[157-159]提出了一种改进双曲线距离方程(Advanced Hyperbolic Range Model,AHRE),即

$$R(t_m) = \sqrt{V_r^2 t_m^2 + R_0^2 - 2V_r t_m R_0 \sin\theta_{\text{sq}}} + \alpha t_m \qquad (6-9)$$

AHRE 模型包括 CHRE 和残余线性分量 αt_m 两部分,通过引入额外的线性项 αt_m 对三次项进行补偿,从而实现对 MEO SAR 真实斜距历程的三阶精确逼近。

AHRE 的多普勒历程为

$$f_a(t_m) = -\frac{2}{\lambda}\left[\frac{dR(t_m)}{dt_m}\right]$$

$$= \frac{2(V_r \sin\theta_{\text{sq}} - \alpha)}{\lambda} - \left(\frac{2V_r^2 \cos^2\theta_{\text{sq}}}{\lambda R_0}\right)t_m + \left(\frac{3V_r^3 \sin\theta_{\text{sq}}\cos^2\theta_{\text{sq}}}{\lambda R_0^2}\right)t_m^2 + \cdots \qquad (6-10)$$

式中:常数项和线性项系数对应多普勒中心频率和方位调频率。二次项系数称为多普勒二次调频率 f_{d2r},该系数可以通过雷达波束指向等参数进行估计。

将式(6-10)和式(6-5)进行比较,得到如下含有三个未知数的方程组,即

$$\begin{cases} k_1 = \alpha - V_r \sin\theta_{\text{sq}} \\ k_2 = \dfrac{V_r^2 \cos^2\theta_{\text{sq}}}{2R_0} \\ k_3 = \dfrac{V_r^3 \cos^2\theta_{\text{sq}} \sin\theta_{\text{sq}}}{2R_0^2} \end{cases} \qquad (6-11)$$

求解式(6-11),得到 V_r、θ_{sq}、α 的表达式分别为

$$V_r = \sqrt{\left(\frac{R_0 k_3}{k_2}\right)^2 + 2R_0 k_2} = \sqrt{\left(\frac{2R_0 f_{d2r}}{3f_{dr}}\right)^2 - \frac{\lambda R_0 f_{dr}}{2}} \qquad (6-12)$$

$$\theta_{sq} = \arcsin\left(\frac{R_0 k_3}{V_r k_2}\right) = \arcsin\left(\frac{2R_0 f_{d2r}}{3V_r f_{dr}}\right) \qquad (6-13)$$

$$\alpha = k_1 + \frac{k_3}{k_2} R_0 = -\frac{\lambda f_{dc}}{2} + \frac{2R_0 f_{d2r}}{3f_{dr}} \qquad (6-14)$$

对比 AHRE 和 CHRE 可以发现,当 α 为零时,AHRE 即退化为 CHRE。

3. 高阶修正双曲线距离模型

AHRE 通过引入三次项对真实斜距历程进行了更精确的逼近。但对于 MEO SAR 一些较高分辨率的成像条件,还需要对四次项进行补偿。

为了得到适用范围更广的距离方程,首先必须要对真实斜距历程进行高阶逼近,而且需要尽可能使得基于该距离方程的二维频谱保持闭合的解析形式,从而方便成像算法的设计。基于以上两点考虑,参考文献[160]提出高阶修正双曲线距离模型(High-order Advanced Hyperbolic Range Equation,HAHRE),用一个包含一个线性项与一个四次项的算子去补偿真实斜距与双曲线距离方程之间的误差。

高阶修正双曲线距离方程可以表示为

$$R(t_m) = \sqrt{V_r^2 t_m^2 + R_0^2 - 2V_r t_m R_0 \sin\theta_{sq}} + \alpha t_m + \beta t_m^4 \qquad (6-15)$$

式中:α,β 分别为所用算子的一次项与四次项系数。在式(6-15)中,有四个参数需要确定,即 V_r,θ_{sq},α 及 β。对式(6-15)在 $t_m=0$ 方位时刻进行泰勒级数展开保留到四次项,得

$$R(t_m) \approx R_0 + (\alpha - V_r \sin\theta_{sq}) t_m + \frac{V_r^2 \cos^2\theta_{sq}}{2R_0} t_m^2 + \frac{V_r^3 \cos^2\theta_{sq} \sin\theta_{sq}}{2R_0^2} t_m^3 +$$

$$\left[\frac{V_r^4 \cos^2\theta_{sq}(4\sin^2\theta_{sq} - \cos^2\theta_{sq})}{8R_0^3} + \beta\right] t_m^4 \qquad (6-16)$$

由此得到如下含有四个未知数的方程组,即

$$\begin{cases} k_1 = \alpha - V_r \sin\theta_{sq} \\ k_2 = \dfrac{V_r^2 \cos^2\theta_{sq}}{2R_0} \\ k_3 = \dfrac{V_r^3 \cos^2\theta_{sq} \sin\theta_{sq}}{2R_0^2} \\ k_4 = \dfrac{V_r^4 \cos^2\theta_{sq}(4\sin^2\theta_{sq} - \cos^2\theta_{sq})}{8R_0^3} + \beta \end{cases} \qquad (6-17)$$

求解式(6-17)方程组,得到 V_r、θ_{sq}、α 与 β 的表达式分别为

$$V_r = \sqrt{\left(\frac{R_0 k_3}{k_2}\right)^2 + 2R_0 k_2} = \sqrt{\left(\frac{2R_0 f_{d2r}}{3f_{dr}}\right)^2 - \frac{\lambda R_0 f_{dr}}{2}} \quad (6-18)$$

$$\theta_{sq} = \arcsin\left(\frac{R_0 k_3}{V_r k_2}\right) = \arcsin\left(\frac{2R_0 f_{d2r}}{3V_r f_{dr}}\right) \quad (6-19)$$

$$\alpha = k_1 + \frac{k_3}{k_2} R_0 = -\frac{\lambda f_{dc}}{2} + \frac{2R_0 f_{d2r}}{3f_{dr}} \quad (6-20)$$

$$\beta = k_4 - \frac{V_r^4 \cos^2\theta_{sq}(4\sin^2\theta_{sq} - \cos^2\theta_{sq})}{8R_0^3}$$

$$= k_4 - \frac{\lambda^3}{32R^2} f_{dr}\left(2f_{dc} - \frac{R_0}{\lambda} f_{dr}\right) \quad (6-21)$$

上面所给出的高阶修正双曲线距离方程,当 α 和 β 为零时,将简化为 CHRE 模型,这表明高阶修正双曲线距离方程更具有一般性,能同时满足 LEO SAR 和 MEO SAR 的成像要求。从本质上说,由于高阶修正双曲线距离方程增加了 α 和 β 两个参数,获得了额外的两个自由度,故其可以对真实斜距历程进行精确的四阶逼近,因此更能体现 MEO SAR 真实的运动几何关系。

6.1.2 中高轨 SAR 回波多普勒分析

由于频域处理较时域处理拥有更高的运算效率,下面对基于高阶修正双曲线距离方程的目标二维频谱进行推导。

假设雷达发射带宽为 B_r、载频为 f_c 的线性调频信号,则点目标的回波基带信号可表示为

$$s(\hat{t}, t_m) = a_r\left(\hat{t} - \frac{2R(t_m)}{c}\right) a_a(t_m) \exp\left\{j\pi\gamma\left[\hat{t} - \frac{2R(t_m)}{c}\right]^2\right\} \cdot$$

$$\exp\left\{-j\pi \frac{4R(t_m)}{\lambda}\right\} \quad (6-22)$$

式中:$a_r(\hat{t})$、$a_a(t_m)$ 分别为雷达线性调频信号的距离窗函数和方位窗函数;γ 为调频率;$\hat{t}$ 为快时间;c 为光速。

对式(6-22)做距离向 FFT 变换到距离频率域,得

$$S(f_r, t_m) = a_r(f_r) a_a(t_m) \exp\left\{-j\pi \frac{f_r^2}{\gamma}\right\} \exp\left\{-j\pi \frac{4(f_r + f_c) R(t_m)}{c}\right\} \quad (6-23)$$

式中:f_r 为距离频率;$a_r(f_r)$ 为距离谱包络。对式(6-23)再做方位向 FFT 得

$$S(f_r,f_a) = a_r(f_r)\exp\left\{-j\pi\frac{f_r^2}{\gamma}\right\}\int a_a(t_m)\phi(f_r,t_m)dt_m \quad (6-24)$$

其中,傅里叶积分中的相位项可以表示为

$$\phi(f_r,t_m) = -\frac{4\pi(f_c+f_r)}{c}(\sqrt{V_r^2 t_m^2 + R_0^2 - 2V_r t_m R_0 \sin\theta_{sq}} + \alpha t_m + \beta t_m^4) - 2\pi f_a t_m \quad (6-25)$$

为了得到式(6-24)所示的二维频谱,需要求解 $\phi(f_r,t_m)$ 的驻相点,本节介绍基于级数反演[161]的频谱展开法,通过级数反演法可以求解该类驻相点,从而得到级数展开形式的频谱相位项。

级数反演是一种适用于载体复杂飞行条件下的SAR二维谱推导方法。文献[162]对使用级数反演法推导SAR两维频谱的过程有详细的论述。

按泰勒级数将斜距 $R(t_m)$ 展开为 t_m 的幂级数,并保留到四次项,结合式(6-2)、式(6-16),可得

$$R(t_m) = R_0 + k_1 t_m + k_2 t_m^2 + k_3 t_m^3 + k_4 t_m^4 \quad (6-26)$$

回波信号的二维频谱表达式为

$$S(f_r,f_a) = a_r(f_r)a_a(f_a)\exp\left[-j\pi\frac{f_r^2}{\gamma}\right]\exp[j\varphi(f_r,f_a)] \quad (6-27)$$

$$\varphi(f_r,f_a) = -l_1(f_r+f_c) + l_2\frac{1}{(f_r+f_c)}\left(f_a+(f_r+f_c)\frac{k_1}{c}\right)^2 +$$

$$l_3\frac{1}{(f_r+f_c)^2}\left(f_a+(f_r+f_c)\frac{k_1}{c}\right)^3 + l_4\frac{1}{(f_r+f_c)^3}\left(f_a+(f_r+f_c)\frac{k_1}{c}\right)^4$$

$$(6-28)$$

式中: $l_1 = 2\pi\dfrac{R_0}{c}$; $l_2 = \pi\dfrac{c}{2k_2}$; $l_3 = \pi\dfrac{c^2 k_3}{4k_2^3}$; $l_4 = \pi\dfrac{c^3(9k_3^2 - 4k_2 k_4)}{32k_2^5}$; $a_a(f_a)$ 为方位谱包络。

将式(6-28)中的相位项展开为 f_r 的幂级数并保留至三次项,得

$$\varphi(f_r,f_a) = \varphi_0(f_a;R_0) + \varphi_1(f_a;R_0)f_r + \varphi_2(f_a;R_0)f_r^2 + \varphi_3(f_a;R_0)f_r^3 \quad (6-29)$$

$$\varphi_0(f_a;R_0) = f_c\left[-l_1 + \left(\frac{k_1}{c}\right)^2 l_2 + \left(\frac{k_1}{c}\right)^3 l_3 + \left(\frac{k_1}{c}\right)^4 l_4\right] +$$

$$\left[2\frac{k_1}{c}l_2 + 3\left(\frac{k_1}{c}\right)^2 l_3 + 4\left(\frac{k_1}{c}\right)^3 l_4\right]f_a +$$

$$\frac{1}{f_c}\left[l_2 + 3\frac{k_1}{c}l_3 + 6\left(\frac{k_1}{c}\right)^2 l_4\right]f_a^2 +$$

$$\frac{1}{f_c^2}\Big[l_3 + 4\frac{k_1}{c}l_4\Big]f_a^3 + \frac{1}{f_c^3}l_4 f_a^4 \qquad (6-30)$$

$$\varphi_1(f_a;R_0) = \Big[-l_1 + \Big(\frac{k_1}{c}\Big)^2 l_2 + \Big(\frac{k_1}{c}\Big)^3 l_3 + \Big(\frac{k_1}{c}\Big)^4 l_4\Big] +$$

$$\frac{1}{f_c^2}\Big[-l_2 - 3\frac{k_1}{c}l_3 - 6\Big(\frac{k_1}{c}\Big)^2 l_4\Big]f_a^2 +$$

$$\frac{1}{f_c^3}\Big[-2l_3 - 8\frac{k_1}{c}l_4\Big]f_a^3 - 3\frac{1}{f_c^4}l_4 f_a^4 \qquad (6-31)$$

$$\varphi_2(f_a;R_0) = \frac{1}{f_c^3}\Big[l_2 + 3\frac{k_1}{c}l_3 + 6\Big(\frac{k_1}{c}\Big)^2 l_4\Big]f_a^2 +$$

$$\frac{1}{f_c^4}\Big[3l_3 + 12\frac{k_1}{c}l_4\Big]f_a^3 + 6\frac{1}{f_c^5}l_4 f_a^4 \qquad (6-32)$$

$$\varphi_3(f_a;R_0) = \frac{1}{f_c^4}\Big[-l_2 - 3\frac{k_1}{c}l_3 - 6\Big(\frac{k_1}{c}\Big)^2 l_4\Big]f_a^2 +$$

$$\frac{1}{f_c^5}\Big[-4l_3 - 16\frac{k_1}{c}l_4\Big]f_a^3 - 10\frac{l_4}{f_c^6}f_a^4 \qquad (6-33)$$

将式(6-29)进一步展开,可以近似得

$$\varphi(f_r,f_a) \approx -\frac{4\pi R_0 \cos\theta_{sq}}{\lambda}D(f_a,R_0) - 2\pi f_a \frac{R_0 \sin\theta_{sq}}{V_r} -$$

$$2\pi f_r\Big[\frac{2R_0 \cos\theta_{sq}E(f_a,R_0)}{cD(f_a,R_0)} + \frac{2R_0 \sin\theta_{sq}\alpha}{cV_r}\Big] - \frac{\pi f_r^2}{k_m(f_a,R_0)} - \frac{\pi f_r^3}{k_t(f_a,R_0)} \qquad (6-34)$$

$$\frac{1}{k_m(f_a,R_0)} = \frac{1}{k_r} - \frac{cR_0 \cos\theta_{sq}f_a^2}{2V_r^2 f_c^3 D^3(f_a,R_0)} \qquad (6-35)$$

$$\frac{1}{k_t(f_a,R_0)} = -\frac{cR_0 \cos\theta_{sq}f_a^2 E(f_a,R_0)}{2V_r^2 f_c^4 D^5(f_a,R_0)} \qquad (6-36)$$

$$\begin{cases} D = \sqrt{1 - \Big(\frac{cf_a}{2V_r f_c} + \frac{\alpha}{V_r}\Big)^2} \\ E = 1 - \frac{\alpha}{V_r}\Big(\frac{cf_a}{2V_r f_c} + \frac{\alpha}{V_r}\Big) \\ F = 1 - \Big(\frac{\alpha}{V_r}\Big)^2 \end{cases} \qquad (6-37)$$

从式(6-29)可以看出,中轨 SAR 回波信号二维频谱中的每一项都具有随

R_0 的空变性。进一步对式(6-29)分析,可知:

(1) $\varphi_0(f_a;R_0)$ 与距离频率 f_r 无关,该项体现了方位向的信号调制;

(2) $\varphi_1(f_a;R_0)$ 为关于距离频率 f_r 的一次项,该项体现了目标存在的距离徙动;

(3) $\varphi_2(f_a;R_0)$ 为关于距离频率 f_r 的二次项,该项为二次距离压缩项;

(4) $\varphi_3(f_a;R_0)$ 为关于距离频率 f_r 的三次项,体现了距离和方位耦合。

根据以上分析,下面对距离频率 f_r 的二次项和三次项随距离的空变性进行分析。设场景中心处的距离为 R_s,距离变化量为 ΔR,则 $R_0 = R_s + \Delta R$。假设系统工作于 C 波段,轨道高度为 7000km。图 6-2 为 2m 分辨率、100km 距离幅宽时 $\varphi_2(f_r,f_a)$,$\varphi_3(f_r,f_a)$ 与其中心点相位的相位差随 ΔR 的变化曲线。由图 6-2 可知,在 100km 的测绘带宽内,三次相位项 $\varphi_3(f_r,f_a)$ 与其中心点相位的相位差随 ΔR 的变化量大于 0.25π,因此需要考虑其空变性加以补偿。而距离频率的二次项 $\varphi_2(f_r,f_a)$ 与其中心点相位的相位差随 ΔR 的变化范围远远超过了 0.25π,空变性严重。因此,在算法设计的时候,必须针对性地进行不同阶次的相位补偿。

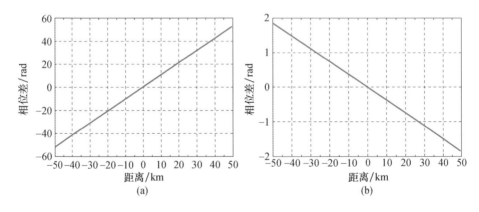

图 6-2 相位差随 ΔR 变化曲线

(a) $\varphi_2(f_r,f_a)$ 相位差随 ΔR 变化曲线;(b) $\varphi_3(f_r,f_a)$ 相位差随 ΔR 变化曲线。

图 6-3 为 10m 分辨率、800km 距离幅宽时 $\varphi_2(f_r,f_a)$,$\varphi_3(f_r,f_a)$ 与其中心点相位的相位差随 ΔR 的变化曲线。当分辨率下降时,三次相位项的距离空变性降低,如图 6-3 所示,三次相位误差的空变可忽略,但二次项相位误差依然很严重,在算法设计时不可忽略。

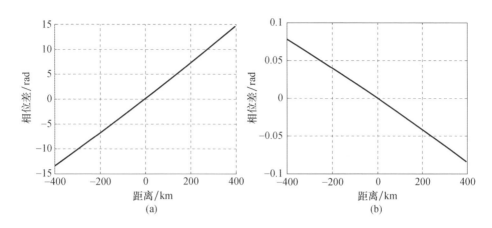

图 6-3 相位差随 ΔR 变化曲线

(a) $\varphi_2(f_r,f_a)$ 相位差随 ΔR 变化曲线;(b) $\varphi_3(f_r,f_a)$ 相位差随 ΔR 变化曲线。

6.2 中高轨 SAR 成像技术

在星载 SAR 成像中通过引入等效雷达速度和等效斜视角将星载 SAR 运动轨迹用一个合适的直线运动轨迹来近似,这种近似在 LEO SAR 成像中引入的误差较小,较为精确,并且得到了广泛应用。对于 MEO SAR 系统而言,由于中轨轨道的弯曲以及信号空变特性的存在,传统的基于双曲线模型的成像算法(如经典的 CS 算法[163]、RMA 算法[164]等)均存在误差,需要采用更精确的距离模型以及相匹配的成像算法。

6.2.1 MEO 低分辨率成像算法

根据以上分析,当 MEO SAR 侧重于大面积覆盖时,成像分辨率相对较低,此时二次压缩项与三次项的空变性可近似忽略,可以用场景中心距离处的相位值进行补偿,在成像处理中仅需要考虑距离徙动的空变性即可,从而简化算法。

本节介绍一种基于 CZT[165] 的成像处理方法。该算法将信号的二维频谱分解为与场景中心距离有关的部分和与距离变化量有关的部分,首先完成与场景中心距离有关部分的聚焦,再利用 CZT 变换校正随距离变化空变的距离徙动,算法流程相对清晰简洁,满足低分辨率条件下的聚焦成像。

基于 CZT 的成像处理过程如下。

1. SRC 项与三次项补偿

对回波信号做二维 FFT，用以下的相位因子 H_1 补偿 SRC 项与三次项，即

$$H_1(f_r, f_a; R_s) = \exp\left[-j(\varphi_2(f_a; R_s)f_r^2 + \varphi_3(f_a; R_s)f_r^3)\right] \quad (6-38)$$

不考虑信号的幅度项，补偿后的信号频谱为

$$S(f_r, f_a) = a_r(f_r)a_a(f_a)\exp\left[-j\pi\frac{f_r^2}{\gamma}\right] \cdot \exp\left[j(\varphi_0(f_a; R_0) + \varphi_1(f_a; R_0)f_r)\right] \quad (6-39)$$

2. 距离脉压及非空变徙动校正

将式(6-39)的频谱分解为与 R_s 有关的部分和与 ΔR 有关的部分后得

$$S(f_r, f_a) = a_r(f_r)a_a(f_a)\exp\left[-j\pi\frac{f_r^2}{\gamma}\right] \cdot \exp\left[j(R_s + \Delta R)\frac{\varphi_0(f_a; R_0) + \varphi_1(f_a; R_0)f_r}{R_0}\right]$$

$$= a_r(f_r)a_a(f_a)\exp\left[-j\pi\frac{f_r^2}{\gamma}\right] \cdot \exp\left[jR_s\left(\frac{\varphi_0(f_a; R_0)}{R_0} + \frac{\varphi_1(f_a; R_0)}{R_0}f_r\right)\right] \cdot$$

$$\exp\left[j\Delta R\left(\frac{\varphi_0(f_a; R_0)}{R_0} + \frac{\varphi_1(f_a; R_0)}{R_0}f_r\right)\right] \quad (6-40)$$

式(6-40)中的第 2 个相位项是 CZT 算法中首先要补偿的与场景中心距离 R_s 有关的部分，第 3 个相位项是要用 CZT 变换处理的与距离变化量 ΔR 有关的部分。对式(6-40)乘以相位因子 G_0，补偿与 R_s 有关的距离徙动并同时进行距离脉冲压缩，得

$$G_0(f_r, f_a; R_s) = \exp\left[j\pi\frac{f_r^2}{\gamma}\right]\exp\left[-jR_s\frac{\varphi_1(f_a; R_s)}{R_0}f_r\right] \quad (6-41)$$

补偿后的信号表达式为

$$S(f_r, f_a) = a_r(f_r)a_a(f_a)\exp\left[jR_s\frac{\varphi_0(f_a; R_0)}{R_0}\right] \cdot$$

$$\exp\left[j\Delta R\frac{\varphi_0(f_a; R_0)}{R_0}\right]\exp\left[j\Delta R\frac{\varphi_1(f_a; R_0)}{R_0}f_r\right] \quad (6-42)$$

3. CZT 变换

式(6-42)中，第一个相位项是与 R_s 有关的方位调制项，需要保留，后两个相位项是与 ΔR 有关的部分，需要用 CZT 进行校正。忽略 R_0 的空变性，只考虑 ΔR 带来的空变性，将式(6-42)中的 R_0 用 R_s 代换，得

$$S(f_r, f_a) = \exp\left[jR_s\frac{\varphi_0(f_a; R_0)}{R_0}\right]\exp\left[j\Delta R\frac{\varphi_0(f_a; R_s)}{R_s}\right]\exp\left[j\Delta R\frac{\varphi_1(f_a; R_s)}{R_s}f_r\right] \quad (6-43)$$

令 $\mu(f_a) = -\dfrac{\varphi_0(f_a; R_s)}{R_s}, \nu(f_a) = -\dfrac{\varphi_1(f_a; R_s)}{R_s}, \Omega(f_a) = 1 + \nu(f_a)$，对式(6-43)

进行以 $\Omega(f_a)f_r + \mu(f_a)$ 为变换核的 CZT 变换,可以得到信号的距离—多普勒域表达式为

$$S(\hat{t}, f_a) = \int S(f_r, f_a) \exp[j\Delta R(\Omega(f_a)f_r + \mu(f_a))] \mathrm{d}(\Omega(f_a)f_r + \mu(f_a))$$

$$= \int a_r(f_r) a_a(f_a) \exp\left[jR_s \frac{\varphi_0(f_a; R_0)}{R_0}\right] \exp[j\Delta R \cdot f_r] \mathrm{d}f_r \qquad (6-44)$$

可以看出,通过 CZT 变换,校正了与 ΔR 有关的距离徙动项,同时补偿掉了与 ΔR 有关的方位调制项。式(6-44)经过积分可以写为

$$S(\hat{t}, f_a) = \mathrm{sinc}\left[B_r\left(\hat{t} - \frac{2R_0}{c}\right)\right] a_a(f_a) \exp\left[jR_s \frac{\varphi_0(f_a; R_0)}{R_0}\right] \qquad (6-45)$$

4. 方位压缩

对方位调制项进行补偿,有

$$H_2(R_0, f_a; R_s) = \exp\left[-jR_s \frac{\varphi_0(f_a; R_0)}{R_0}\right] \qquad (6-46)$$

再做方位 IFFT,得到最终图像,即

$$s(\hat{t}, t_m) = \mathrm{sinc}\left[B_r\left(\hat{t} - \frac{2R_0}{c}\right)\right] \mathrm{sinc}(B_a t_m) \qquad (6-47)$$

基于 CZT 算法 MEO SAR 低分辨率成像流程如图 6-4 所示。

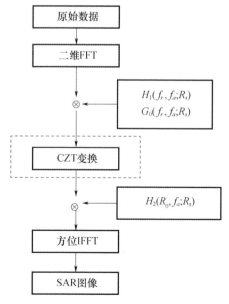

图 6-4　基于 CZT 低分辨率成像流程图

6.2.2　MEO中高分辨率成像算法

基于CZT的成像处理前提是二次压缩项与三次项的空变性近似可忽略,这在低分辨率条件下是可行的。但是,对中高分辨率成像,从第6.1节分析可以看出,二次压缩项与三次项的空变性不能忽略,甚至在更高轨道更高分辨率需求下,二维谱的四次项也不可忽略[160]。为了解决高次相位项的距离空变问题,本节介绍基于一种基于非线性CS(Advanced Nonlinear Chirp Scaling,A-NLCS)[158]的成像方法。

基于A-NLCS的成像处理过程如下。

1. 三次项补偿

对回波信号做二维FFT,得到式(6-35)所示的二维频谱。在二维频域以场景中心点构造三次相位项补偿函数为

$$\Phi_1(f_r, f_a) = \exp\left[j\pi\left(\frac{1}{k_t} + \frac{(2A-1)k_s - 2A^2 B k_{mref}}{3(1-A)k_{mref}^3}\right) f_r^3\right] \quad (6-48)$$

式中:k_{mref}为参考距离处的距离调频率;k_s为距离变化率的斜率;A、B分别为线性和非线性CS因子。

将三次相位补偿后的回波进行IFFT变换得到回波相位表达式为

$$S(\hat{t}, f_a) = \exp\left[j\pi k_m (\hat{t} - t_a)^2 + j\pi\left(\frac{(2A-1)k_s - 2A^2 B k_{mref}}{3(1-A)k_{mref}^3} k_m^3 (\hat{t} - t_a)^3\right)\right] \quad (6-49)$$

2. 非线性CS变换

对式(6-48)进行非线性CS变换,补偿相位为

$$\Phi_2(\hat{t}, f_a) = \exp\left[-j\pi q_2 (\hat{t} - \tau_{ref})^2 - j\frac{2\pi}{3} q_3 (\hat{t} - \tau_{ref})^3\right] \quad (6-50)$$

式中:$q_2 = (1-A)k_{mref}$和$q_3 = (1-A)k_s/2 + A^2 B k_{mref}$为参考距离$\tau_{ref}$处的距离徙动二次及三次系数。

3. 距离徙动校正及二次距离压缩

将非线性CS变换后的距离—多普勒域回波转换二维频域,并利用式(6-51)进行相位补偿,得

$$\Phi_3(f_r, f_a) = \exp\left[\begin{array}{l}-j\pi\left(\dfrac{2Y_m k_{mref}^3 - q_3}{3A^3 k_{mref}^3}\right) f_r^3 + j\pi\dfrac{f_r^2}{k_{mref} - q_2} \\ + j2\pi(\tau_{ref}(f_a) - 2R_{cref}/c) f_r\end{array}\right] \quad (6-51)$$

$$Y_m = \frac{(A-1/2)k_s - A^2 B k_{mref}}{(1-A)k_{mref}^3}$$

式中:R_{cref}为参考距离。

经式(6-51)处理后,空变的二次项和三次项得到校正,从而有效完成了距离徙动校正和二次距离压缩。

4. 方位压缩处理

将二维频域数据进行距离向 IFFT 变换,得到距离—多普勒域回波,即

$$S(\hat{t},f_a) = \text{sinc}\left\{B_r\left[\hat{t}-\left(\frac{2R_{cref}}{c}+\Delta\tau_{ref}(R_0)\right)\right]\right\}\exp[j\Theta_0] \quad (6-52)$$

式中:$\Delta\tau_{ref}(R_0) = \tau_s(f_a,R_0) - \tau_{ref}(f_a)$;$\Theta_0$ 为 $\Delta\tau_{ref}(R_0)$ 的序列展开。

对式(6-52)进行方位压缩处理,得

$$\Phi_4(f_a,R_0) = \exp\left[-j\left(2\pi f_a\frac{R_0\sin\theta_{sq}}{V_r}+\Theta_0\right)\right] \quad (6-53)$$

经方位压缩后进行方位 IFFT 变换即可完成图像聚焦处理。

完整的 MEO SAR 成像算法流程如图 6-5 所示。

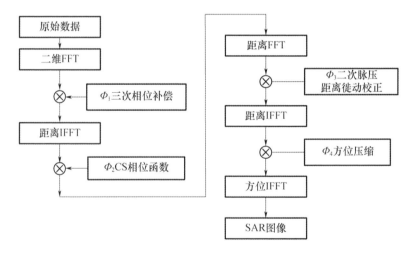

图 6-5 MEO SAR 成像算法流程图

6.2.3 仿真实验分析

为了验证算法的有效性,本节采用点目标仿真对算法进行验证。

首先对三种距离方程所引起的相位误差进行仿真比较。图 6-6 给出了在轨道高度 8000km、2m 分辨率、C 波段三种距离方程在一个合成孔径时间内的相位误差曲线。由图 6-6(a)可以看出,双曲线距离方程在合成孔径时间内最大相位误差已超过 150π,远远大于 0.25π;而图 6-6(b)中改进双曲线距离带来

的最大相位误差也大于 0.25π；图 6-6(c) 所示高阶修正距离模型带来的最大相位误差为 0.008π，远远小于 0.25π。

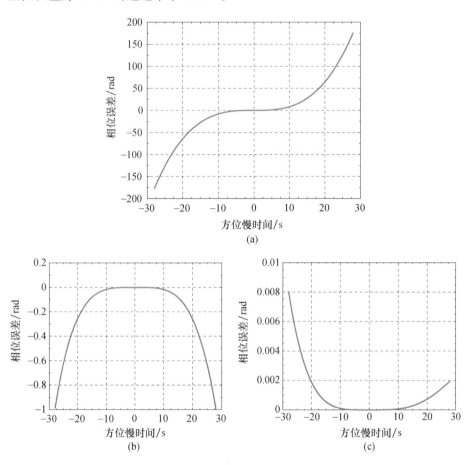

图 6-6 相位误差曲线

(a) 双曲线距离方程相位误差；(b) 改进双曲线距离方程相位误差；
(c) 高阶修正双曲线距离方程相位误差。

成像仿真中，布设点目标阵列如图 6-7(a) 所示，共 225 个点目标，按等间距二维排列，二维间距均为 8km，点阵 SAR 聚焦后灰度图如图 6-7(b) 所示。

下面给出点阵中典型目标，左上点 P1、中心点 P2、右下点 P3 的成像结果三维图和二维分辨特性图。

点 P1 的三维响应及剖面图如图 6-8 所示。

点 P2 的三维响应及剖面图如图 6-9 所示。

第6章 中高轨星载合成孔径雷达成像技术

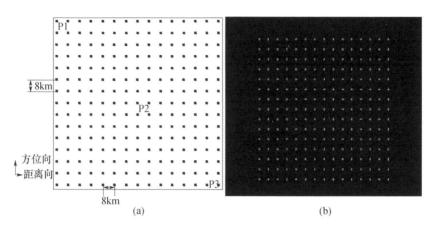

图 6-7 点阵目标成像仿真(见彩图)

(a)点阵分布图;(b)成像结果灰度图。

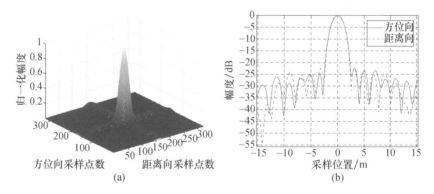

图 6-8 左上点 P1 目标成像结果(见彩图)

(a)成像结果三维图;(b)距离/方位脉压结果。

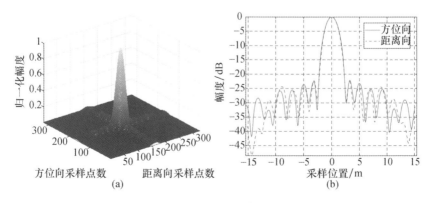

图 6-9 中心点 P2 目标成像结果(见彩图)

(a)成像结果三维图;(b)距离/方位脉压结果。

点 P3 的三维响应及剖面图如图 6-10 所示。

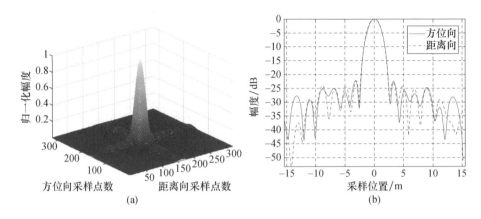

图 6-10　右下点 P3 目标成像结果(见彩图)

(a)成像结果三维图;(b)距离/方位脉压结果。

由图 6-8~图 6-10 可见,这 3 个点目标均获得了很好的聚焦效果。表 6-1 给出了这 3 个点目标的具体成像性能指标参数(PSLR、ISLR 以及分辨率),它们与理论值相符。

表 6-1　各点目标聚焦质量

点目标	方位向			距离向		
	分辨率/m	PSLR/dB	ISLR/dB	分辨率/m	PSLR/dB	ISLR/dB
P1	1.99	-22.23	-17.54	1.98	-22.26	-17.78
P2	1.96	-22.15	-17.47	1.98	-22.23	-17.79
P3	1.99	-22.17	-17.68	1.98	-22.14	-17.76

6.3　中高轨 SAR 舰船目标成像技术

中高轨卫星具有覆盖范围广、重访周期短等优点,具备对动目标进行连续跟踪与高分辨成像的潜力,在未来海洋目标侦察与监视方面具有广阔的应用前景。

利用中高轨 SAR 对广域海面进行监视成像时,场景中包含岛屿、各种舰船和广域海洋背景。海面舰船目标型号多样、尺寸不一、特征部件多变甚至时变;海洋背景也十分复杂,存在海冰、洋流、海浪,海情瞬息万变;舰船目标自身的运动存在偏航/纵摇/横摇三维摇摆,且舰船上可能含有各种电磁设备。同时,中高轨 SAR 合成孔径时间长,平台自身与目标存在曲线相对运动,这些因素将在雷达回波中引入复杂的幅相调制,引起 SAR 图像严重散焦,进一步加大了舰船目标成像的难度。

针对以上问题,本节主要对中高轨条件下的舰船目标成像及海杂波背景下的舰船目标检测技术进行介绍。

6.3.1 舰船目标运动特性分析

海面上的舰船除了沿预定路线的正常航行外,由于受到海浪的影响,会有颠簸和摇摆,这包含舰船 6 个自由度的运动[166],即纵移(Surge)、横摆(Sway)、升降(Heave)、横摇(Roll)、纵摇(Pitch)和偏航(Yaw),分别如图 6-11 所示。其中,升降、纵移和横摆三个运动分量使船体中心相对于雷达移动,对成像贡献极小,可以忽略;而横摇、纵摇和偏航三个运动分量使船体相对其中心转动,可构成成像所需的转动,因此对成像有贡献。尤其是在海情较高时,这些转动分量在较短的时间内足以构成成像所需的舰船相对雷达的转角变化,将对成像起主要作用。

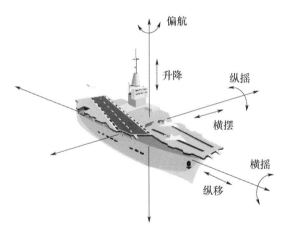

图 6-11 海面舰船 6 个自由度的运动

舰船横摇、纵摇和偏航一般近似用正弦函数描述,其表达式为

$$\begin{cases} \theta_{\rm rol}(t) = \dfrac{1}{2} q_{\rm rol} \sin\left(2\pi \dfrac{t}{T_{\rm rol}} + \phi_0\right) \\ \theta_{\rm pit}(t) = \dfrac{1}{2} q_{\rm pit} \sin\left(2\pi \dfrac{t}{T_{\rm pit}} + \phi_0\right) \\ \theta_{\rm yaw}(t) = \dfrac{1}{2} q_{\rm yaw} \sin\left(2\pi \dfrac{t}{T_{\rm yaw}} + \phi_0\right) \end{cases} \qquad (6-54)$$

式中:θ_{rol},θ_{pit},θ_{yaw}为横摇、纵摇和偏航引起的转角变化;q_Λ(Λ = rol,pit,yaw)为对应的双倍摇幅;T_Λ(Λ = rol,pit,yaw)为对应的摇摆周期;ϕ_0为摇摆初相。

海情主要描述海面海浪的运动状态,根据浪高、风速以及出现频率最高的波浪周期及波浪周期范围等,可将海情分为5或8个等级。在5级划分下,3级海情下的浪高为5级海情时的1/2。海情越高,舰船摇摆越剧烈。同时,摇摆程度还与舰型、舰船航向和航速有关。在相同海情等级下,小型船只摇摆比大型船只摇摆程度剧烈,并且主船体(不包括桅杆、绳索等船上建筑)结构不同也会影响船只的摇摆程度。

对于一般舰船,横摇幅度在3级海情可达几度,在最高5级海情下可达数十度。舰船横摇周期取决于舰船主体结构相关参数,当舰船遭遇的海浪周期与其自身横摇周期相匹配,横摇幅度将会增强。船身较长的船只,纵摇幅度较弱,而且纵摇周期较长。相对于舰船横摇和纵摇,舰船的偏航由于受船舵控制,通常幅度较小,其周期与海浪周期相同。大型船只的三维摇摆的幅度相对普通海面舰艇幅度较小,周期较长。

目前关于5级海情、最恶劣航向和航速情况下的舰船摆动情况定量统计如表6-2和表6-3所列[167]。所谓最恶劣航向和航速是指舰船在该状态下的摇摆最为剧烈。平均航速航向时,摇动振幅大约减小一半,而摇动周期则保持不变。

表6-2 大型舰船在5级海情的最大摇摆参数

舰型	两倍摇幅/(°)	平均周期/s
大型舰船	0.9(纵摇)	11.2(纵摇)
	1.33(偏航)	33.0(偏航)
	5.0(横摇)	26.4(横摇)

表6-3 普通舰船在5级海情的最大摇摆参数

舰型	两倍摇幅/(°)	平均周期/s
普通舰船	3.4(纵摇)	6.7(纵摇)
	3.8(偏航)	14.2(偏航)
	38.4(横摇)	12.2(横摇)

6.3.2 舰船目标回波多普勒特性

不同海情下的不同类型舰船,摇摆周期和幅度差异较大,对应的回波多普勒特性差异也较大,需要分别考虑其成像方法。

假设舰船目标运行速度为 v_s,雷达与舰船的初始方位角为 φ,成像斜视角为 θ_{sq},擦地角为 ψ,船身上第 n 个散射点的坐标为 $(x_{s,n}, y_{s,n}, z_{s,n})$,则该散射点与雷达之间的距离关系可以表示为 $R_n(t_m) = r_{s,n}(t_m) + R_a(t_m)$,其中 $R_a(t_m)$ 是雷达与舰船中心点之间的距离,代表的是雷达与舰船之间的平动分量,并且有[168]

$$R_a(t_m) = \sqrt{[R_0 + (v_s\cos\varphi - V_r\cos\theta_{sq})t_m]^2 + [(v_s\sin\varphi - V_r\sin\theta_{sq})t_m]^2}$$
$$\approx R_0 + (v_s\cos\varphi - V_r\cos\theta_{sq})t_m + \frac{(v_s\sin\varphi - V_r\sin\theta_{sq})^2 t_m^2}{2R_0} \quad (6-55)$$

$r_{s,n}(t_m)$ 是该散射点与舰船中心点的距离,随舰船的自身摇摆而变化,代表的是雷达与舰船之间的转动分量。$r_{s,n}(t_m)$ 可以根据舰船的三维转动矩阵求得

$$r_{s,n}(t_m) = r_{s,n,0}\cos\theta_h\cos\theta_v - h_{s,n,0}\cos\theta_h\sin\theta_v + v_{s,n,0}\sin\theta_h \quad (6-56)$$

式中:$(r_{s,n,0}, h_{s,n,0}, v_{s,n,0})$ 为第 n 个散射点 $(x_{s,n}, y_{s,n}, z_{s,n})$ 成像起始时刻的坐标;(θ_h, θ_v) 为舰船的两维转动矢量分量。当 (θ_h, θ_v) 足够小时,舰船目标回波相位可以表示为

$$\phi_n(t_m) = -\frac{4\pi}{\lambda}R_n(t_m)$$
$$\approx -\frac{4\pi}{\lambda}\left[\begin{array}{c} R_0 + (v_s\cos\varphi - V_r\cos\theta_{sq})t_m + \dfrac{(v_s\sin\varphi - V_r\sin\theta_{sq})^2 t_m^2}{2R_0} + \\ r_{s,n,0} - h_{s,n,0}\theta_v + v_{s,n,0}\theta_h \end{array}\right] \quad (6-57)$$

对式(6-51)求导,可得散射点回波信号的多普勒频率表达式为

$$f_{d,n}(t_m) \approx -\frac{2}{\lambda}(v_s\cos\varphi - V_r\cos\theta_{sq}) - \frac{2}{\lambda}\frac{(v_s\sin\varphi - V_r\sin\theta_{sq})^2 t_m}{R_0} +$$
$$\frac{2}{\lambda}h_{s,n,0}\omega_v - \frac{2}{\lambda}v_{s,n,0}\omega_h \quad (6-58)$$

式中:ω_v 和 ω_h 分别为 θ_v 和 θ_h 的导数。

式(6-58)中,第一项表示所有散射点对应的平均多普勒,该项为平台飞行及舰船平动的线性项,对该项可统一补偿;第二项为所有散射点的多普勒频率随时间线性变化,它表示舰船与雷达平台的相对转动,该项为 SAR 成像的主要

来源;最后两项为舰船转动导致的多普勒频率。当前两项完成补偿后,由舰船自身运动产生的多普勒频率为

$$f_{d,n}(t_m) \approx -\frac{2}{\lambda}(v_{s,n,0}\omega_h - h_{s,n,0}\omega_v)$$

$$= \frac{2}{\lambda}(h_{s,n,0}\cos\gamma - v_{s,n,0}\sin\gamma)\omega_e \quad (6-59)$$

式中:ω_e 为舰船自身的三维转动矢量 $\omega_y/\omega_r/\omega_p$ 与平台飞行引起的等效转动矢量的合成;γ 为 ω_e 与垂直 V 轴的夹角,代表 ω_e 的方向。将 ω_e 分解到水平 H 轴和垂直 V 轴,分别用 ω_h 和 ω_v 表示,那么利用 ω_h 水平转动分量得到舰船的侧视图,利用 ω_v 垂直转动分量得到舰船的俯视图,有

$$\begin{cases} \omega_h = \omega_r\sin\varphi + \omega_p\cos\varphi \\ \omega_v = \omega_r\cos\varphi\sin\psi - \omega_p\sin\varphi\sin\psi + \omega_y\cos\psi + v_a/R_t \\ \omega_e = \sqrt{\omega_h^2 + \omega_v^2}, \gamma = \arctan(\omega_h/\omega_v) \end{cases} \quad (6-60)$$

从式(6-54)可以看出,舰船自身三维摇摆转动分量和平台运动等效转动分量最终决定了舰船成像结果的投影平面。其中,舰船的横摇和纵摇决定了水平转动分量 ω_h 的指向。当擦地角 ψ 较小时,垂直转动分量 ω_v 主要取决于舰船的偏航和平台飞行带来的等效转动。

当海情较高时,舰船自身摇摆较剧烈,其中横摇最强,纵摇其次,偏航最弱,平台飞行转动矢量相对较小,以横摇和纵摇为主的舰船自身摇摆,成为成像所需转动的主要来源。此时 ω_h 远大于 ω_v,因此 ω_e 的指向接近于 H 轴,得到的是舰船的近似侧视图。当海情较低时,舰船自身摇摆明显减弱,平台飞行成为舰船成像所需转角的主要来源。此时 ω_v 明显强于 ω_h,因此 ω_e 的指向接近于 V 轴,得到舰船的近似俯视图。

(1)当 $\omega_h \to 0$ 时,$\gamma = 0°$,$x_{n,c} = v_{s,n,0} \approx x_{s,n}\sin\varphi_0 + y_{s,n}\cos\varphi_0$,散射点回波信号的多普勒频率与舰船平面坐标相对应,得到的是舰船的近似俯视图;

(2)当 $\omega_v \to 0$ 时,$\gamma = 90°$,$x_{n,c} = v_{s,n,0} \approx z_{s,n}$,散射点回波信号的多普勒频率与舰船的高度相对应,得到的是舰船的近似侧视图;

(3)当 ω_h 和 ω_v 都不可忽略时,$x_{n,c} = h_{s,n,0}\cos\gamma + v_{s,n,0}\sin\gamma$,散射点回波信号的多普勒频率与舰船的三维坐标值都有关,得到的是舰船的混合视图。

图 6-12 为仿真得到的不同成像平面下的舰船目标图像。从图中可以看出,在不同的成像平面下,舰船目标的图像呈现不同的姿态。

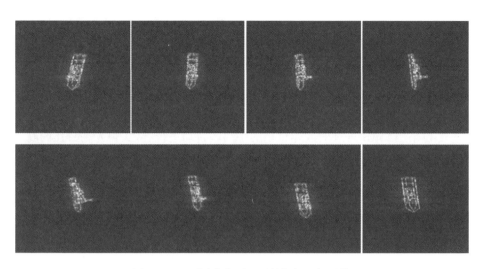

图 6-12　不同成像平面下的舰船目标图像

6.3.3　中高轨 SAR 舰船目标成像技术

由于卫星平台的速度相对较高,因此利用星载平台对舰船进行成像时,平台和目标都有较大的运动,此时既具有 SAR 的成分(平台运动),又有 ISAR (Inverse SAR,ISAR)的成分(舰船的非合作摇摆运动),其运动相当复杂,加大了数据处理的难度。

1. 基于混合 SAR – ISAR 的舰船目标成像技术

为了同时实现对大面积覆盖区域的成像和对运动舰船目标的精确聚焦,本节主要介绍基于混合 SAR – ISAR 的成像技术[169-170]。该技术首先进行广域 SAR 成像,利用平台的已知运动形成 SAR 所需要的转角,实现对大面积海域及舰船目标的粗聚焦成像。但是由于舰船目标的非合作运动产生的额外多普勒频率,在 SAR 图像中舰船目标通常表现为散焦效果,并且每个舰船目标的散焦情况都不尽相同。为了对舰船目标进行精确聚焦,需要在 SAR 图像中将舰船目标检测出来,在小区域内对舰船目标进行基于 ISAR 的运动补偿,将舰船目标的平动及转动误差补偿掉。

该算法的优点在于处理流程清晰,物理意义明确,处理流程如图 6 – 13 所示,主要包含以下几个处理步骤:

(1)基于 6.2 节介绍的中高轨 SAR 成像算法进行 SAR 粗聚焦成像。由于舰船目标的非合作运动,此时图像中的舰船目标存在散焦现象。

(2) 对图像中的舰船目标进行检测分离。由于舰船目标存在散焦现象,在粗聚焦的 SAR 图像中对舰船目标进行检测分离,以进行后续的精聚焦处理。舰船目标检测方法在 6.3.4 节中重点介绍。

(3) 将分离出的舰船目标图像恢复到数据域。舰船目标检测分离是在图像域中进行的,此时需要根据后续的精聚焦需要将数据恢复到时域或频域。

(4) 采用 ISAR 处理对舰船目标的平动和转动进行补偿,得到精聚焦的舰船目标图像。

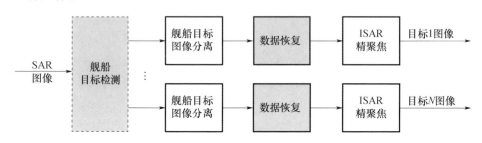

图 6 - 13 基于混合 SAR - ISAR 舰船目标成像流程图

舰船目标的散焦主要由两部分原因造成:一是合成孔径时间内由舰船沿自身航线的运行出现跨距离单元现象,此时需要进行平动补偿;二是在成像时间内由不同海情导致的舰船目标自身转动,此时需要进行转动补偿。因此,精聚焦处理主要是解决舰船目标的非合作平动和转动补偿问题。

1) 低 SCNR 条件下包络对齐

由于舰船目标的非合作平动特性,在较长的 SAR 孔径积累时间内,必须对其进行包络对齐补偿。同时,中轨条件下雷达作用距离远,海杂波背景下舰船目标回波相对较弱。因此,需要解决低 SCNR 条件下的包络对齐问题。

在各种包络对齐方法中,包络最小熵法[171]是一种综合性能优越的算法。不同于常用的相关对准法,包络最小熵法以求和后得到距离像波形的锐化度作为对齐准则,采用熵来衡量波形的锐化度。

对于相邻两个距离像 $e_i(r)$ 和 $e_{i+1}(r)$,令

$$e_{i+1,\Delta r}(r) = e_{i+1}(r - \Delta r) \quad (6-61)$$

式中:$e_{i+1,\Delta r}(r)$ 为 $e_{i+1}(r)$ 平移 Δr 后距离像。

将相邻两个距离像求和(距离像包络求和),用离散形式表示,即 $P_{i,\Delta r} = \{p_{j,i,\Delta r}\} = \{x_{j,i} + x_{j,i+1,\Delta r}\}_{j=1}^{N}$,其中 $\{x_{j,i}\}_{j=1}^{N}$ 和 $\{x_{j,i+1,\Delta r}\}_{j=1}^{N}$ 分别为离散化的 $e_i(r)$ 和 $e_{i+1,\Delta r}(r)$ 的幅度,N 是距离单元个数。定义熵为 $H(P_{i,\Delta r}) = -\sum_{j=1}^{N} p_{j,i,\Delta r} \lg y_{j,i,\Delta r}$,距

离像对齐时,$H(P_{i,\Delta r})$最小;距离像没有对准时,$H(P_{i,\Delta r})$变大。因此,距离平移量可表示为

$$\Delta r_i = \min_{\Delta r} H(P_{i,\Delta r}) \qquad (6-62)$$

基于最小熵对准方法,以目标所有距离像(回波包络)和熵作为目标函数,推导出熵达到最小时,各回波需要补偿的距离位移量。通过少数几次迭代,可收敛到一个接近于全局最优的解。在距离像有起伏的情况下,最小熵法更能保证对准精度。该算法处理流程如图 6-14 所示。

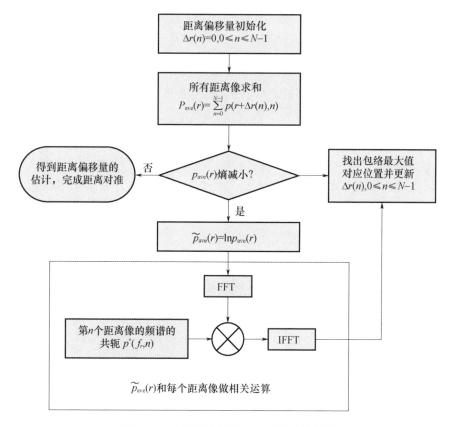

图 6-14　包络最小熵距离对准算法流程图

对某舰船 SAR 实测回波处理结果如图 6-15 所示。图 6-15(a)为未经包络对齐的舰船目标回波,从图中可以看出,由于未知的非合作运动,距离包络存在明显的偏移现象,相对背景杂波,回波能量相对较弱。图 6-15(b)是采用积累互相关对准法得到的结果。图 6-15(c)为采用包络最小熵的距离对准结果。从处理结果可看出,包络最小熵对准法实现了包络的精准对齐。

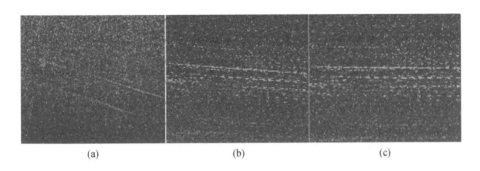

图 6-15 舰船实测回波数据的包络对齐结果
(a) 回波原始包络；(b) 积累互相关对准法；(c) 包络最小熵对准法。

2) 舰船目标运动参数估计

舰船目标回波经过包络对齐后，各个距离单元的信号为该距离单元上各散射点子回波和噪声及杂波的矢量和。由于海水波动等原因，舰船存在明显的横摇、纵摇和偏航三维运动，各散射点回波一定程度上可以近似为调幅—线性调频（Amplitude Modulated LFM，AM - LFM）信号，或者近似为分段的 AM - LFM 信号，这样各距离单元的信号为噪声和杂波背景下的多分量 AM - LFM 信号。对舰船目标成像即可以转化为，在噪声和杂波背景下，多分量 AM - LFM 信号瞬时参数估计问题[172]。

设含有 k 个分量的 AM - LFM 信号模型可以表示为

$$ss(t) = \sum_{i=1}^{k} a_i(t) \exp\left(j2\pi\left(f_{0i}t + \frac{1}{2}m_i t^2\right) + j\varphi_{0i}\right) + e(t) \quad (6-62)$$

式中：f_0 为初始频率；m 为调频率；$a_i(t)$ 为慢变的线性调频信号幅度；$e(t)$ 为干扰项。因为 $ss(t)$ 为多个 AM - LFM 分量的线性相加，所以先分析单分量情况，设信号

$$s(t) = a(t) \exp\left(j2\pi\left(f_0 t + \frac{1}{2}m t^2\right) + j\varphi_0\right) + e(t) \quad (6-63)$$

$s(t)$ 的傅里叶变换 $F[s(t)]$ 为

$$F[s(t)] = e^{j\varphi_0} F[a(t)] \otimes \delta(\omega - 2\pi f_0) \otimes F[e^{j\pi m t^2}] + F[e(t)] \quad (6-64)$$

式中：$\otimes$ 为卷积操作；$\delta(\omega - 2\pi f_0)$ 为 $\exp(j2\pi f_0 t)$ 的谱；$F[\exp(j\pi m t^2)]$ 为调频因子的谱，m 越大其谱越宽。因为 $a(t)$ 为慢变化，其谱 $F[a(t)]$ 为集中于零频附近的窄谱。

为了估计调频率 m，对待测信号 $s(t)$ 乘以负的线性频调因子 $\exp\left(-j\frac{1}{2}\gamma t^2\right)$，

当 γ 值等于实际信号的调频率时,调频信号成为单频信号。假设 $f_\gamma(t) = s(t)$ $\exp\left(-j\frac{1}{2}\gamma t^2\right)$,若 $\gamma = m$,则 $f_\gamma(t) = a(t)\exp(j2\pi f_0 t + j\varphi_0)$,$f_\gamma(t)$ 的傅氏变换 $F[f_r(t)] = \exp(j\varphi_0)F[a(t)]\otimes\delta(\omega - 2\pi f_0)$ 为集中于起始频率 f_0 附近的一个窄谱,由窄谱的峰值位置,可以估计得到 f_0。

估计出初始频率 f_0 和调频率 m 后,对原信号解调频并把频谱移到零频,有

$$y(t) = s(t)\exp\left(-j2\pi\left(f_0 t + \frac{1}{2}mt^2\right)\right)$$
$$= a(t)\exp(j\varphi_0) + e(t)\exp\left(-j2\pi\left(f_0 t + \frac{1}{2}mt^2\right)\right) \quad (6-65)$$

对式(6-65)作傅里叶变换,零频处的相角为估计的 φ_0,把零频附近的窄谱滤出,作逆傅里叶变换,就得到 $a(t)$ 的估计。对多分量 AM-LFM 信号,在初始频率 f_0 和调频率 γ 的二维分布图上出现多个峰值,根据各峰值点位置得到各个分量的 f_{0i} 和 m_i 的估计值。在这些峰值点位置,把初始频率 f_0 方向的各窄谱滤出,并移到零频,作逆傅里叶变换取模,就得到各个分量的 $a_i(t)$ 的估计。

实际中,由于对初始频率 f_0 和调频率 γ 作二维搜索运算量大,特别当对 γ 的精度要求越高,其搜索维数越大,所以可以采用"Dechirp-Clean"方法从大到小逐个估计 AM-LFM 分量。

设原始信号由 P 个 AM-LFM 分量和白噪声组成,即

$$s(n) = \sum_{i=1}^{P} a_i(nT_a)\exp\left(j2\pi\left(f_{0i}nT_a + \frac{1}{2}m_i(nT_a)^2\right) + j\varphi_{0i}\right) +$$
$$e(nT_a), n = 1,\cdots,N \quad (6-66)$$

第 k 个 AM-LFM 分量的频率 f_{0k} 和调频率 γ_k 可由 $s_{k-1}(n)$ 的二维分布 $C(f_0,\gamma)$ 的峰值点确定,即

$$C(f_0,\gamma) = \sum_{n=1}^{N}\left\{\left[s_{k-1}(n)\cdot\exp\left(-j2\pi\left(f_0(nT_a) + \frac{1}{2}\gamma(nT_a)^2\right)\right)\right]\right\}\Big/N \quad (6-67)$$

式中:$s_{k-1}(n)$ 为原始信号减掉已估计的 $k-1$ 个 AM-LFM 分量 $\{\hat{f}_{0k},\hat{m}_k\}$ = $\mathrm{argmax}[(C(f_0,\gamma))]$。$f_{0k}$ 和 γ_k 的估计可快速实现,即

$$\{\hat{f}_{0\ k},\hat{m}_k\} = \max_{\gamma}\left\{\max_{f_0}\{\mathrm{FFT}[s_{k-1}(n)\cdot\exp(-j\pi\gamma(nT_a)^2)/N]\}\right\} \quad (6-68)$$

初相为峰值点的相位,即

$$\hat{\varphi}_{0_k} = \text{angle}(C(\hat{f}_{0k}, \hat{m}_k)) \qquad (6-69)$$

时变幅度通过把过峰值点的频谱移到零频,滤出后可表示为

$$\hat{a}_k(nT_a) = \text{abs}[\text{FFT}(s_{k-1}(n) \cdot e^{-j2\pi(\hat{f}_{0k}(nT_a) + \frac{1}{2}m_k(nT_a)^2) - j\hat{\varphi}_{0k}})] \qquad (6-70)$$

在频域减掉已估计的第 k 个 AM – LFM 分量后, $s_k(n)$ 为

$$s_k(n) = \text{FFT}(s_{k-1}(n) e^{-j2\pi f_{0k}(nT_a)^2 - j\pi m_k(nT_a)^2}) e^{j2\pi \hat{f}_{0k}(nT_a)^2 + j\pi \hat{m}_k(nT_a)^2} \qquad (6-71)$$

基于 Dechirp – clean 的多分量运动参数估计算法流程如图 6 – 16 所示。

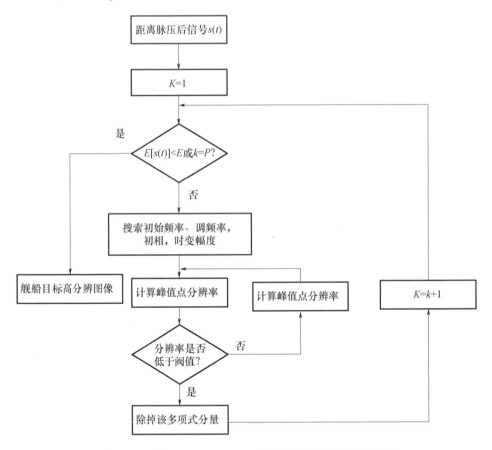

图 6 – 16 基于 Dechirp – Clean 的多分量参数估计算法流程

图 6 – 17 为舰船目标进行微动参量估计与转动补偿前后的聚焦效果。从图 6 – 17(a)中可以看出,由于舰船目标的非合作运动,经 SAR 处理后存在较为明显的方位散焦现象。图 6 – 17(b)中,经微动参量估计及补偿后,聚焦效果得到了较为明显的改善。

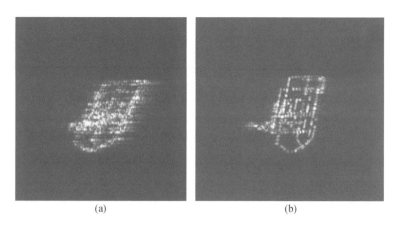

图 6-17 舰船目标微动参量估计与运动补偿前后聚焦结果

(a)误差未补偿;(b)误差补偿后。

2. 实测数据验证

为了进一步验证基于 SAR-ISAR 的舰船目标聚焦性能,本节基于星载 SAR 实测数据对舰船目标聚焦成像进行了验证。

图 6-18 为 Cosmo-SkyMed SAR 某港口内舰船聚焦成像对比效果。从图 6-18(a)可以看出,基于 SAR 成像的方法无法对舰船目标实现精确聚焦,方位散焦较为严重。图 6-18(b)通过对检测出来的目标进行二次聚焦,舰船目标轮廓清晰,聚焦效果良好。

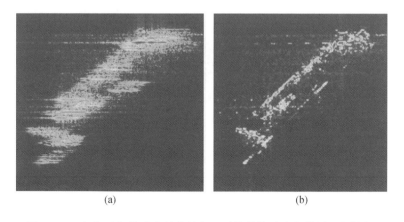

图 6-18 舰船目标微动参量估计与运动补偿前后聚焦结果(见彩图)

(a)聚焦前;(b)聚焦后。

图 6-19、图 6-20 为高分三号卫星对长江航道上的舰船目标成像效果对比。图 6-19 中地面场景均达到良好聚焦,但江面上的舰船存在不同程度的散焦。通

过将舰船目标检测分离并进行二次聚焦后,均可以实现精确聚焦(图 6 – 20)。图 6 – 21 为 4 组舰船目标精聚焦前后对比图,图 6 – 21(a)、(c)、(e)、(g)为精聚焦前的舰船图像,从图中可以看出,方位向存在不同程度的散焦情况;图 6 – 21(b)、(d)、(f)、(h)为精聚焦处理后的图像,舰船目标轮廓清楚,聚焦良好。

图 6 – 19　高分三号雷达数据 SAR 成像

图 6 – 20　对舰船目标精聚焦

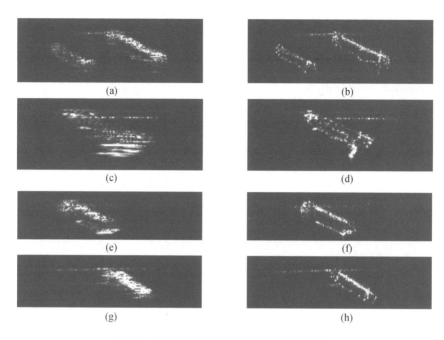

图 6-21 典型舰船目标精聚焦前后对比

(a)精聚焦前;(b) 精聚焦后;(c)精聚焦前;(d)精聚焦后;
(e)精聚焦前;(f) 精聚焦后;(g)精聚焦前;(h)精聚焦后。

6.3.4 SAR 图像舰船目标检测技术

在对舰船目标进行精确成像时,先要将在 SAR 图像中散焦的舰船目标检测出来。本节主要介绍 SAR 图像舰船目标检测技术。

1. 影响舰船目标检测的主要因素

影响 SAR 图像中舰船目标检测的因素主要包括舰船目标自身因素、SAR 系统因素以及舰船目标所处的环境因素。

(1) 舰船因素。

在 SAR 图像中,不同类型的舰船目标表现出的像素强弱不同,有些甚至会出现舰船"首尾分离"的现象。这是因为不同舰船的构造影响了舰船目标的雷达截面积。

舰船目标船体上面往往含有数十个显著的散射点和上千个微小的散射源,在雷达探测中,舰船的雷达截面积大部分是靠角反射体进行电磁波的反射形成的。传统民用舰船设计对于控制和减小舰船的雷达截面积并不关心,常常将舰船的夹板和控制室设计为直角形状,这就大大增加了舰船目标对电磁波的反射强度。但对于军事类舰船目标来说,舰船的形体设计采用了很多减少雷达截面积的措施,这使得该类舰船雷达截面积很小,从而反射雷达电磁波减少,降低了该类舰船被探测到的可能。因此,舰船因素对 SAR 图像中舰船类目标的有效检测影响会很大。

(2) SAR 系统因素。

SAR 系统参数往往决定了 SAR 图像的优劣,如电磁波波段、极化方式和入射角等这些因素决定了 SAR 图像各个目标所表现出来的强度。对于同一 SAR 雷达系统,工作方式不同,舰船目标的检测能力也会受到相应的影响。同时,不同分辨率的雷达也会给舰船目标的检测带来影响。

(3) 环境因素。

环境因素对舰船检测的影响主要体现在海洋背景。在远海条件下,SAR 图像背景为大面积海洋。当雷达波束照射在海面时,海面的海情很大程度上会对成像质量造成影响。当海面较为平静时,雷达照射在海面上大部分会发生镜面发射,从而雷达接收到的电磁散射波极小;当海面有海浪时,雷达接收到的回波会变大,从而使图像变得不均匀,海浪越大,图像信杂噪比越小,从而极大影响舰船目标的检测性能。

因此,舰船目标检测效果受雷达系统、舰船类型、海情分布等不同因素影响,同时,检测本身还面临岛礁、海尖峰等虚假目标影响,在检测算法中都必须考虑这些因素。

2. 舰船目标检测技术

舰船目标检测经过近些年的发展,主要有两类技术:传统的基于恒虚警(Constant False Alarm Rate,CFAR)的检测技术和基于神经网络的智能检测技术。

1)传统的基于 CFAR 的舰船目标检测技术

舰船目标检测常用的算法有双参数化 CFAR、全局 K - 分布检测、局部窗 K - 分布检测等方法[173-174]。

双参数 CFAR 舰船检测算法是基于海杂波服从高斯分布的假设,使用局部滑动窗口对目标进行滑动检测,以适应背景杂波的局部性变化。但是,双参数 CFAR 算法的高斯分布模型并不适合描述 SAR 图像中海杂波的分布模型。在大多数 SAR 图像中,海杂波分布呈现一种长拖尾形状,而 K - 分布模型符合了这种分布特性,能够更好地描述 SAR 图像中海杂波等背景杂波分布模型。对于中低分辨率的 SAR 图像,海面杂波比较均匀,K-分布检测算法通常对图像中所有像素进行统计,得到全局性检测阈值进行检测,因此该算法适用于背景均匀的 SAR 图像。

然而,在有些 SAR 海面图像中,如图 6-22 所示,海面情况十分复杂,非均匀的海杂波在使用全局阈值时,会使得检测结果出现偏差。针对这一情况,基于局部窗口的 K-分布检测算法解决了全局阈值带来的偏差。但是,该算法采用固定窗口尺寸、滑动检测步长设置,仍会带来检测的偏差。当图像中同时含有海面和陆地时,背景窗的设置很难避免陆地像素的干扰;当两舰船目标相近时,相互之间会造成检测时的干扰。另外,固定的滑动检测步长设置使得滑动检测时,有些目标不能完全位于目标窗口内部。

图 6-22　复杂海面情况 SAR 图像

基于自适应背景窗的舰船目标检测算法可有效解决复杂背景下的舰船目标检测问题[175]。该算法结合待检测目标像素分布,设置与待检测目标大小匹配的自适应窗口,在窗口中通过对目标和背景的分离,完成背景像素的自适应统计,避免了近距目标像素对背景统计的影响,从而拟合得到精确的背景 K-分布模型;同时由于没有了窗口的滑动检测,避免了窗口滑动步长带来的检测误差。

基于自适应背景窗的检测算法主要分为图像预处理和舰船检测两部分,如图 6-23 所示。通过图像预处理部分实现对 SAR 图像中可能目标区域的粗检测;再通过舰船检测部分,对背景杂波进行统计,利用所得到的 K-分布统计模型进行目标精细检测,剔除非舰船类目标。

在图像预处理部分,首先进行海陆分割,将陆地、岛屿等场景剔除。再利用形态学处理方法,选取合适的操作元素对存在"首尾分离"现象的目标进行弥补,从而得到初期的目标检测结果。在舰船检测部分,利用前期目标检测结果,结合可能的目标边界及背景窗,对背景窗内非目标区域像素进行统计,计算得到待检测目标附近背景模型。利用该分布模型,对目标进行检测,剔除非舰船类目标,实现对舰船目标的精确检测。

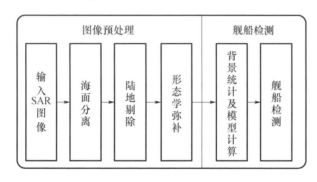

图 6-23 基于自适应背景窗检测算法流程

一些舰船类目标经过处理后变成了两个独立的目标,这会给后续目标细检测带来不便。这种情况是由于在星载中高分辨率 SAR 图像中,舰船中央部分反射系数小于船首船尾,造成舰船目标出现首尾分离的现象。

对于这类一分为二的目标,可采用数学形态学操作消除影响。闭操作是数学形态学操作的一种重要的运算方法,它利用结构元素对图像进行先膨胀后腐蚀,以达到光滑图像轮廓,消除小的空洞,并填补轮廓线中的间断的作用。定义结构元素 B 对集合 A 进行闭操作表示 $A \circ B$,即

$$A \circ B = (A \oplus B) \ominus B \quad (6-72)$$

式中:$\oplus$ 为膨胀操作;$\ominus$ 为腐蚀操作。为了消除二值图像中舰船"首尾分离"现象,结合雷达分辨率,利用操作单元 U,对 I_{tar1} 进行闭操作 $I_{\text{tar2}} = I_{\text{tar1}} \circ U$,得到弥补后的二值图像 I_{tar2}。进行闭操作后,可以消除舰船首尾分离的现象。

综上分析,基于自适应背景窗的舰船目标检测方法实现步骤如下:

(1) 对经过处理后的二值图像 I_{tar2} 中目标 V_k,$k = 1,2,\cdots,\text{num}$(num 为 I_{tar2} 中目标个数)进行遍历,得到目标边界信息,即

$$\begin{cases} i_{k\min} = \min_{i \in V_k} i \\ i_{k\max} = \max_{i \in V_k} i \end{cases} ; \begin{cases} j_{k\min} = \min_{j \in V_k} j \\ j_{k\max} = \max_{j \in V_k} j \end{cases} \quad (6-73)$$

式中：$i_{k\min}$ 为属于目标 V_k 最小行坐标；$i_{k\max}$ 为属于目标 V_k 最大行坐标；$j_{k\min}$ 为属于目标 V_k 最小列坐标；$j_{k\max}$ 为属于目标 V_k 最大列坐标。

（2）利用目标的边界信息，对目标自适应窗口边界进行合理设置，对零矩阵进行如下操作设置矩阵，即

$$I_b((i_{k\min}-L_k):(i_{k\max}+L_k),(j_{k\min}-W_k):(j_{k\max}+W_k))=1 \quad (6-74)$$

式中：$L_k=i_{k\max}-i_{k\min}$ 为目标的行分布长度；$W_k=j_{k\max}-j_{k\min}$ 为目标的列分布宽度。用 SAR 图像矩阵 I 与 I_b 进行矩阵点乘操作，即 $I_{BT}=I\cdot I_b$，实现各个待检测目标的自适应背景窗口设置。

（3）结合目标二值图像 I_{tar2}，用 SAR 图像矩阵 I 与 I_{tar2} 进行矩阵点乘操作，即 $I_T=I\cdot I_{tar2}$，实现目标像素的提取。

（4）利用矩阵 I_{BT} 和 I_T，做矩阵减法，即 $I_B=I_{BT}-I_T$，实现自适应窗口中目标与背景的分离，实现自适应窗口内的背景像素提取。

该算法的检测效果明显优于传统双参数 CFAR 检测算法、局部窗 K - 检测算法和全局 K - 分布检测算法，特别是对含有陆地、近距目标、近岸目标等复杂海面状况的 SAR 图像中舰船目标检测具有很好的实用性。

图 6 - 24 是对某星载实测数据舰船目标检测结果对比。图 6 - 24（a）为 SAR 成像场景，在该区域内包含陆地、小岛及舰船目标。对该范围内某一区域的舰船目标检测结果如图 6 - 24（b）~（d）所示。图 6 - 24（b）为采用基于传统双参数 CFAR 的检测结果，图中蓝框标注的为检出的非舰船目标，存在虚警；图 6 - 24（c）为采用全局 K - 分布检测结果，存在漏警；图 6 - 24（d）为基于自适应背景窗的检测结果，待检测舰船目标全部检出，并且无虚警目标。

2）基于深度学习的舰船目标检测

近年来，基于机器学习，特别是深度学习框架的 SAR 目标检测[176-177]成为较为火热的研究方向之一。深度学习可以通过计算机自主训练从原始的输入图像中获取各种低层次的特征，并将其进行组合形成更加抽象的特征表示，以此训练出最优化的预测模型进行检测识别与分类处理。

基于深度学习的目标检测方法主要包括两大类：基于区域建议的目标检测方法和基于回归的目标检测方法。具有里程碑意义的 R - CNN[178]是基于区域建议的目标检测方法的网络模型，该算法将目标检测性能提升了将近十个百分点。随后的一系列改进包括 Fast R - CNN[179]、Faster R - CNN[180]、Mask R - CNN[181]等，经过不断改进设计，平均准确率不断提升。YOLO[182]和 SSD[183]等网络模型则是基于回归的目标检测方法的代表。基于回归的目标检测方法是

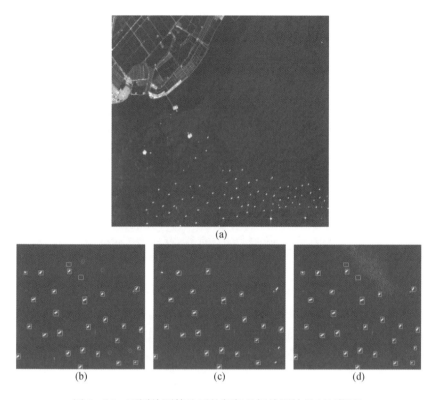

图 6-24 不同检测算法下的舰船目标检测结果(见彩图)

(a) SAR 场景;(b) 双参数 CFAR 检测;(c) 全局 K-分布检测;(d) 自适应背景窗检测。

直接通过坐标回归的方式学习到目标的位置,同时预测出目标所属的类别,此类算法在保证检测准确率的同时,大大提高了算法的检测效率。

在 SAR 舰船目标检测方面,深度学习的注意力机制可以在复杂场景中剥离出感兴趣区域,把重点放在与目标相关的信息上,实现复杂场景下的目标精确检测识别。将传统的恒虚警检测与基于区域建议的网络进行结合改进,通过对检测网络中分类分数相对较低的边界盒进行重新评价,可以将传统 CFAR 和神经网络方法有效结合。针对 SAR 舰船的多尺度问题,可以利用特征金字塔网络提取舰船的多尺度特征。不同尺度的特征负责不同尺度的舰船目标检测,减小因为目标尺度变化过大对模型带来的影响,实现小尺度目标与大尺度目标的同时检测。同时,深度学习可以将可见光目标检测知识迁移到 SAR 目标检测上。迁移学习不仅能提升网络的泛化能力,同时还能加速网络收敛,减少训练时间。

虽然基于深度学习的智能舰船检测具有较大的潜力,但是受限于环境、样本等条件,在算法设计时需要重点关注以下方面:

(1) 小目标与跨尺度目标检测问题。

星载 SAR 图像中的舰船通常尺度跨越非常大。小尺度舰船目标数量多、目标特征相对较少,易受到干扰;大尺度目标成像过程容易出现断裂,完整检测出目标是一个难题;当图像中同时存在大、中、小目标时,选择合理的模型参数同时检测出不同尺度的舰船目标有很大挑战性。

目前跨尺度问题的解决方法有多种,主要思路是融合利用不同层次的卷积特征,最直接的方法是利用图像和特征金字塔[184-185]。

(2) 复杂背景问题。

港口和岛礁附近存在很多强散射干扰物,如房屋、塔台、栈道、礁石等,导致环境十分复杂。港口舰船通常紧密排列在一起,准确分离各目标非常具有挑战性。高海况下,海杂波散射能量大,也会给舰船检测带来干扰。

解决复杂背景问题的方法是设计更具区分力的模型,其中一个方向是利用注意力模型抑制目标周围杂波和干扰信息,同时增强目标本身信息[186]。

(3) 样本不均衡问题。

在训练数据中,中等尺寸舰船数量较多,极小尺寸和极大尺寸的舰船数量较少。如果不加任何约束,同等条件下学习各样本将导致中等尺度舰船占据主导学习过程,使得小尺寸和大尺寸目标得不到充分学习。

样本不均衡问题的解决思路较多,包括硬采样方法[187]、软采样方法[188]和生成方法[189-190]。硬采样方法是通过从给定的一组标记边界框中选择一定比例正例和负例的子集来解决不平衡。硬采样方法中样本的权重非 1 即 0,而软采样方法给每个样本赋[0,1]之间的权值。最直接的方法是根据样本检测的难易程度赋以不同的权重,难检测的样本赋高权重,容易检测的样本赋低权重。生成方法与硬采样方法和软采样方法不同,它添加额外的训练数据到训练数据集中。一种方法是直接产生并添加人工增广数据到训练数据集中[189]。另一种方法是使用生成对抗网络学习目标分布,并生成额外训练数据到数据集中[190]。

(4) 时效性问题。

SAR 图像舰船目标检测需要处理大量数据,现有高性能 CNN 模型大多基于深度较深的 ResNet101、DenseNet、GoogleNet 等经典网络,参数量多,运算量大,难以满足时效性要求。如何压缩 CNN 网络,确保不降低检测识别性能的同时大幅减少计算量,是个重要问题。目前压缩 CNN 网络模型的方法主要有量化[191]、剪枝[192]、轻量化结构设计[193]、知识蒸馏[194]等。

深度学习方法依靠数据驱动。在 SAR 舰船目标检测领域,不少学者为推动领域发展研制、整理并公布了若干数据集。目前已公开的SAR图像舰船目标数据集包括SSDD[195]、OpenSARShip[196]、SAR-Ship-Dataset[197]等,为SAR舰船目标检测提供了数据基础。

以下采用YOLOv3网络框架,对基于深度学习的舰船目标检测技术进行实测数据验证。YOLOv3网络模型结构如图6-25所示。

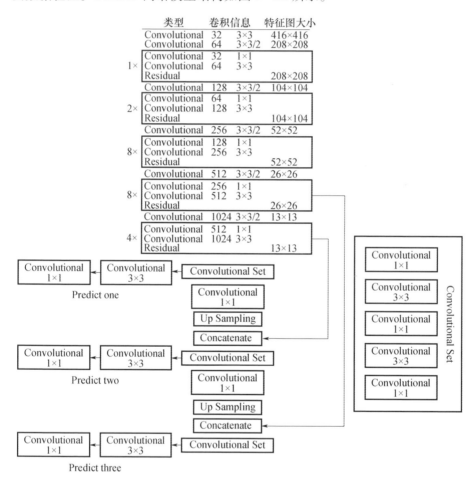

图6-25 YOLOv3网络模型结构

YOLOv3网络主要特性包括:

(1)采用k均值聚类算法在训练集边界框上进行聚类产生合适的先验框。使用聚类进行选择的优势是达到相同的重叠率(Intersection over Union,IOU)所需的先验框数量更少,模型的表示能力更强,任务更容易学习。

(2) 多尺度训练,训练时每迭代 10 次,就会随机选择新的输入图像尺寸。因为 YOLOv3 的网络使用的降采样倍率为 32,所以使用 32 的倍数调整输入图像尺寸 $\{320,352,\cdots,608\}$。训练使用的最小的图像尺寸为 320×320,最大的图像尺寸为 608×608,这使得网络可以适应多种不同尺度的输入。

(3) 借用残差网络的思想,在网络中加入了残差模块,这样有利于解决深层次网络的梯度问题。

(4) 多尺度预测,采用多个尺度特征进行预测,将小尺度特征用于检测较小的目标,将大尺度特征用于检测较大的目标。这个策略可以较好地解决目标尺度变化问题。

为了验证舰船目标检测效果,采用星载 SAR 数据集进行网络训练。总共训练 50 个周期,初始学习率设置为 0.001,第 25 个周期学习率下降为 0.0001。在训练中,对 YOLOv3 模型进行改进,主要包括:

(1) 尺度问题。相比于可见光目标,SAR 舰船目标分辨率普遍偏低,为了得到更精细化的特征,去掉 YOLOv3 最后一层池化层(下采样层)。

(2) 先验框设定。采用 YOLOv3 中的 k 均值聚类算法在训练集边界框上进行聚类产生合适的先验框。实验发现得到的先验框比原始 YOLOv3 的先验框具有更大的长宽比,符合舰船目标大长宽比的性质。

(3) 虚警问题。实验中发现直接采用原始 YOLOv3 做 SAR 舰船目标检测虚警率很高。海面亮度较低的"虚影"、较亮的海杂波、岛礁、海岸线附近以及陆地上很多相似的亮斑都会被检测为目标。为了降低虚警率,增大训练过程中背景部分损失的权重。

(4) 非极大值抑制问题。实验发现模型会把大型舰船的局部识别为新舰船,为了解决这个问题,同时考虑到海面舰船普遍相距较远,检测框不大可能出现大的重叠,将非极大值抑制的阈值进一步缩小,可以滤除绝大部分此类虚警。

图 6-26(a)是用以测试的 SAR 图像,从图中可以看出,检测区域包含岛礁、陆地等复杂背景,同时存在成像过程中产生的亮线等,检测难度较大。图 6-26(b)、(c)、(d)依次展示了传统双参数 CFAR 检测、原始 YOLOv3 模型检测及改进后的 YOLOv3 模型的检测结果。图中红色矩形框表示正确检测结果,绿色圆框表示漏检,黄色三角形表示虚警。实验结果表明,传统的 CFAR 算法以及未优化的原始 YOLOv3 算法在 SAR 图像上存在漏检和虚警。通过调整深度学习模型结构,使改进后的 YOLOv3 模型更适应于 SAR 舰船检测,达到了较好的检测效果,证实了深度学习模型在 SAR 舰船目标检测任务上的有效性。

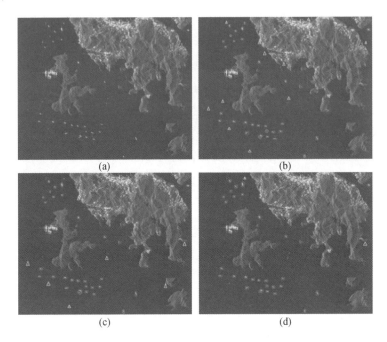

图 6-26 基于深度学习的舰船目标检测结果(见彩图)
(a) 原始 SAR 图像;(b) 双参数 CFAR 检测;
(c) YOLOv3 模型检测;(d) 改进 YOLOv3 模型检测。

虽然中高轨 SAR 具有观测范围广、监视时间长的显著优势,但是,由于雷达成像区域的距离很远,所需要的雷达天线面积和发射功率远比低轨 SAR 大。另外,中高轨 SAR 合成孔径时间很长,传统的低轨 SAR 信号模型和成像算法不再适用,特别是对运动舰船目标的检测和成像,更是与舰船大小、海情、环境等密切相关,需要深入的研究。由于受当前技术的限制,中高轨成像尚未有实测数据。近年来,国内外只是开展了机载/星载舰船目标检测及成像技术的理论研究和仿真分析,同时在一些机载试验中开展了技术验证,但同时还存在很多待解决的问题,如中高轨条件下舰船目标长时间成像问题、低虚警高概率检测问题等,均有待于相关领域的专家学者们持续开展研究。

第 7 章
星载合成孔径雷达抗干扰技术

近年来,星载合成孔径雷达性能不断提高,特别是分辨率的提高,已不仅可用于民用遥感,也可以用于军事侦察。由于其具有全天候、全天时工作能力,因此星载合成孔径雷达能作为重要军事装备,完成光学相机等传统侦察装备所不能执行的任务。既然作为一种军事电子装备,就必须考虑敌对装备的恶意干扰,特别是对于星载合成孔径雷达,由于其卫星轨道基本固定或是调整能力有限,因此活动规律容易被敌方掌握,便于敌方采用反制措施,所以星载合成孔径雷达必须采取各种抗干扰技术,以尽可能减小敌方干扰对合成孔径雷达性能的影响。

本章首先讨论合成孔径雷达干扰技术,重点是基于数字射频存储(Digital Radio-Frequency Memory,DRFM)技术的 SAR 有源干扰技术,最后主要针对有源干扰,分析星载合成孔径雷达可能的抗干扰技术。

7.1 SAR 干扰技术

与干扰常规雷达一样,干扰合成孔径雷达的技术可以分为无源干扰和有源干扰两大类。无源干扰本身并不辐射电磁波,而采用各种具有相对强反射特性的点目标或面目标掩护被侦察目标,甚至形成虚假的目标来欺骗雷达。有源干扰就是向雷达发射同频段的干扰信号,其强度一般要远大于正常的目标回波信号,从而达到保护目标的能力。

7.1.1 无源干扰技术

无源干扰最早成功应用于掩护飞机的活动,通过把箔条抛洒在飞机活动的区域,利用箔条具有较强的反射雷达入射波的能力,而且自身很轻,可以在空中漂浮一段时间,这样雷达就会接收到大量箔条反射的回波,其强度远大于被掩护的飞机的回波信号,从而使雷达无法发现在该区域活动的空中飞机。当然,随着雷达技术的发展,雷达已经可以利用箔条和飞机的速度差异,通过信号处理加以识别和区分。

无源干扰要能有效干扰 SAR 雷达,需要满足以下条件:

(1)无源干扰器需要在空间与被保护目标保持基本一致,这样才能使目标回波和无源干扰器的回波混叠在一起,同时到达雷达接收机,使 SAR 雷达不能区分目标和干扰。

(2)无源干扰器的雷达后向反射截面积要大于被保护目标,使真目标的回波淹没在干扰回波里,起到掩护的目的。

图 7-1 是典型的采用角反射器阵干扰合成孔径雷达的效果图。

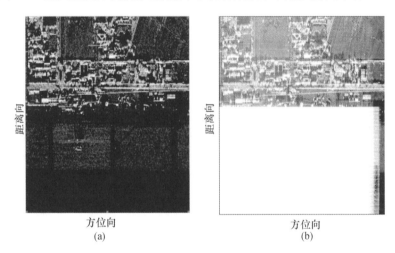

图 7-1 采用角反射器干扰合成孔径雷达的效果图
(a)没有干扰的合成孔径图像;(b)受到干扰的合成孔径图像。

无源干扰不灵活,特别当被保护目标是机场、港口等大型目标时,很难采用无源干扰器干扰 SAR 雷达的工作。但是无源干扰还是适用于特殊情况下的欺骗干扰,可以根据目标的形状,制作一些雷达反射特征与目标相近的假飞机、假车辆迷惑 SAR 雷达,这如同假目标迷惑传统光学照相一样。

7.1.2 有源干扰技术

有源干扰是对付 SAR 雷达的重要手段,它又可分为压制性干扰和欺骗式干扰两大类。欺骗式干扰就是向雷达发射模拟的假目标回波信号,SAR 雷达接收到这些信号后,经处理产生不应有的虚假目标。实施对星载 SAR 雷达的欺骗式干扰是比较困难的,因为从第 1 章讨论的 SAR 雷达的基本原理可知,SAR 雷达通过发射宽带信号获得距离分辨率,通过合成处理雷达平台运动过程中接收到的相干脉冲串获得方位分辨率,也就是通过目标回波信号的多普勒频率分辨率确定其方位分辨率。因此,如果要能产生欺骗性干扰信号,干扰机不仅要获取雷达发射的宽带信号的特性,而且必须确知 SAR 雷达和目标之间的相对几何位置关系,以及 SAR 雷达平台的运动参数。前者通过采用数字射频存储等先进技术似乎有可能,后者则很难精确获取。如果干扰机获得的雷达和目标位置关系或者雷达平台运动参数存在偏差,SAR 雷达接收到其发射的欺骗信号后,经处理就不能形成聚焦的假目标图像,所以对 SAR 雷达的有源欺骗干扰是困难的。

对 SAR 雷达有效干扰模式是压制性干扰。所谓压制性干扰是雷达接收到的干扰信号要远大于目标回波信号,使目标回波信号完全淹没在干扰信号之中而无法检测。压制性干扰又可分为阻塞式压制干扰和瞄准式压制干扰。阻塞式压制干扰就是干扰信号覆盖 SAR 雷达工作波段,其特点是干扰机不必确知雷达工作频率和工作波形,对侦收雷达信号的要求较低,只要大概知道雷达工作频段的范围就可以。当然由于干扰信号的能量要覆盖整个雷达工作波段,每赫兹的干扰能量会下降,其干扰效果会变差,甚至几乎没有影响。瞄准式压制干扰需要事先确知雷达的工作频率和工作波形。干扰机所发射的干扰信号可以全部进入雷达接收机,其干扰效果要明显优于宽带压制性干扰。确知雷达发射的信号参数是实现瞄准式干扰的前提条件,也是 SAR 雷达对抗干扰可利用的条件。总而言之,压制式干扰的核心是干扰信号能否强于目标回波信号。图 7-2 是有源干扰合成孔径雷达的效果图。

(a)

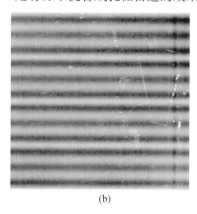
(b)

图 7-2 采用有源干扰合成孔径雷达的效果图

(a) 没有干扰的合成孔径图像;(b) 受到有源干扰的合成孔径图像。

为保证干扰效果,实际上就是要求干扰信号的强度要大于目标回波强度。下面首先按阻塞式干扰分析目标回波信号的信噪比。

1. 星载合成孔径雷达信噪比

假设星载合成孔径雷达工作频率为 λ,到目标的距离为 R,雷达发射的平均功率为 P_{av},发射天线增益为 G_t,接收天线增益为 G_r,雷达系统噪声系数为 N_F,接收机带宽为 B,信号系统损耗为 L_s,雷达入射角为 ϕ,目标的雷达后向反射系数为 σ_0,光速为 c,雷达平台的速度为 V,那么由第 1 章式(1 – 22)可知信噪比为

$$\frac{S}{N} = \frac{P_{av} G_t G_r \lambda^3 \sigma_0 c}{4(4\pi)^3 K T_0 N_F L_s R^3 B \sin\phi V} \tag{7-1}$$

2. 干扰噪声比[198]

令阻塞式有源干扰机的发射功率为 P_j,其天线的增益为 G_j,$P_j G_j$ 就是干扰机的有效辐射功率,干扰机到雷达的距离为 R_j。为分析方便,假设干扰机产生的干扰信号为纯噪声,带宽为 B_j,干扰信号到雷达的系统损耗为 L_j,这包含极化损失、传输损失等,那么雷达接收到的有效干扰信号功率 J 为

$$J = \frac{P_j G_j}{4\pi R_j^2 L_j} A_{r_j} \tag{7-2}$$

式中:A_{r_j} 为雷达接收干扰信号的等效天线面积。它又可表示为

$$A_{r_j} = \frac{\lambda^2 G_r G_{r_j}}{4\pi} \tag{7-3}$$

式中:G_{r_j} 为干扰信号入射到雷达接收天线方向的副瓣。因此雷达接收到的干扰噪声比 J/N 为

$$\frac{J}{N} = \frac{P_j G_j \lambda^2 G_r G_{r_j}}{(4\pi)^2 K T_0 N_F B R_j^2 L_j} \tag{7-4}$$

另外,为保证干扰效果,阻塞式干扰信号宽带 B_j 要大于雷达接收机的带宽 B,而超出接收机宽带的部分干扰信号会被接收机滤除,所以实际的干扰噪声比 J/N 将修正为

$$\frac{J}{N} = \frac{P_j G_j \lambda^2 G_r G_{r_j}}{(4\pi)^2 K T_0 N_F B R_j^2 L_j} \frac{B}{B_j} = \frac{P_j G_j \lambda^2 G_r G_{r_j}}{(4\pi)^2 K T_0 N_F B_j R_j^2 L_j} \tag{7-5}$$

信号功率与干扰加噪声之比 $S/(J+N)$ 为

$$S/(J+N) = \frac{S}{N} \frac{1}{1 + J/N} \tag{7-6}$$

由式(7 – 6)可知,当 $(J/N) < 1$ 时,干扰机对合成孔径雷达的干扰没有效果;当

$(J/N) \geq 1$ 时,干扰效果开始体现,但能否使合成孔径雷达失去效能,直接取决于信干比 S/J。由式(7-1)和式(7-5)并经整理,可得

$$\frac{S}{J} = \frac{P_{av}G_t B_j}{P_j G_j G_{r_j}} \frac{R_j^2}{R^3} \frac{L_j}{L_s} \frac{\lambda \sigma_0 c}{16\pi \sin\phi V} \qquad (7-7)$$

为构成有效干扰,要求干扰机的 $P_j G_j$ 满足

$$P_j G_j > \frac{P_{av} G_t B_j}{G_{r_j}} \frac{R_j^2}{R^3} \frac{L_j}{L_s} \frac{\lambda \sigma_0 c}{16\pi \sin\phi V} \qquad (7-8)$$

为进一步分析影响干扰效果的因素,设雷达脉冲重复周期为 T_r,发射脉冲宽度为 τ_1,脉冲压缩后的脉冲宽度为 τ_2,那么合成孔径雷达的脉冲压缩比 d,方位积累脉冲数 n,则有

$$d = \frac{\tau_1}{\tau_2} \qquad (7-9)$$

$$n = \frac{R\lambda}{2V\delta_a T_r} \qquad (7-10)$$

式中:δ_a 为方位分辨率。

$$P_{av} = \frac{P_t \tau_1}{T_r} \qquad (7-11)$$

$$B \approx \frac{1}{\tau_2} \qquad (7-12)$$

将上述公式代入式(7-8),得

$$P_j G_j > P_t G_t dn \frac{1}{G_{r_j}} \frac{B_j}{B} \frac{R_j^2}{R^4} \frac{L_j}{L_s} \frac{\delta_a \sigma_0 c}{8\pi \sin\phi} \qquad (7-13)$$

由式(7-13)可以看出,有源干扰的最大特点是单程传输,而有用的目标回波信号是双程传输,这也是有源干扰信号能够压制目标信号的主要因素。合成孔径雷达对抗有源干扰的主要手段除了自身的功率孔径积 $P_t G_t$ 外,主要依靠距离维的脉冲压缩积累 d、方位维的相干积累 n、接收天线在干扰方向的天线副瓣 G_{r_j} 以及信号带宽和损耗的差异。

7.2 基于 DRFM 的 SAR 干扰技术

7.1 节已经指出,对合成孔径雷达的有源干扰效果取决于干扰机对 SAR 雷达发射信号的了解程度,如果能完全复制 SAR 雷达发射的信号,这将会大大提高干扰的效果。DRFM 技术就是一种用来复制 SAR 雷达信号的技术。

7.2.1 DRFM 工作原理

理论上,利用 DRFM 射频存储器可以精确复制所接收到的雷达信号,使干扰机发射的干扰信号与 SAR 雷达工作的信号频谱极为相似,这样雷达不能通过匹配滤波和相干积累处理来抑制干扰信号,从而可使干扰机的干扰效果得到很大提高。

DRFM 按其定义就是将接收到的射频信号经过下变频、滤波后,在基带被高速 A/D 采样,获得的数字信号进入高速数字存储器,在那里可以对信号进行幅相调制;也可以不经任何处理,简单延迟后再经过 D/A 变换器形成基带信号,然后通过上变频回到射频信号。图 7 – 3 为 DRFM 组成框图。

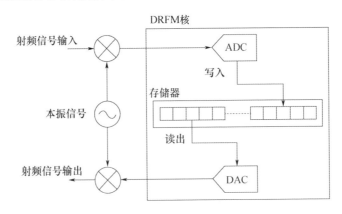

图 7 – 3　DRFM 组成框图

DRFM 工作原理非常简单,理论上可以复制任何形式的射频信号,但实际上仍受制于器件性能等,因此不可能做到完全复制所接收到的射频信号。衡量 DRFM 性能的主要参数有:

(1) 工作带宽是指 DRFM 能够接收和处理的射频信号范围。根据工作带宽,再选择合适的本振信号就确定了接收和处理的射频信号范围。

(2) 瞬时工作带宽是指 DRFM 能够瞬时接收和处理的射频信号范围,它表示了 DRFM 瞬时跟踪射频信号频率捷变的范围。

(3) 处理带宽是指 DRFM 能够接收、处理和复制的射频信号带宽。如果 DRFM 不带瞬时测频接收机,瞬时工作带宽和处理带宽是相同的,它们主要由 A/D、D/A 和高速数字存储器的速度决定。

(4) A/D 和 D/A 变换器的位数。由奈奎斯特采样定理可知 A/D、D/A 的速度决定了 DRFM 所能复制的射频信号带宽,但是变换器的速度越高,其有效位数就越小,而变换器的位数决定了 DRFM 所能接收和处理射频信号的动态范围,同时也影响所复制信号的保真度。

(5) DRFM 的存储容量由 A/D 变换器采样速度、位数和储存的最大脉冲宽度和需要暂存的脉冲数量决定。

(6) 响应时间是指 DRFM 接收到射频信号到复制出射频信号的时间。

7.2.2 基于 DRFM 的 SAR 干扰机

基于 DRFM 技术的 SAR 有源干扰机是利用 DRFM 具备复制 SAR 雷达辐射信号的能力,产生一组与 SAR 雷达信号相似的干扰信号,提高干扰效率。

假设 SAR 雷达发射的线性调频信号为

$$p_\tau(t) = a(t)\exp(j\gamma t^2) \quad (7-14)$$

式中:$a(t)$ 为发射信号幅度;γ 为调频斜率;τ 为发射脉冲宽度。

$$a(t) = \begin{cases} 1, & -\dfrac{\tau}{2} \leqslant t \leqslant \dfrac{\tau}{2} \\ 0, & \text{其他} \end{cases} \quad (7-15)$$

令成像雷达到目标间的距离为 $R_t(u,t)$,u 为慢时间,t 为快时间。不失一般性,目标为点目标。干扰机到雷达的距离为 $R_r(u,t)$,通常干扰机位置与目标不在同一位置,也就是 $R_t(u,t) \neq R_r(u,t)$。

成像雷达发射的射频信号 $x(t)$,就是把式(7-14)的线性调频信号调制到射频信号,即

$$x(t) = p_\tau(t)\exp(j2\pi f_0 t) \quad (7-16)$$

式中:f_0 为载频;$s(u,t)$ 为成像雷达接收到目标回波信号。

$$\begin{aligned} s(u,t) &= x\left[t - \dfrac{2R_t(u,t)}{c}\right] \\ &= p_\tau\left[t - \dfrac{2R_t(u,t)}{c}\right]\exp\left[j2\pi f_0\left(t - \dfrac{2R_t(u,t)}{c}\right)\right] \end{aligned} \quad (7-17)$$

经雷达接收机解调后为

$$s_1(u,t) = p_\tau\left[t - \dfrac{2R_t(u,t)}{c}\right]\exp\left[-j\dfrac{4\pi R_t(u,t)}{\lambda_0}\right] \quad (7-18)$$

λ_0 为 f_0 对应的工作波长。假设 DRFM 的 SAR 干扰机的原理框图如图 7-4 所示[199]。

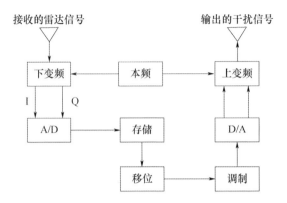

图 7-4　基于 DRFM 技术的 SAR 干扰机原理框图

干扰机接收到的雷达信号为 $x[t-R_r(u,t)/c]$，干扰机通过下变频、数字采样、存储、上变频等处理后，形成对成像雷达的干扰信号。同时假设干扰机的侦察设备完全捕获了成像雷达的工作频率、信号波形，这样干扰机发出的干扰信号 $J[u,t]$ 为

$$J[u,t] = x\left[t - \frac{R_r(u,t)}{c}\right] \otimes J_x(t) \quad (7-19)$$

式中：$J_x(t)$ 为 DRFM 自身存在偏差引起，也就是干扰机产生的信号波形会偏离雷达发射波形。这些偏离主要是 DRFM 器件对信号相位、幅度和延迟的量化处理。

假设信号的相位为 $\phi(t)$，DRFM 器件相位量化位数为 M，则它把信号相位分成了 N 档，即 $N=2^M$，这样经过 DRFM 后的相位变为

$$\hat{\phi}(t) = \begin{cases} 0, & -\frac{\pi}{N} \leq \phi(t) \leq \frac{\pi}{N} \\ \frac{2\pi}{N}, & \frac{\pi}{N} \leq \phi(t) \leq \frac{3\pi}{N} \\ \vdots & \vdots \\ \left(\frac{N-1}{N}\right)2\pi, & \left(\frac{2N-3}{N}\right)\pi \leq \phi(t) \leq \left(\frac{2N-1}{N}\right)\pi \end{cases} \quad (7-20)$$

DRFM 器件对信号延迟的量化处理如图 7-5 所示，图中 $c(t)$ 为理想的线性延迟，$r(t)$ 为实际 DRFM 阶梯型延迟。

总而言之，DRFM 器件存在非理想状态，其对接收到的雷达信号的偏离均包含在 $J_x(t)$ 中，可以使接收信号的频谱产生变化，变化的大小与 DRFM 器件的性能有关，具体见文献[200]。

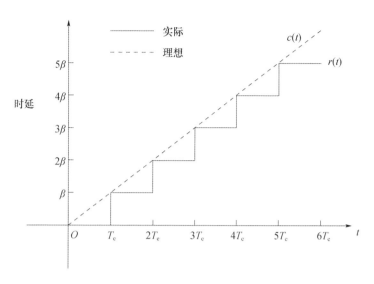

图 7-5 DRFM 器件对信号延迟量化示意图

这样雷达接收到的干扰信号为

$$J_1[u,t] = J\left[t - \frac{R_r(u,t)}{c}\right] = x\left[t - \frac{2R_r(u,t)}{c}\right] \otimes J_x\left[t - \frac{R_r(u,t)}{c}\right] \quad (7-21)$$

由于干扰信号的中心频率、信号带宽与雷达目标回波相同，因此经雷达接收机解调后，干扰信号成为 $J_2[u,t]$，即

$$J_2(u,t) = \left\{p_\tau\left[t - \frac{2R_r(u,t)}{c}\right] \otimes J_x\left[t - \frac{R_r(u,t)}{c}\right]\right\} \exp\left[-j\frac{4\pi R_r(u,t)}{\lambda_0}\right] \quad (7-22)$$

按照成像雷达信号处理流程，首先进行距离维的相关脉压处理，其输出为

$$s_h(u,t) = [s_1(u,t) + J_2(u,t)] \otimes p_\tau^*(-t) \quad (7-23)$$

经整理，得

$$s_h(u,t) \approx \mathrm{sinc}\left[t - \frac{2R_t(u,t)}{c}\right]\exp\left[-j\frac{4\pi R_t(u,t)}{\lambda_0}\right] + \\ \left\{\mathrm{sinc}\left[t - \frac{2R_r(u,t)}{c}\right] \otimes J_x\left[t - \frac{R_r(u,t)}{c}\right]\right\}\exp\left[-j\frac{4\pi R_r(u,t)}{\lambda_0}\right] \quad (7-24)$$

由式(7-24)可以看出，有用的雷达回波信号与基于 DRFM 技术干扰机在经过距离维的相关处理后，都获得了相同的得益，无非是最大值点的位置不同。如果干扰机与目标处在同一处，即 $R_t(u,t) = R_r(u,t)$，那么方位维的相关处理结果也是一样的得益。一般来说，干扰机输出的信号是单程传输，其强度远大于雷达回波信号，因此基于 DRFM 技术干扰机对成像雷达的威胁是非常大的，

必须有相应的对抗措施。

7.3 星载 SAR 抗干扰技术

前面已指出,对于 SAR 最大的威胁是有源干扰。与常规雷达类似,星载 SAR 抗有源干扰的主要途径有:一是利用 SAR 雷达发射波形的主动性,不再发射信号形式固定且容易被侦收的传统线性调频信号,而是发射不易被侦收解析的类似噪声信号的宽带信号,或是自适应变化信号的内部结构,利用干扰设备一定的滞后效应的特性,达到抗干扰的目的。二是尽可能降低天线的旁瓣。通过降低天线旁瓣不仅可以降低被侦收的概率,而且可以降低所接收到的干扰信号的强度。三是对进入 SAR 雷达的干扰信号进行频域(频域滤波又可以分为陷波和匹配滤波)和空域滤波。本节重点讨论宽带噪声波形技术、自适应抗干扰波形技术和自适应干扰抑制技术。

7.3.1 宽带噪声波形技术

前节已经谈到,利用数字射频存储技术的干扰机可以复制雷达发射的信号,并通过简单的延迟处理回送至雷达,就可以使干扰机的干扰效果得到很大提高,因此 SAR 雷达采用普通的内部参数不变的信号,如常用的线性调频信号,就容易受到干扰。为了提高抗干扰能力,SAR 雷达需要采用复杂的宽带信号波形,其中宽带噪声波形是其中具有潜力的一种。

对采用随机噪声波形的雷达技术研究已有数十年[201],但是由于技术的限制,一直处于理论研究阶段。随着技术的发展,电子干扰环境的日益复杂化,特别是针对合成孔径雷达需要长时间相干积累的特点,许多文献[202-203]研究利用随机宽带噪声波形来提高 SAR 雷达的抗干扰能力。

随机噪声波形可表示为

$$s_n(t) = A_n(t)\sin[2\pi f_0 t + \phi_n(t)] \quad (7-25)$$

式中:$A_n(t)$ 为随机信号幅度,瞬时变化,起伏满足瑞利分布;$\phi_n(t)$ 为随机信号的相位,它也是瞬时变化,满足在 $[-\pi, +\pi]$ 范围内均匀分布。这样随机信号的瞬时频率可表示为

$$f(t) = 2\pi f_0 \sqrt{f_1(t) + f_2(t)} \quad (7-26)$$

$$f_1(t) = \left[\frac{\mathrm{d}A_n(t)}{\mathrm{d}t}\frac{1}{2\pi f_0 A_n(t)}\right]^2 \quad (7-27)$$

$$f_2(t) = \left[1 + \frac{\mathrm{d}\phi_n(t)}{\mathrm{d}t}\frac{1}{2\pi f_0}\right]^2 \qquad (7-28)$$

式中:$f_1(t)$为由随机信号幅度变化引起的瞬时频率变化;$f_2(t)$为由随机信号相位变化引起的瞬时频率变化。

由式(7-26)就可以产生随机信号。为了获取所需要的宽带信号,需要通过数字带通滤波器,把随机信号确定在指定的带宽内。与常用的线性调频信号不同,这种宽带随机信号的频谱主能量虽然还在指定的带宽内,但其包络不是固定的,而是具有随机起伏的特性;瞬时的频率也不像线性调频信号是确定的,而是随机的。图7-6是信号带宽相同的随机信号和线性调频信号的频谱特性,从中可以看出两者显著的差异。

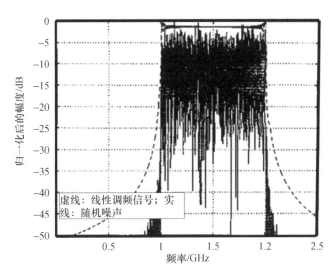

图7-6 随机宽带信号和线性调频信号的频谱

实线为随机宽带信号频谱;虚线为线性调频信号频谱。

由于随机信号的不确定性,信号的频谱特性在不断变化,无法按线性调频信号,可以用一个固定的信号进行相关或匹配处理,因此必须用具有同发射信号一样频谱特性的信号进行相关处理。获得这个信号最简单的方法就是发射信号的延迟,雷达实现的框图如图7-7所示。

假设雷达发射的随机宽带信号为$s(t)$,不考虑天线对发射信号的影响,那么有

$$s(t) = \int_{-\infty}^{+\infty} B_p(\tau) s_n(t-\tau)\mathrm{d}\tau = B_p(t) \otimes s_n(t) \qquad (7-29)$$

式中:$B_p(t)$为带通滤波器时域响应特性。

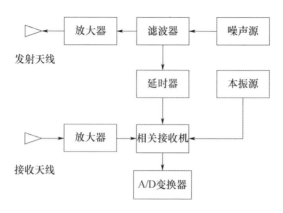

图 7-7 宽带随机信号雷达实现框图

不考虑天线对接收信号的影响,那么雷达接收到的回波信号为

$$s_r(u,t) = \int \xi(u,t-\tau)s(\tau)\mathrm{d}\tau = \xi(u,t) \otimes s(t)$$
$$= \xi(u,t) \otimes B_p(t) \otimes s_n(t) \quad (7-30)$$
$$\tau = 2r(u)/c$$

式中:u 为慢时间;t 为快时间;$\xi(u,t)$ 为目标后向反射函数;$r(u)$ 为在慢时间 u 时刻雷达到目标点的距离。

与传统 SAR 雷达一样,通过 u,t 域两次相关处理,恢复出目标的后向反射特性。首先是快时间域,即距离域的相关处理实现距离脉压,可表示为

$$s_{rc}(u) = \int_{-\infty}^{+\infty} s_r(\tau)s^*(t-\tau)\mathrm{d}\tau = \xi(u,t) \otimes R_{bb}(t) \quad (7-31)$$

$$R_{bb}(t) = \int_{-\infty}^{+\infty} s(\tau)s^*(t-\tau)\mathrm{d}\tau = B_p(t) \otimes R_{nn}(t) \otimes B_p^*(-t) \quad (7-32)$$

式中:$R_{bb}(t)$ 为随机宽带信号 $s(t)$ 的自相关函数,也是雷达系统对点目标的响应函数;$R_{nn}(t)$ 为随机信号的自相关函数。随机信号的带宽远大于带通滤波器的带宽,因此有

$$R_{nn}(t) \approx \delta(t) \quad (7-33)$$

$\delta(t)$ 为冲激响应函数,从而有

$$R_{bb}(t) = B_p(t) \otimes B_p^*(-t) \quad (7-34)$$

通带滤波器的响应函数可以表示为

$$B_p(t) = \mathrm{sinc}(2\pi Bt)\sin(2\pi f_0 t) \quad (7-35)$$

从式(7-35)可以看出,$B_p(t)$ 受中心频率为 f_0 正弦调制,当 $f_0 \gg B$ 时其影响可以忽略,当不满足时需要采取滤波措施抑制其影响[203]。总之,可以通过发

射信号的自相关处理,实现宽带噪声信号的脉压。

方位域的脉压也是通过方位向的相关函数进行相关处理,方位向的相关函数是由雷达和成像目标之间的相对运动引起的相位变化所致。假设雷达与目标相对几何关系如图7-8所示,那么由几何变化引起的相位变化随慢时间 u 的变化为[204]

$$\phi(u) = \frac{2\pi V^2}{\lambda(u) r_0} u^2 \qquad (7-36)$$

式中:V 为雷达平台速度;$\lambda(u)$ 为雷达瞬时工作波长;r_0 为回波信号的多普勒频率为零时雷达到目标的距离。

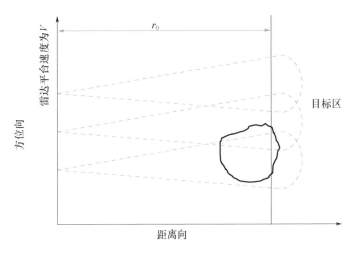

图7-8 成像雷达与目标的几何关系图

本来这个相位变化与雷达所发射的信号并没有关系,但是由于宽带随机信号瞬时频率并不像线性调频信号那样是个常数,它存在扰动现象,因此方位向的脉压效果不能达到线性调频信号效果。根据参考文献[202],经过平均后,与理想线性调频信号相差2%。

由于成像雷达采用宽带噪声信号,因此干扰方通过侦察,其最佳结果只能知道成像雷达工作的中心频率及其工作带宽,发射信号的内部特征是无法确知的,那么其发射的干扰信号为

$$J(t) = A_J(t) \exp[j(2\pi f_0 + \phi_j(t))] \qquad (7-37)$$

式中:$A_J(t)$ 为干扰信号幅度;$\phi_j(t)$ 为干扰信号相位。

因此成像雷达收到的目标回波和干扰信号的总和,变为

$$\hat{s}_r(u,t) = \xi(u,t) \otimes s(t) + J(t) \qquad (7-38)$$

经过距离域的相关处理后为

$$s_{rc}(u,t) = \xi(u,t) \otimes s(t) \otimes s^*(-t) + J(t) \otimes s^*(-t)$$
$$= \xi(u,t) \otimes B_p(t) \otimes B_p^*(-t) + J(t) \otimes s^*(-t) \quad (7-39)$$

由于$J(t)$和$s(t)$并不具有相关性,因此相关处理后不能获取距离向的脉压效果,而第一项来自目标的回波信号与参考信号自然是相关的。文献[202]通过仿真分析,采用宽带噪声信号可以取得比线性调频信号 10~15dB 干扰抑制的效果。

7.3.2 自适应抗干扰波形技术

前节已指出采用宽带噪声信号波形虽然可以提高 SAR 雷达的抗干扰能力,但是由于宽带噪声信号的频谱存在不确定性,在一些场合下会使 SAR 性能下降,因此也须考虑其他方法。这里讨论的方法是利用 DRFM 的特点,前面分析中假设 DRFM 可以直接复制雷达发射的信号,实际上它是需要接收一定时间内的雷达脉冲,才能分析、判断、最终复制出雷达信号,也就是雷达正在发射的脉冲与 DRFM 正在复制的脉冲信号存在时间差。如果 SAR 雷达可以做到每个脉冲都有变化,或者都是正交的,那么就可以利用这个时间差来降低 DRFM 的干扰效果。这就是基于波形参数捷变的 SAR 抗干扰技术原理。

假设 SAR 雷达依然发射式(7-14)所示的线性调频信号,但它的幅度包络不再是式(7-15)表示的恒定值,而是表示为

$$a(t) = \begin{cases} \exp[j\phi(t)], & -\dfrac{\tau}{2} \leq t \leq \dfrac{\tau}{2} \\ 0, & \text{其他} \end{cases} \quad (7-40)$$

式中:$\phi(t)$为线性调频信号附加的相位。

雷达发射的每个脉冲的相位是不同的,按式(7-41)表示随机变化,即

$$\phi_m(t) = \sum_{n=1}^{N} a_m \cos(\omega_{mn} t + \theta_{mn}) \quad (7-41)$$

式中:$\phi_m(t)$为第 m 个脉冲的$\phi(t)$;$a_m, \omega_{mn}, \theta_{mn}$均为随机产生的变量;$N$为整数,表示调制频率的个数。

由于附加了相位调制量,此时雷达所发射信号的瞬时频率将偏离线性调频信号,变为

$$f(t) = f_0 + \dfrac{1}{2\pi}\left(2\gamma t + \dfrac{\mathrm{d}\phi_m}{\mathrm{d}t}\right) \quad (7-42)$$

信号的幅度包络也有变化，如图 7-9 和图 7-10 所示。

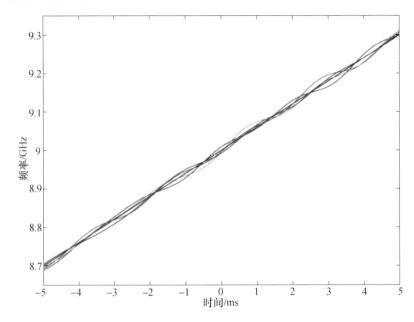

图 7-9　经过相位调制的线性调频信号的瞬时频率

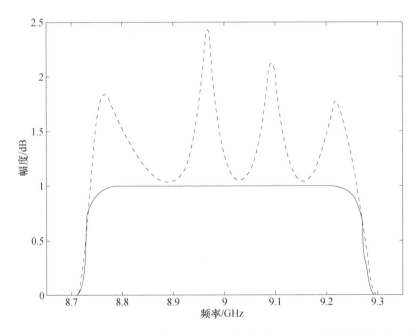

图 7-10　相位调制的线性调频信号的幅度包络（虚线）和经过功率均衡的幅度包络

经过随机相位调制后的线性调频信号之间的互相关信号呈现正交信号间的特征,见图 7-11。为了得到较好的副瓣脉压效果,可以对相位调制的线性调频信号按式(7-43)进行功率均衡。

$$\begin{cases} \dfrac{P_{max}^2}{\sqrt{2}|P_{max}|}, & |P_{max}| \geqslant \dfrac{P_{max}}{\sqrt{2}} \\ |P_{max}|, & \text{其他} \end{cases} \quad (7-43)$$

式中:P_{max} 为相位调制线性调频信号谱 $P(\omega)$ 的峰值。

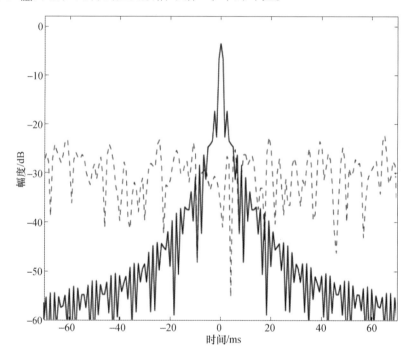

图 7-11　随机相位调制的线性调频信号的自相关(实线)和互相关(虚线)处理后的信号幅度

另一种方法是微调线性调频信号的斜率,此时式(7-41)变为

$$\phi_m(t) = \gamma_m t^2 \quad (7-44)$$

此时雷达所发射的信号依然是线性调频信号,只是调频斜率发生了变化,如图 7-12 所示,因此不需要对信号的功率谱进行均衡,而不同调频斜率的信号的互相关却具有正交特性,如图 7-13 所示。

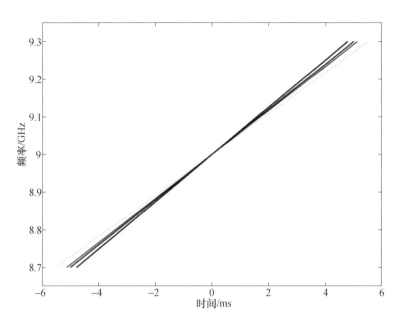

图 7-12　经过微调调频斜率的线性调频信号的瞬时频率

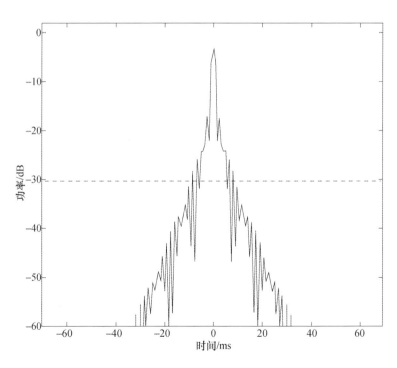

图 7-13　不同调频斜率的线性调频信号的自相关(实线)和
　　　　　互相关(虚线)处理后的信号幅度

7.3.3 自适应干扰抑制技术

自适应干扰抑制技术是指通过雷达信号处理提高 SAR 抗有源干扰能力的技术,本节主要讨论三方面的技术。第一类是通过基于对有源干扰器输出干扰信号的规律等先验知识,结合雷达发射参数变化的信号,区分干扰信号和目标回波信号,然后抑制干扰;第二类是当干扰信号的频谱远小于目标回波信号的频谱时,利用干扰信号和回波信号的奇异性抑制干扰;第三类是多通道信号处理技术,利用每个接收通道的空间位置不同引起的回波信号的差异抑制干扰。

1. 基于有源干扰先验知识的抗干扰技术

假设雷达发射第 m 个脉冲后,接收到总的信号为

$$s(t,u_m) = s_{\text{SAR}}(t,u_m) + s_{\text{EMC}}(t,u_m) \tag{7-45}$$

$$s_{\text{SAR}}(t,u_m) = \sum_n \sigma_n p_m[t - t_n(u_m)] \tag{7-46}$$

$$s_{\text{EMC}}(t,u_m) = \sum_l g_l p_{m-1}[t - t_l(u_m)] \tag{7-47}$$

式中:t 为快时间;u_m 为慢时间;$s_{\text{SAR}}(t,u_m)$ 为雷达收到的目标回波;$p_m(t)$ 为雷达发射的第 m 个脉冲波形;σ_n 为目标回波的反射系数;$t_n(u_m)$ 为对应目标的时延;$s_{\text{EMC}}(t,u_m)$ 为雷达收到的干扰信号;g_l 为有源干扰机输出的第 l 个干扰信号强度;$t_l(u_m)$ 为干扰机对应输出的时延。所发射的干扰信号是雷达以前发射的信号波形,不失一般性,可以假设是雷达发射的前一个信号波形 $p_{m-1}(t)$。

基于这个先验知识,可以先对干扰信号进行匹配处理,即

$$\begin{aligned} s_1(t,u_m) &= s(t,u_m) \otimes p_{m-1}^*(-t) \\ &= s_{\text{SAR}}(t,u_m) \otimes p_{m-1}^*(-t) + s_{\text{EMC}}(t,u_m) \otimes p_{m-1}^*(-t) \end{aligned} \tag{7-48}$$

式(7-48)中的第一项,由于处在失配状态,信号输出就会变小。而第二项干扰信号一般大于目标回波信号,同时又是处在匹配状态,因此会输出较大强度的信号,出现图 7-14 所示的情况。所以可以对 $s_1(t,u_m)$ 进行限幅处理,被限幅的信号都是干扰信号。假设经过限幅处理后的信号为 $s_2(t,u_m)$,再将 $s_2(t,u_m)$ 进行式(7-48)的反处理,假设为 $s_3(t,u_m)$,那么有

$$s_3(t,u_m) = s_2(t,u_m) \otimes p_{m-1}(t) \tag{7-49}$$

对 $s_3(t,u_m)$ 与回波信号匹配处理得到 $s_4(t,u_m)$,那么有

$$s_4(t,u_m) = s_3(t,u_m) \otimes p_m^*(-t) \tag{7-50}$$

假设直接对原始数据进行对回波信号的匹配处理得到的信号为 $s_5(t,u_m)$,则有

$$s_5(t,u_m) = s(t,u_m) \otimes p_m^*(-t) \tag{7-51}$$

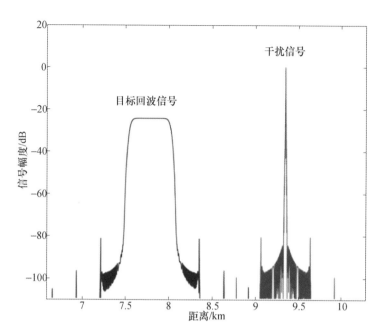

图 7-14 经过与干扰信号匹配的输出信号的幅度

比较 $s_4(t,u_m)$ 和 $s_5(t,u_m)$ 可以发现，$s_4(t,u_m)$ 输出的干扰信号残余更小，如图 7-15 和图 7-16 所示，两者相差 20dB 以上。

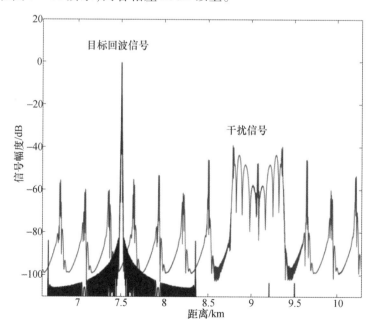

图 7-15 经过限幅处理后的信号

如果能了解干扰机的干扰规律,可以不采用正交信号组,这样可以降低对雷达发射波形间正交性的要求[205]。

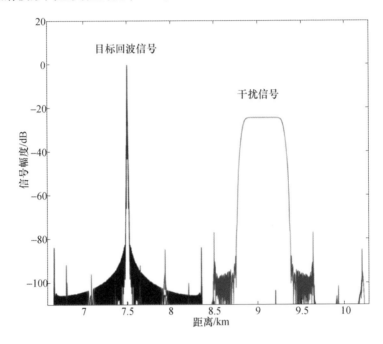

图 7-16　没有经过限幅处理的输出

2. 基于窄带干扰的抗干扰技术

DRFM 有源干扰机有时为了加快反应速度,采用只接收雷达发射信号的其中一小段信号,然后对这段信号进行存储、转发成干扰信号,之后再接收雷达信号再转发。这种干扰模式几乎可以实时响应,但是不能复制雷达所发射的完整信号,产生的干扰频谱范围只占雷达发射信号频谱的一小部分,这种干扰称为窄带干扰。雷达接收到带有这种干扰信号的回波的特点是在整个信号带宽范围内,只有窄的频率内的回波幅度远大于近邻频率的幅度。利用这一特征,可以有效抑制干扰。抑制窄带干扰的方法很多,这里介绍两种典型的方法。

1)频域陷波法

频域陷波法是最经典的非参数化方法。它基于窄带干扰信号远大于正常回波的特性,具体处理过程是首先将 SAR 系统接收机接收到的时域信号变换到频域,然后在频谱中找到窄带干扰谱尖峰,再将这些尖峰用陷波滤波器滤除,最后再变换到时域完成窄带干扰抑制。频域陷波法运算量小、实现简单,但是会在抑制掉窄带干扰的同时对目标回波造成较大损失,特别在窄带干扰数量较多时损失程度会更加严重,造成旁瓣增高,影响成像质量。同时,频域陷波法的跟踪能力不强,不能很好地应对窄带干扰的时变性和空变性,难以适应 SAR 多变的工作环境。

2) 自适应谱线增强方法(Adaptive Line Enhancer,ALE)

ALE 的结构示意图如图 7-17 所示,该结构由延迟、自适应滤波器和相减三部分组成。自适应滤波器的参考信号为 ALE 系统的输入信号 $d(n)$;其输入信号为 $d(n)$ 的延迟 $d(n-\Delta)$,输出为 $y(n)$;整个 ALE 系统的输出为自适应滤波器的误差 $e(n)$。该结构主要的特点在于,ALE 系统的输入信号不仅作为参考信号,经过延迟后还同时作为自适应滤波器的输入信号。其中 Δ 为解相关时延,以采样周期为基本单元来衡量。

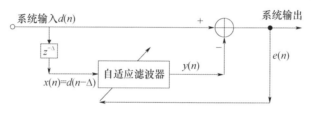

图 7-17 ALE 的结构示意图

ALE 结构中的自适应滤波器一般采用横向型有限脉冲响应滤波器,自适应横向滤波器结构简单,容易实现,但运算量较大,而且会随着阶数的增加而增加。自适应算法的选择决定着 ALE 硬件实现的复杂程度。可供选择自适应算法有很多,如 LMS 算法、NLMS 算法等。考虑到收敛速度和硬件实现的要求,多采用 NLMS 算法,这样可以得到比 LMS 方法更快的收敛速度,同时运算复杂度相对低,易于硬件实现。

SAR 接收的信号可以表示为窄带干扰信号和宽带高斯白噪声的和,将接收信号直接输入到 ALE 系统,则有

$$d(n) = rfi(n) + g(n), n = 1, 2, \cdots, N-1 \quad (7-52)$$
$$g(n) = s(n) + v(n)$$

式中:$rfi(n)$ 为窄带干扰信号;$g(n)$ 宽带高斯白噪声信号;$s(n)$ 为回波信号;$v(n)$ 为接收机噪声;N 为采样点数。滤波器输出 $y(n)$ 为 $rfi(n)$ 的最佳估计,即

$$\widehat{rfi}(n) \approx y(n) = w^H(n)x(n) \quad (7-53)$$

式中:$w(n)$ 为滤波器抽头系数;$x(n)$ 为滤波器的抽头输入信号;$[\cdot]^H$ 为共轭转置。设滤波器阶数为 M,则有

$$\boldsymbol{w}(n) = [w_0(n) \quad w_1(n) \quad \cdots \quad w_{M-1}(n)]^{\mathrm{T}} \quad (7-54)$$

$$\boldsymbol{x}(n) = [x(n) \quad x(n-1) \quad \cdots \quad x(n-M-1)]^{\mathrm{T}} \quad (7-55)$$

式中：$[\cdot]^{\mathrm{T}}$ 为转置。

ALE 中的估计误差 $e(n)$ 是窄带干扰抑制后的数据，即

$$e(n) = d(n) - y(n) \cong rfi(n) + g(n) - \widehat{rfi}(n) \quad (7-56)$$

滤波器系数更新可表示为

$$w(n+1) = w(n) + \frac{\mu}{\|x(n)\|^2} x(n) e^*(n) \quad (7-57)$$

式中：μ 为步长，且 $0 < \mu < 2$；$\|\cdot\|$ 为欧式范数；$*$ 为复共轭。为了避免分母为零而系统不可控的问题，系数更新修正为

$$w(n+1) = w(n) + \frac{\mu}{\delta + \|x(n)\|^2} x(n) e^*(n) \quad (7-58)$$

式中：$\delta > 0$。

LMS 滤波器和 NLMS 滤波器在结构上是一样的，二者都是自适应横向滤波器，其不同的地方仅仅在于滤波器系数的控制机理。LMS 滤波器系数更新可表示为

$$w(n+1) = w(n) + \mu x(n) e^*(n) \quad (7-59)$$

式(7-59)与式(7-58)唯一的不同点在于，前者的乘积 $\mu x(n) e^*(n)$ 相对于滤波器输入 $x(n)$ 的欧式范数平方作了归一化，即相对于输入 $x(n)$ 作了功率归一化。或者也可以将 NLMS 理解为变步长的 LMS，其步长为 $\mu/[\delta + \|x(n)\|^2]$。但是因为这一点不同使得 NLMS 的收敛速度比 LMS 快；而且更重要的是，NLMS 的变步长能够自动跟踪输入数据的变化，这样就不必为输入数据的变化而去反复地调整步长，所以 NLMS 算法的跟踪性能要好于 LMS 算法。

图 7-18 是采用 SAR 雷达获取的实测数据分析不同处理方法抑制窄带干扰的效果，其中图 7-18(a)是未进行干扰抑制直接成像的结果，图中场景为某地区的田野和村庄。为了便于观察，在此截取了部分图像。由于存在窄带干扰，图中沿距离方向明显存在一条干扰带，把部分目标给遮盖掉。图 7-18(b)是利用自适应频域置零陷波法抑制窄带干扰的成像结果，由于干扰的能量是时变的，频域滤波的凹口根据回波的能量自适应调节。与图 7-18(a)相比，图 7-18(b)中的大量干扰被明显地抑制了，但出现目标散焦，这是因为频域陷波法在抑制干扰的同时，造成了回波信号的明显损失，影响了目标信号的聚焦效果。由于实测数据的信噪比一般不是很高，这使得在成像结果中被干扰覆盖的

区域并没有很好地重现出来,并且图中还有剩余干扰的痕迹。图 7-18(c)是利用 ALE 滤波法抑制干扰后的成像结果。图 7-18(c)与图 7-18(b)相比,不仅有效地抑制窄带干扰,而且较好地恢复了被干扰遮盖的目标信号。

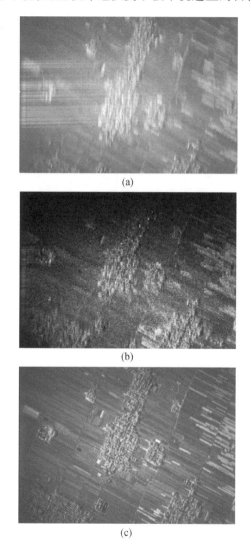

图 7-18 采用实测数据的抑制窄带干扰效果图
(a)未抑制干扰直接成像;(b)陷波法抑制干扰的图像;(c)ALE 滤波法抑制干扰的图像。

3. 多通道干扰抑制技术

SAR 雷达采用多通道抑制干扰有源技术,主要是利用通道之间的空间信息,来对消干扰信号。采用多通道干扰抑制技术抑制来自副瓣进入的干扰,原理如同常见的自适应信号处理[206]。

同传统雷达一样,合成孔径雷达干扰与抗干扰技术之间的博弈是长期的,没有绝对可以胜出的技术。各自的效果与了解对方的密切程度相关,越了解对方,就可以在博弈中取得主动,也与能否在博弈中自适应变化相关。总体来讲,合成孔径雷达变化工作参数是主动行为,干扰信号随之变化是被动行为。谁变化快,谁就能获得主动,而合成孔径雷达通过信号处理滤除干扰信号是被动行为,并且通常以复杂硬件为代价。

第 8 章

宽带星载合成孔径雷达系统技术

前几章讨论了星载 SAR 技术最新发展情况,这些技术的实现均要求雷达系统必须具有宽带特性,就是雷达系统必须能产生、发射、接收和处理宽带信号,宽带系统是星载 SAR 技术发展的基础。在这里讨论的宽带有两层含义,首先是绝对带宽,所谓绝对带宽是指满足 SAR 雷达分辨率相对应的带宽,雷达的天线、信号产生和处理的带宽要大于这个要求。其次是相对带宽,由于雷达的工作频率可能不同,所要求的绝对带宽确定之后,其与雷达工作频率之比称为相对带宽,相对带宽越小,越容易实现,这也是要求 SAR 雷达的分辨率较高时,大多选用高波段的原因。当然影响雷达工作频率选择的因素很多,与应用等多方面有关,并非由带宽这单一因素决定。本章将以实现绝对带宽作为主要约束条件,讨论宽带相控阵天线、宽带信号产生和处理的特点以及技术发展的方向。

8.1 宽带天线形式

宽带天线主要有两种形式:一是反射面天线;二是相控阵天线。反射面天线又可细分为旋转抛物面天线、抛物柱面天线等,其基本原理是相同的。反射面天线通常由馈源和反射面两大部分组成,馈源一般要处在反射面的焦点附近,偏离焦点会导致天线效率的下降。通过馈源把大功率雷达信号送至反射面,反射面反射并汇聚、辐射雷达信号到空间。反射面的聚焦作用实现了天线的高方向性。反射面自身具有宽带特性,只要馈源具备宽带特性,就可以实现宽带反射面天线。不过反射面天线具有固有的缺陷,其天线波束的覆盖受到很大限制,要么通过机械转动反射面实现天线波束的扫描,要么通过复杂的馈源实现有限角度的波束扫描。对于前者,需要通过卫星的摆动实现天线波束的扫描,这会影响 SAR 雷达使用特性;对于后者,如果只有一个主反射面,如图 8-1 所示,那么最大扫描角要控制在天线波束宽度的 10 倍以内,超出这个范围,天线性能会严重恶化。同时要求馈源采用复杂的相控阵馈源,最小的馈源数 $N_{\min}$ 由距离向最大扫描角 $\alpha_{\max}$ 和方位向的最大扫描角 $\beta_{\max}$,以及天线的距离向波束宽度 $\Delta\alpha$ 和方位向的波束宽度 $\Delta\beta$ 决定[207],即

$$N_{\min} = \frac{\sin\alpha_{\max}}{\sin\frac{\Delta\alpha}{2}} \cdot \frac{\sin\beta_{\max}}{\sin\frac{\Delta\beta}{2}} \tag{8-1}$$

一般 $\alpha_{\max}$、$\beta_{\max}$ 很小,因此式(8-1)可简化为

$$N_{\min} \approx 4\frac{\alpha_{\max}}{\Delta\alpha}\frac{\beta_{\max}}{\Delta\beta} \tag{8-2}$$

工程上为保证天线性能,实际采用的馈源数量是 $N_{\min}$ 的 2.5 倍左右。如果再采用一个副反射面,见图 8-2,则减小到 1.5 倍。对于卫星而言,两个反射面大大增加了工程实现的难度,即使采用两个反射面,其天线扫描的范围依然有限。

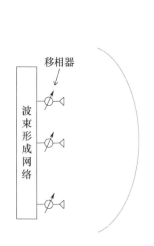

图 8-1 采用相控阵馈源的单反射面天线示意图

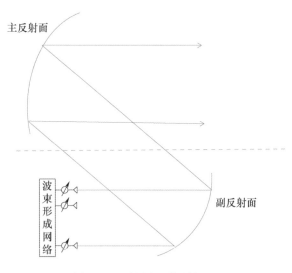

图 8-2 采用主、副反射面和相控阵馈源的天线示意图

总而言之,反射面天线虽然可以实现宽带特性,但受到其他因素的制约,不能满足前几章讨论的先进星载 SAR 技术对天线性能的要求。要获得高性能 SAR,需要采用宽带相控阵天线。

8.2 宽带相控阵天线

相控阵天线具有天线波束扫描角度大、覆盖范围广、天线波束指向可以快速切换、天线波束形状可以根据需要灵活设置等优点,能够根据需要形成多相位中心以满足星载 SAR 雷达高分宽幅和抗干扰等要求,天线内部硬件组成相互之间固有的冗余特性确保高可靠性,同时相控阵天线容易折叠的特点非常适用于高性能星载 SAR。随着技术的发展,相控阵天线的宽带性能越来越好,因此宽带相控阵天线是高性能 SAR 雷达的首选天线形式。本节将从相控阵天线原理出发,讨论宽带相控阵天线的特点、实现宽带相控阵天线的基本要求。

8.2.1 相控阵天线原理

相控阵天线由天线辐射单元、移相器和馈电网络等组成。天线辐射单元等需要满足整个天线的工作频率和工作带宽。通过控制移相器使每个辐射单元发射或接收到的信号在指定的方向可以同相叠加,这个方向就是整个天线波束的指向,而其他方向彼此相消形成天线的副瓣。由于移相器是通过电子信号控制,切换速度极快,因此相控阵天线波束的指向可以做到无惯性转换。

这里以线阵为例简要说明相控阵天线原理。假设由 N 个均匀分布的天线单元组成的相控阵天线如图 8-3 所示,天线长度为 L,单元间距为 d。不失一般性,可以认为每个天线单元的方向图相同,并且具有全向特性,与它连接的移相器的相位量是线性变化,相邻单元间差值为

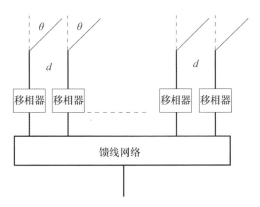

图 8-3 线性阵列天线示意图

$$\Delta\theta_B = \frac{2\pi d}{\lambda}\sin\theta_B \tag{8-3}$$

式中:λ 为雷达工作波长;θ_B 为一角度表示的常数。由参考文献[208]可以得到相控阵天线的方向图函数为

$$F(\theta) = \sum_{i=0}^{N-1} a_i \exp\left(ji\left(\frac{2\pi}{\lambda}d\sin\theta - \Delta\theta_B\right)\right)$$

$$= \sum_{i=0}^{N-1} a_i \exp\left(ji\left(\frac{2\pi}{\lambda}d\sin\theta - \frac{2\pi}{\lambda}d\sin\theta_B\right)\right) \tag{8-4}$$

式中:a_i 为每个辐射单元的激励信号幅度;θ 为偏离天线法向的角度。令每个辐射单元的激励信号相同,并归一化为 1,那么式(8-4)为

$$F(\theta) = \frac{1 - \exp\left(jN\frac{2\pi}{\lambda}d(\sin\theta - \sin\theta_B)\right)}{1 - \exp\left(j\frac{2\pi}{\lambda}d(\sin\theta - \sin\theta_B)\right)} \tag{8-5}$$

进一步有

$$F(\theta) = \frac{\sin\frac{N}{2}\left[\frac{2\pi}{\lambda}d(\sin\theta - \sin\theta_B)\right]}{\sin\frac{1}{2}\left[\frac{2\pi}{\lambda}d(\sin\theta - \sin\theta_B)\right]} \exp\left\{j\frac{N-1}{2}\left[\frac{2\pi}{\lambda}d(\sin\theta - \sin\theta_B)\right]\right\} \tag{8-6}$$

当 $(2\pi/\lambda)d(\sin\theta - \sin\theta_B)$ 较小,可得相控阵天线的幅度方向图为

$$|F(\theta)| \approx N \frac{\sin\frac{1}{2}\left[\frac{2\pi}{\lambda}L(\sin\theta - \sin\theta_B)\right]}{\frac{1}{2}\left[\frac{2\pi}{\lambda}L(\sin\theta - \sin\theta_B)\right]} \tag{8-7}$$

由式(8-7)可知,当 $\theta = \theta_B$ 时,幅度方向图达到最大值,这就是天线波束的指向角。改变 θ_B,就可以使幅度方向图的最大值处在不同的方向角,而 θ_B 是可以通过移相器进行设置,因此控制移相器就可以控制相控阵天线的指向角,这就是相控阵天线最基本的原理,也是其名称的来源。

相控阵天线对天线单元之间的距离是有要求的,不能任意设置。由式(8-6)可知,当满足

$$\frac{2\pi}{\lambda}d(\sin\theta - \sin\theta_B) = 2m\pi \tag{8-8}$$

式中:m 为整数。式(8-6)也能达到最大值,也就是天线波瓣的幅度可能出现多个与主瓣一样大的值,这称为栅瓣。出现最大的位置 θ 为

$$\sin\theta = \frac{m\lambda}{d} + \sin\theta_B \tag{8-9}$$

由式(8-9),当单元间距 d 接近或大于波长 λ,虽然 θ_B 不变,但可以有多个 θ 值满足式(8-8)。例如单元间距 d 与雷达工作波长 λ 一样时,假设 $\theta_B = 30°$,那么不仅 $\theta = 30°$,而且 $\theta = -30°$ 也满足式(8-8),只是前者 m 为 0,后者 m 为 -1,也就是天线波瓣在 $-30°$ 处也出现了一个幅度与 $+30°$ 处一样的波瓣,这个波瓣就是栅瓣。栅瓣的出现会使天线性能大大下降,这在天线设计中是不允许的。因为 $\sin\theta \leqslant 1$,所以只要满足

$$\left| \frac{m\lambda}{d} + \sin\theta_B \right| > 1 \qquad (8-10)$$

那么只有一个 θ 值满足式(8-8),也就是天线波瓣永远不会出现栅瓣,因此有

$$d < \frac{\lambda}{1 + |\sin\theta_B|} \qquad (8-11)$$

从式(8-11)可以看出,天线单元间距与雷达工作波长和天线扫描角有关,波长越短,扫描角越大,单元间距要求越小。

8.2.2 相控阵天线的带宽限制

由式(8-3)可知,相控阵天线相邻单元间的移相器取值与雷达工作波长有关,当相控阵天线工作在瞬时宽带时,瞬时的雷达工作波长是在变化的。理论上波长有变化,移相器值也要相应调整,但实际上移相器值不可能随瞬时雷达工作波长实时调整,这样反过来就必须对天线的工作带宽有所限制。

下面具体分析带宽对相控阵天线性能的影响。

1. 天线波束指向的偏移对相控阵天线带宽的限制

假设有一相控阵天线,天线长度为 L,相邻天线单元间的移相器的差值为 $(2\pi/\lambda)d \cdot \sin\theta_B$。由式(8-7)可知,天线的指向角为 θ_B,如果雷达工作波长变为 $\lambda + \Delta\lambda$ 时,使式(8-7)最大值的 θ 角必然发生偏移,并且由于天线尺寸的关系,由雷达工作波长变化导致的最大相位差是在相控阵天线两端的天线单元之间。假设天线指向偏差为 $\theta_B + \Delta\theta$,并满足

$$\frac{2\pi}{\lambda} L \sin\theta_B = \frac{2\pi}{\lambda + \Delta\lambda} L \sin(\theta_B + \Delta\theta) \qquad (8-12)$$

利用 $\lambda f = c$,进一步化简有

$$\frac{\sin\theta_B}{f} = \frac{\sin(\theta_B + \Delta\theta)}{f + \Delta f} \qquad (8-13)$$

一般 $\Delta\theta \ll 1$,可得

$$\Delta\theta = \frac{\Delta f}{f}\tan\theta_B \qquad (8-14)$$

由式(8-14)可以得到,相控阵天线的波束指向偏离角 $\Delta\theta$ 随频率偏差 Δf 和扫描角 θ 的增加而增大,这样对相控阵天线而言,宽带信号不同频率分量的波束指向是有差异的。为保证雷达发射的能量集中,要对信号带宽进行限制,至少要求天线波束指向偏差不能大于波束宽度的1/4,因此有

$$\Delta\theta \leqslant \frac{\Delta\theta_{3dB}}{4\cos\theta_B} \qquad (8-15)$$

式中: $\Delta\theta_{3dB}$ 为天线波束宽度。结合式(8-14),有

$$\Delta f \leqslant \frac{\Delta\theta_{3dB}}{4\cos\theta_B}f \qquad (8-16)$$

而 $\Delta\theta_{3dB} \approx (\lambda/L)$,代入式(8-16),有

$$\Delta f \leqslant \frac{c}{4L\sin\theta_B} \qquad (8-17)$$

2. 天线孔径渡越时间对相控阵天线带宽的限制

当天线尺寸较长时,回波信号到达天线阵两端的辐射单元会存在明显的时间差 Δt,即

$$\Delta t \leqslant \frac{c}{L\sin\theta_B} \qquad (8-18)$$

如果雷达信号带宽为 Δf,那么经过脉冲压缩处理后,信号的时宽近似为 $1/\Delta f$,这样来自天线两端单元的回波信号将不能有效相加。这种现象称为相控阵天线孔径渡越时间,孔径渡越时间限制了雷达可用的信号带宽。为保证性能,通常要求

$$\Delta f \leqslant \frac{1}{10\Delta t} = \frac{c}{10L\sin\theta_B} \qquad (8-19)$$

比较式(8-17)和式(8-19)可以看出,天线孔径渡越时间对相控阵天线的限制更为严格。

3. 天线孔径渡越时间对线性调频信号速率的限制

当SAR雷达使用宽带信号时,需要对脉冲信号进行相位调制以增加带宽。脉冲信号内部的不同时刻的相位是不一样的,而当相控阵天线扫描时,处在不同位置的天线单元接收到的信号存在时间差,这样同一时刻每个天线单元接收到的脉冲所对应的相位存在差异,这个相位差将会偏离前面讨论的相控阵天线单元之间的相位差的要求,随着相位调制速率的提高,其影响会越来越大。这

种影响会使天线波束的指向发生偏离,天线波瓣变得不对称,天线副瓣会抬高。参考文献[208]以线性调频脉冲为例,指出线性调频信号的调频速率 k 要满足

$$k \leqslant \frac{c^2}{16(N-1)^2(d\sin\theta_B)^2} \qquad (8-20)$$

如果雷达采用其他调制形式的脉冲也同样存在类似的问题,也要求脉冲内部的相位随时间变化不能太快。

8.2.3 相控阵天线的带宽扩展

宽带对相控阵天线限制的主要原因是信号到达天线单元之间存在时间差,天线尺寸越大,扫描角越大,时间差就越大,影响就增大,也就是说影响程度与时延的大小成正比。因此,一个有效的补偿方法就是天线单元或天线子阵采用实时延迟线来补偿空间引起的时延差。

1. 实时延迟线的作用

通过实时延迟线可以补偿相控阵天线内部单元间由空间引起的延时,由于延迟量与频率无关,因此不存在宽带的影响。但在实际工作中不可能做到实时延时线的时延与天线单元之间的空间延时完全一样,由后面的分析可知,剩余部分其实就是单元间的相位差,因此一般只要延迟线的时延控制到雷达工作波长量级,剩余部分采用移相器补偿相应的移相量。由于空间延时随扫描角变化,自然对于每个实时延迟线的时延也要求随扫描角变化,为了控制方便,实时延迟线是以整数倍波长实现的。下面分析经过延迟线补偿后相控阵天线角度偏移与孔径渡越对宽带信号的限制。

假设有 N 个单元组成相控阵天线,第 N 个天线单元插入一个长度为 L_1 的时间延迟线,对应的第 i 个天线单元插入的延迟线长度为 $(L_1/N)(i-1)$,那么式(8-12)变为

$$\frac{2\pi}{\lambda}(L\sin\theta_B - L_1) = \frac{2\pi}{\lambda + \Delta\lambda}[L\sin(\theta_B + \Delta\theta_1) - L_1] \qquad (8-21)$$

经转换后为

$$\frac{2\pi}{f}(L\sin\theta_B - L_1) = \frac{2\pi}{f + \Delta f}[L\sin(\theta_B + \Delta\theta_1) - L_1] \qquad (8-22)$$

整理后,得

$$\Delta\theta_1 = \frac{\Delta f(L\sin\theta_B - L_1)}{fL\cos\theta_B} \qquad (8-23)$$

进而有

$$\Delta\theta_1 = \frac{\Delta f}{f}\tan\theta_B\left(1 - \frac{L_1}{L\sin\theta_B}\right) \qquad (8-24)$$

因延迟线的延迟量与需要补偿的空间延时量的差值 $L\sin\theta_B - L_1 < \lambda$,而 $L\sin\theta_B \gg \lambda$,因此有

$$\left(1 - \frac{L_1}{L\sin\theta_B}\right) \ll 1 \qquad (8-25)$$

比较式(8-14)和式(8-24),有 $\Delta\theta_1 \ll \Delta\theta$,也就是在增加实时延迟线措施后,由带宽引起的指向偏差要小得多。同样对于式(8-19),增加延迟线后,修正为

$$\Delta f \leqslant \frac{c}{10(L\sin\theta_B - L_1)} \qquad (8-26)$$

2. 子阵延迟线

当天线阵面很大时,如果每个天线单元后面都有一个延迟线,延迟线数量是非常大的。为了节省成本,需要进行简化处理,也就是若干个天线单元组成的天线子阵后面接一个延迟线,子阵内所有的天线单元的延迟量都是一样的,这可以大大减小延迟线的数量。将整个天线阵均匀划分成 m 个子阵,与每个子阵连接的延迟线延迟量依然为波长的整数倍,如图8-4所示。

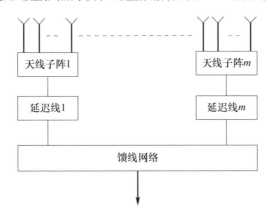

图8-4 按子阵级进行延迟补偿的相控阵天线示意图

子阵的延迟线的最大延迟量 L_1 仍要满足

$$L_1 \leqslant L\sin\theta_B \qquad (8-27)$$

按波长的整数倍考虑后为

$$n \leqslant \mathrm{int}\left(\frac{L\sin\theta_B}{\lambda}\right) \qquad (8-28)$$

这样子阵之间的空间延迟可以视为被子阵延迟线补偿到一个波长内,而没有得到补偿的是一个子阵内部天线单元之间引起的空间延迟。这样同样条件下,相控阵天线对带宽的容忍可以放大 m 倍,式(8-16)修正为

$$\Delta f \leqslant m \frac{\Delta \theta_{3\mathrm{dB}}}{4\sin\theta_B} f \qquad (8-29)$$

孔径渡越时间对瞬时带宽的限制也可以放大 m 倍,式(8-19)修正为

$$\Delta f \leqslant \frac{mc}{10L\sin\theta_B} \qquad (8-30)$$

因此在天线阵面尺寸、天线最大的扫描角以及雷达必须使用的信号带宽确定后,子阵数量 m 必须满足

$$m \geqslant 10 \frac{\Delta f}{f} \frac{\sin\theta_B}{\Delta \theta_{3\mathrm{dB}}} \qquad (8-31)$$

8.3 宽带数字波束形成技术

8.3.1 相控阵天线的形式

前节主要讨论的是宽带相控阵天线的基本原理,其实现形式主要分为无源相控阵、有源相控阵天线和数字阵列相控阵天线[209],如图 8-5 ~ 图 8-7 所示。

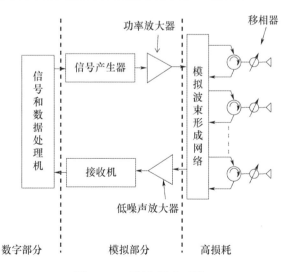

图 8-5 无源相控阵天线

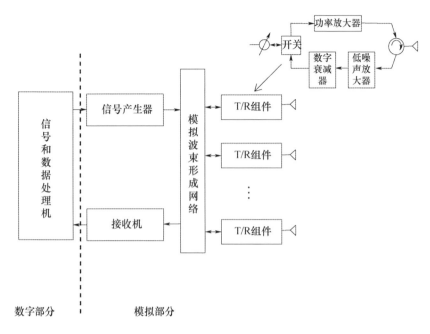

图8-6 有源相控阵天线

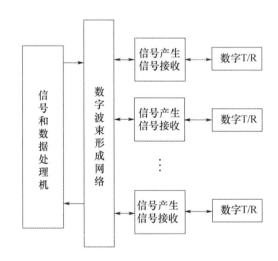

图8-7 数字阵列相控阵天线

无源相控阵天线是最早出现的一种相控阵天线形式,它采用集中式发射机和接收机,因此天线的主体部分都是无源电路,这也是它的名字的来源。这种形式的天线结构比较简单,对电路的集成度要求较低,容易实现,成本也相对低廉。但是由于有源电路均在天线的后端,发射信号和接收信号的损耗很大,效率较低,因此随着微波集成电路的快速发展,这种形式的相控阵天线已渐渐退出使用。

有源相控阵天线虽然采用集中的信号产生和接收,但是与无源相控阵天线不同,集中的信号产生器输出的是低功率信号,在 T/R 处进行放大,天线接收到的信号也是就近在 T/R。对于这样的天线架构,损耗比较大的微波分配网络都在 T/R 组件后面,真正对系统产生影响的只有 T/R 和辐射单元之间一小段电缆产生的损耗,因此整个天线系统的效率很高。目前越来越多的雷达系统采用这种形式的相控阵天线。有源相控阵天线也适用于数字波束形成技术。

数字阵列天线是随着数字器件技术不断发展出现的最新形式的相控阵天线。其特点是每个辐射单元后面紧跟的是数字 T/R 组件,典型的数字 T/R 组件如图 8-8 所示[210],它不仅具有放大信号的功能,而且具有自身信号产生的功能和将天线辐射单元接收到的信号进行数字化的功能。因此,数字阵列天线不仅具有与有源相控阵天线一样的效率,而且系统更为灵活,更适合于数字波束形成技术。当然其代价是设备量很大,特别是需要大量的 A/D 和 D/A 变换器,另外随着天线系统带宽的增大,数据的吞吐量也非常大。

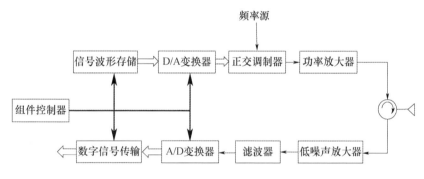

图 8-8 数字 T/R 组件组成框图

8.3.2 宽带数字波束形成技术

按其定义,数字波束形成技术是指天线波束的形成在数字域完成,而常规相控阵天线波束形成是通过微波网络实现,也就是在模拟域完成。由于数字波束形成技术是在数字域形成天线波束,因此可以在数字域利用数字延迟完成宽带天线所需的信号延迟。数字延迟的优点是实现简单,精度高,可以说数字波束形成技术的构架具有实现宽带天线的先天优势,当然宽带数字波束形成技术对数模转换、数字域的存储容量、吞吐速度、运算速度等提出更高的要求,在此不再讨论。

虽然数字波束形成技术既可以用于形成接收波束,也可以用于形成发射波束,但后者只能采用数字阵列天线才能实现。对于雷达应用而言,目前数字波束形成技术基本上都是用于形成雷达接收波束。

接收数字波束可以形成一个波束,也可以同时形成多个波束,形成一个波束的过程与普通相控阵天线相同,其差异仅仅是普通相控阵天线采用常规移相器实现天线波束的扫描,而数字波束形成是通过对已数字化的每路信号进行相位加权,相位加权的功能等效于移相器。

同时形成多个接收天线波束是数字波束形成技术的一大特点,是雷达领域应用较多的一种形式,普通相控阵天线难以实现或者代价很大。但对于数字波束形成而言,则要相对容易,仅仅需要增加数字信号处理器的计算能力和存储空间[211]。假设由 N 个天线单元组成的天线阵,其接收到的信号用矢量表示为

$$\boldsymbol{X}_S = \begin{bmatrix} x_1 & \cdots & x_i & \cdots & x_N \end{bmatrix}^T \quad (8-32)$$

$$x_i = a_i \exp(j\phi_i) \quad (8-33)$$

式中:x_i 为第 i 个天线单元接收到的数字信号。

为形成所需要的第 k 个波束,则对 $\boldsymbol{X}_S$ 用 $\boldsymbol{W}_k$ 进行加权,有

$$\boldsymbol{W}_k = \begin{bmatrix} w_{1k} & \cdots & w_{ik} & \cdots & w_{Nk} \end{bmatrix}^T \quad (8-34)$$

对加权函数的要求与形成单个接收波束一样,则通过数字波束形成后的输出函数 $F(\theta_k)$ 为

$$F(\theta_k) = \boldsymbol{W}_k^T \boldsymbol{X}_s \quad (8-35)$$

那么同时形成 K 个波束,数字波束形成器的输出函数变为

$$\boldsymbol{F}(\theta) = \begin{bmatrix} F(\theta_1) & \cdots & F(\theta_i) & \cdots & F(\theta_K) \end{bmatrix}^T \quad (8-36)$$

$$\boldsymbol{F}(\theta) = \boldsymbol{W} \boldsymbol{X}_s \quad (8-37)$$

$$\boldsymbol{W} = \begin{bmatrix} w_{11} & \cdots & w_{N1} \\ \vdots & & \vdots \\ w_{k1} & \cdots & w_{Nk} \end{bmatrix} \quad (8-38)$$

式中:$\boldsymbol{W}$ 为权矩阵。

数字波束形成可以在单元级完成,单元级形成的数字波束性能最优,但是其代价是需要对每个天线单元接收到的信号进行数字化处理,当天线阵面较大时,硬件的设备量会变得非常庞大,以至于工程实现过于复杂而不能承受。一种简化的方式是在子阵级形成数字波束,见图 8-9(b)。子阵级数字波束形成对每个天线单元的幅相控制由两级组成:一级是阵面的移相器,它控制整个天线阵面的波束指向;另一级是子阵数字波束形成的权函数,它可同时形成多个天线波束。

子阵级数字波束形成虽然可以减少硬件设备量,但是这种结构的子阵数字波束形成的性能要下降,下降的程度与子阵的大小有关,子阵越大,性能下降越大。

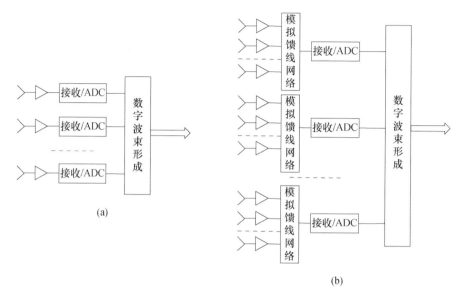

图 8-9 接收数字波束形成

(a)单元级数字波束形成;(b)子阵级数字波束形成。

假设由 N 个天线单元组成的相控阵天线,按图 8-9(b)形成 M 个子阵,每个子阵有 K 个天线单元,即 $N = M \times K$。天线单元之间的间距依然为 d,d 满足式(8-11)的要求,单元间的移相器满足式(8-3)。每个单元的天线波瓣一致,那么天线方向图函数为

$$F(\theta) = \sum_{m=1}^{M} A_m e^{jm\Delta\phi_m} \sum_{k=1}^{K} a_{mk} e^{j(mK+k)\left(\frac{2\pi}{\lambda}d\sin\theta - \frac{2\pi}{\lambda}d\sin\theta_B\right)} \quad (8-39)$$

式中:A_m,$\Delta\phi_m$ 为数字波束形成的每个子阵的幅度和子阵间的相位差;a_{mk} 为第 m 个子阵的第 k 单元的幅度权;$(2\pi/\lambda)d\sin\theta_B$ 为相邻天线单元间的移相器的差值。

为分析方便,又不失一般性,假设 A_m,a_{mk} 均为 1,那么式(8-39)简化为

$$F(\theta) = \sum_{m=1}^{M} e^{jm\Delta\phi_m} e^{jm\left(\frac{2\pi}{\lambda}K d\sin\theta - \frac{2\pi}{\lambda}K d\sin\theta_B\right)} \sum_{k=1}^{K} e^{jk\left(\frac{2\pi}{\lambda}d\sin\theta - \frac{2\pi}{\lambda}d\sin\theta_B\right)} \quad (8-40)$$

令

$$F_1(\theta) = \sum_{k=1}^{K} e^{jk\left(\frac{2\pi}{\lambda}d\sin\theta - \frac{2\pi}{\lambda}d\sin\theta_B\right)} \quad (8-41)$$

$$F_2(\theta) = \sum_{m=1}^{M} e^{jm\Delta\phi_m} e^{jm\left(\frac{2\pi}{\lambda}K d\sin\theta - \frac{2\pi}{\lambda}K d\sin\theta_B\right)} \quad (8-42)$$

那么有

$$F(\theta) = F_1(\theta) F_2(\theta) \qquad (8-43)$$

式中：$F_1(\theta)$ 为子阵天线方向图函数；$F_2(\theta)$ 为子阵数字波束形成天线方向图函数。整个天线的方向图函数由两者相乘获得。

由式(8-41)可以看出，子阵天线方向图函数 $F_1(\theta)$ 与子阵数字波束形成无关，只与子阵结构，即子阵大小 L 和单元间距，以及单元间的移相量有关。子阵结构决定了子阵天线方向图的形状，单元间的移相量决定了子阵天线方向图的指向。类似式(8-7)，有

$$|F_1(\theta)| = \left| \frac{\sin \dfrac{K}{2}\left[\dfrac{2\pi}{\lambda}d(\sin\theta - \sin\theta_B)\right]}{\sin \dfrac{1}{2}\left[\dfrac{2\pi}{\lambda}d(\sin\theta - \sin\theta_B)\right]} \right| \qquad (8-44)$$

因子阵内的单元之间的间距 d 满足式(8-11)，因此子阵方向图只有一个主瓣，并且最大值在 $\theta = \theta_B$ 处。子阵方向图如图8-10(a)所示。

对于子阵数字波束形成天线方向图函数，$F_2(\theta)$ 同样有

$$|F_2(\theta)| = \left| \frac{\sin \dfrac{M}{2}\left[\Delta\phi_m + \dfrac{2\pi}{\lambda}Kd(\sin\theta - \sin\theta_B)\right]}{\sin \dfrac{1}{2}\left[\Delta\phi_m + \dfrac{2\pi}{\lambda}Kd(\sin\theta - \sin\theta_B)\right]} \right| \qquad (8-45)$$

由式(8-45)可以看出，满足

$$\Delta\phi_m + \frac{2\pi}{\lambda}Kd(\sin\theta - \sin\theta_B) = 2n\pi \qquad (8-46)$$

这里 n 为整数，子阵数字波束形成天线方向图达到最大值。

虽然子阵内的天线单元之间的间距 d 满足不出现栅瓣的要求，但子阵由多个天线单元合成，其间距会大于几个波长，因此子阵数字波束会产生栅瓣。

假设子阵间的相位差 $\Delta\phi_m = 0$，那么式(8-46)变为

$$\frac{2\pi}{\lambda}Kd(\sin\theta - \sin\theta_B) = 2n\pi \qquad (8-47)$$

简化后为

$$\sin\theta = \frac{n\lambda}{Kd} + \sin\theta_B \qquad (8-48)$$

假设为保证子阵天线方向图在扫描时不出现栅瓣，天线单元间距 $d = 0.49\lambda$，而一个子阵由4个天线单元组成，即 $K=4$，那么式(8-48)进一步成为

$$\sin\theta = 0.51n + \sin\theta_B \qquad (8-49)$$

如果 $\theta_B = 0°$,那么 $\theta = 0°, 30.66°, -30.66°$ 都能满足式(8-49),也就是子阵数字波束形成的天线方向图有三个最大值,见图 8-10(a)。

如果子阵间有线性相位差,那么子阵数字波束形成方向图的最大值将会偏离,即形成子阵数字波束天线的扫描角。而子阵天线方向图由天线单元后面的移相器决定,因此最大值依然在 $\theta_B = 0°$ 处,这时两个方向图的最大值不再重合,而子阵数字波束形成的方向图仍然有栅瓣,见图 8-10(a)。

两个天线合成后的总方向图见图 8-10(b),显然为保证总的天线性能,子阵数字波束形成方向图的扫描角受到限制,它不能超过子阵天线波束的波瓣宽度。也就是说,子阵越小,子阵天线波束的宽度越宽,子阵数字波束能实现的扫描角越大,最后直至一个单元一个子阵,当然这样就会线性增加硬件设备量。一种解决方法是采用不规则的子阵划分或者子阵间重叠一部分天线单元[212-213],但是这些方法也增加了系统的复杂性,在实际工程中也是受到限制。

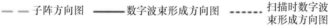

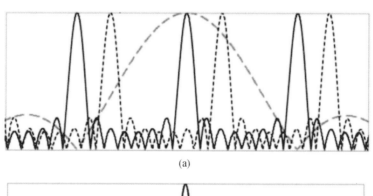

(a)

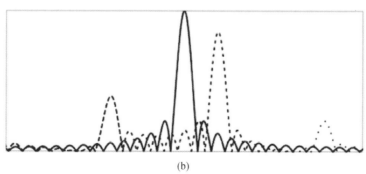

(b)

图 8-10　子阵级数字波束方向图的示意图
(a)子阵天线方向图和数字波束形成的阵列方向图;
(b)子阵天线和阵列方向图合成后的总天线方向图。

数字波束形成技术可以从以下方面提高雷达的性能。

1. 扩大雷达的瞬时动态范围

雷达的瞬时动态范围定义为,在接收机不失真和不采用增益控制的条件下,接收机的最大输入信号与噪声之比。无论是单元级还是子阵级数字波束形成,与模拟波束形成技术相比,如果采用 N 个通道的数字波束形成技术,那么在理论上可使雷达的瞬时动态范围扩大 N 倍。

2. 减小杂波、干扰信号的互调信号电平

微波模拟器件在输入信号较大或接近饱和时,不再保持线性特性,会产生影响雷达相干处理、目标检测、成像的互调制信号。模拟波束形成器的位置处在大多数微波器件之前,因此波束形成器的增益更容易使杂波、干扰信号等产生互调制信号;相反,数字波束形成器处在微波元器件之后,它的增益不会影响输入到微波器件的信号幅度,所以可以大大缓解产生杂波、干扰信号互调信号电平的可能性。

3. 降低雷达信号的相噪电平

数字波束形成技术允许采用分布式信号产生方式,而用于分布式信号产生器的本振源相互独立,因此其边带噪声没有相关性。经过数字波束合成后,雷达信号可以相干叠加,而信号的边带噪声却相互抵消,因此与模拟波束形成器必须采用集中式信号产生器相比,可以降低雷达信号的边带噪声。

4. 提高测角精度

传统的模拟波束形成器主要通过形成一个和波束和一个差波束,利用单脉冲测角技术获取目标的角度信息。测角的精度与和波束宽度、差波束的零深和斜率,以及回波信号的信噪比有关。数字波束形成技术不仅可以采用传统和差单脉冲测角技术,还可以采用新的测角技术以提高精度。如可以在主波束周围形成多个接收波束,采用最大似然估计方法提高测量精度[209]。假设在目标位置的周围同时形成三个波束 $g_L(\theta), g_C(\theta), g_R(\theta)$,如图 8 - 11 所示,在 θ_t 的目标回波信号在三个波束的幅度值分别为 V_L, V_C, V_R,那么 θ_t 的最优估计值 $\hat{\theta}_t$ 使式(8 - 50)取得最小值,即

$$\min\left\{[g_L(\hat{\theta}_t) - V_L]^2 + [g_C(\hat{\theta}_t) - V_C]^2 + [g_R(\hat{\theta}_t) - V_R]^2\right\} \quad (8-50)$$

按这种方法获取的目标角度的精度可以达到克拉美罗界。

5. 增加雷达抗干扰能力

通过自适应数字波束形成技术可以在干扰方向形成凹口,有效抑制干扰信号对雷达的影响,如图 8 - 12 所示。

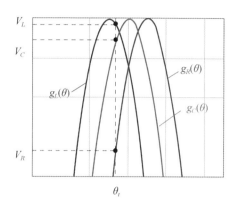

图8-11 采用最大似然估计目标角度的示意图(见彩图)

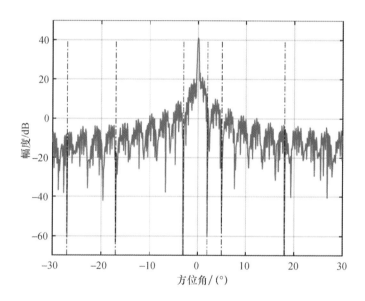

图8-12 自适应数字波束形成技术对6个干扰方向形成凹口(见彩图)

6. 扩展雷达的覆盖范围

数字波束形成技术可同时形成多个接收波束,利用这一特点,可以扩大雷达的覆盖范围。高分辨率宽幅成像系统常利用这种技术。

7. 减小延迟线数量

前节已经讨论到,当相控阵天线需要具备瞬时宽带特性时,必须采用延迟线进行补偿。模拟延迟线具有损耗大、体积大等诸多缺点,而采用数字波束形成技术,可以直接在数字域完成信号的延迟,不需要额外直接硬件设备。

8.3.3 数字波束形成技术在星载 SAR 中的应用

目前在轨的多功能星载 SAR 系统已采用有源相控阵天线技术,但是还没有使用数字波束形成技术,还只停留在如何将数字波束形成技术应用于星载 SAR,以提高性能[214-215]。

数字波束形成技术在星载 SAR 的应用主要集中在两大方面。

1. 提高星载 SAR 高分辨率宽幅成像能力

第 4 章讨论了星载高分辨率宽幅成像模式。为实现这种模式,需要采用数字波束形成技术在天线的方位维形成多个子阵天线,以增加方位采样率,使其满足高方位分辨率所要求的高方位采样率的要求;在天线距离方向采用子阵数字波束技术形成多个接收波束,以扩大距离向的覆盖能力,同时还能保证图像信噪比的要求[10]。

2. 提高星载 SAR 抗干扰能力

采用自适应处理的数字波束形成技术更适合于抑制从天线副瓣进入雷达的干扰信号,在干扰方向形成凹口,如图 8-12 所示。当然对于星载 SAR 雷达而言,需要考虑雷达信号的宽带效应,也就是对应某个频率能够形成数字波束天线凹口的权函数,却不能对偏离这个频率的同一个位置形成天线波束的凹口。其措施是通过延迟器增加时间域(对应就是频率域)的处理自由度,延迟量的步进与雷达工作的带宽有关,物理本质是对于不同频率的自适应权函数是有差异的,从而可以形成宽带数字波束天线的凹口[206]。

8.4 宽带信号产生技术

在第 1 章中已指出星载 SAR 雷达距离分辨率与所发射的信号带宽直接相关,信号带宽越宽,距离分辨率越高。宽带信号产生与处理技术是高分辨率星载 SAR 的基础。

雷达获取宽带信号的途径有两大类。一类是直接发射宽带信号,即雷达发射的每个脉冲都是宽带信号,根据脉冲内部调制形式的不同,这类宽带信号又细分为线性调频信号、非线性调频信号和相位编码信号。由于非线性信号和相位编码信号对目标和雷达之间的多普勒频率敏感、产生复杂而不灵活等诸多缺陷,目前星载 SAR 主要采用线性调频信号。另一类是频率步进信号,雷达发射的单个脉冲信号的带宽相对较窄,这样可以降低对雷达信号产生硬件系统的要求,但脉冲与脉冲之间的载频是有规律的变化,最后通过信号处理将几个相邻脉冲的回波信号进行合成以获取所需要的宽带信号。本节主要讨论前者,后者将在 8.6 节专题讨论。

产生线性调频信号的方法可分为模拟和数字两类。模拟产生又分为无源产生和有源产生方式。无源产生方式就是用一个宽带窄脉冲信号通过一个线性群延迟特性的网络,形成一个宽带、宽脉冲信号,这样雷达可以发射大的平均功率以满足信噪比的要求。早期的雷达都采用声表器件实现这种具有群延迟特性的网络,回波信号也通过对应的声表器件实现脉冲压缩处理。无源产生方式不灵活,并且硬件的体积、重量和性能的改善都受限制。之后采用电压控制的压控振荡器这种有源产生方法,压控振荡器的输出频率与调制电压成线性关系,因此采用周期性锯齿波电压就可以产生线性调频信号。锯齿波电压变化的快慢就是对应的线性调频信号的调频斜率,为保证脉冲与脉冲之间初始相位的一致性,需要采用一个锁相环。随着数字器件的快速发展,现代雷达大都采用直接数字频率合成器(Direct Digital Synthesize,DDS)产生线性调频信号。

8.4.1 DDS 工作原理

直接数字频率合成器具有相对带宽宽、频率转换时间短、频率分辨率高、输出相位连续、可编程及全数字化结构等优点,在现代雷达中已得到广泛应用。下面简要介绍直接数字频率合成器,其他的相参直接频率合成器、锁相频率合成器等不予介绍,请参考相关书籍。

图 8-13 为 DDS 的工作原理图。图中参考频率源(也即参考时钟源)是一个稳定的晶体振荡器,功能是同步 DDS 的各组成部分。相位累加器实质是一个计数器,由多个级联的加法器和寄存器组成,在每一个参考时钟脉冲输入时,其输出就增加一个步长的相位增加值,如此相位累加器就将频率控制字 K 的数字变换成相位抽样来确定输出合成频率的大小。相位增量的大小随外部指令频率控制字 K 的不同而不同,给定了相位增量,输出频率就确定了。用这样的数据寻址,通过正弦查表就把存储在相位累加器中的抽样数字值转换成正弦波幅度的数字量函数。而 D/A 转换器把数字量转换成模拟量;低通滤波器则平滑近似正弦波的锯齿阶梯信号,并减小不需要的抽样分量和其他带外杂散信号,最后输出的是所需要的频率和模拟信号。除滤波器外,电路全部采用数字集成电路加以实现,其关键点是使相位增量与参考源精确同步。

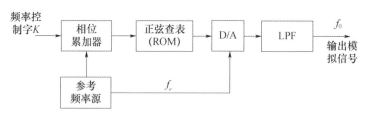

图 8-13 DDS 工作原理框图

频率合成器正常工作时,在参考频率源的控制下(频率控制字 K 决定了相位增量),相位累加器不断地对该相位增量进行相位累加。相位累加器积满量时,就会产生一次溢出,从而完成一个周期的动作,这一动作的周期就是 DDS 合成信号的一个频率周期。

8.4.2 基于 DDS 技术的直接宽带信号产生技术

假设 f_0 为输出信号频率, K 为频率控制字, N 为相位累加器的字长, f_r 为参考频率源的工作频率,则输出信号的频率及频率分辨率可表示为

$$f_0 = \frac{Kf_r}{2^N} = K\Delta f \qquad (8-51)$$

式中: $\Delta f = f_r/2^N$ 为输出信号的分辨率。

由上面分析可知,DDS 输出信号的频率主要取决于频率控制字 K,而 DDS 的频率分辨率取决于相位累加器的字长 N。随着 K 增大, f_0 可不断提高。由奈奎斯特采样定理可知,最高输出频率不得大于 $f_r/2$;当工作频率达到 f_r 的 40% 时,输出波形的相位抖动很大,一般要求 DDS 的输出频率以小于 $f_r/3$ 为宜。随着 N 增大,DDS 输出频率的分辨率不断提高。

DDS 会带来杂散,其主要来源于:

(1) D/A 转换器非理想引入的误差,包括微分非线性、积分非线性、D/A 转换中尖峰电流及转换速率限制等产生的杂散信号。

(2) 幅度量化引入的误差。ROM 存储数据的字长有限,在幅度量化过程中产生的量化误差。

(3) 相位舍位引入的误差。在 DDS 中,相位累加器的位数远大于 ROM 的寻址位数,相位累加器在输出寻址 ROM 的数据时,其低位就被舍去,不可避免地产生相位误差,它称为"相位裁址误差"。这是 DDS 输出杂散的主要原因。

DDS 输出频谱中存在杂散是个十分严重的问题,如何降低杂散成为 DDS

的主要研究内容。选择性能优良的 D/A 转换器,抑制调幅噪声和调频噪声,是降低杂散的主要方法。工程上将 DDS 和锁相环(Phase Locked Loop,PLL)相结合构成组合式频率合成器,是克服 DDS 杂散的较好方法,它不但能解决锁相频率合成器的频率分辨率不高、频率转换时间较长的问题,还能解决 DDS 工作频率不高的问题。

1. 基于 DDS 的频率合成技术

DDS 是一种新型的频率合成技术,它具有极短的捷变频时间(纳秒量级)、高的频率分辨率(MHz 量级)、优良的相位噪声性能,还可方便地实现各种调制,是一种全数字化、高集成度、可编程的系统。但如上所述,DDS 作为频率合成器有其自身的不足:一是工作频率比较低;二是杂散比较严重。为了克服这样的缺点,人们研制了 DDS 和 PLL 相结合的频率合成器,它可以克服 DDS 杂散多和输出频率低的缺陷,同时解决锁相频率合成器分辨率不高的问题,但是 DDS 和 PLL 的结合,使 DDS 变频时间快的优点丧失。于是出现了 DDS 与直接频率合成器相结合的合成器,它在提高 DDS 合成器工作频率的同时,保持了变频时间快的优点。下面主要介绍这种 DDS 直接频率合成器。

图 8-14 给出了一种 DDS 直接频率合成器的原理图。

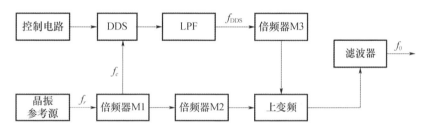

图 8-14 DDS 直接频率合成器原理框图

目前 DDS 器件的芯片时钟已达 1GHz 以上,其杂散性能也很好,图 8-14 中的参考源的频率 f_r 可通过倍频到 f_c,再通过 DDS 进行合成,合成器的输出信号频率可表示为

$$f_0 = M_2 f_c + \frac{M_3 K f_c}{2^N} = f_c\left(M_2 + \frac{M_3 K}{2^N}\right) = M_1 f_r\left(M_2 + \frac{M_3 K}{2^N}\right) \tag{8-52}$$

只要改变倍频器 M_2 和 M_3 的倍频次数、DDS 的频率控制字长 K 以及晶振参考源的频率,就可改变合成器的输出频率。低相噪晶振参考源的频率一般在 100~200 MHz 左右,倍频器 M_1 的倍频次数应根据 DDS 的参考时钟频率来确定。考虑到 DDS 的输出信号杂波和相位噪声,倍频器的 M_3 一般不宜取得太高。

随着高速数字电路技术的发展,采用数字方法实现波形的产生已越来越普遍。数字方法不仅能实现多种波形,而且还可以实现幅度和相位的补偿以提高波形的质量,其良好的灵活性和重复性使得数字波形的产生方法得到广泛的使用。

数字波形就其产生的方法可分为数字基带产生加模拟正交调制的方法和中频直接产生的方法。基带产生法的基本原理是:用数字直读方法产生 I、Q 基带信号,然后由模拟正交调制器将其调制到中频载波上来产生。这种方法由于其模拟正交调制器难以做到理想的幅相平衡,致使输出波形产生镜像虚假信号和载波泄漏,从而影响脉压系统的主副瓣比。中频直接产生法是基于 DDS 技术的波形产生方法,该方法能产生任意波形,并能对输出波形的频率、幅度和相位进行精确的控制。

2. 基于 DDS 和倍频技术的宽带信号产生

通常要根据 SAR 雷达所需发射信号的带宽、频率来选择实现宽带信号产生方法。如果要求的频率较低,带宽不宽,则可由 DDS 直接在中频产生波形。如果要求的频率高,带宽又很宽,则可用搬移和扩展的方法提高工作频率,达到产生宽带或超宽带信号的目的。一种工程常用的方法是结合倍频技术,先由 DDS 产生载频为 f_0、带宽为 B 的信号,然后通过 N 次倍频,以及滤波处理,可以获得载频为 Nf_0、带宽为 NB 的信号,但这种方法的缺点是只适合产生线性调频信号。

8.5 超宽带信号接收处理技术

成像雷达通过接收系统把天线收到的回波信号从射频信号转化为数字信号,以便后续经数字信号处理后形成高分辨率微波图像。雷达接收宽带信号的主要瓶颈在于 A/D 变换器的转换速度和动态范围。随着对图像分辨率要求的不断提升,信号的带宽随之线性增大,甚至超过可用的 A/D 的模数变换能力,也就是 A/D 变换器无法直接把模拟的宽带信号无失真变换成数字信号。降低 A/D 变换器要求主要有两种方法。

(1)去斜处理[216]。采用与发射信号特征一样的信号来解调接收信号,这样可以大幅降低对 A/D 变换器采样速率的要求,但是这种方法存在固有缺点,A/D 变换器采样速度的降低与成像区域的幅宽相关。幅宽越大,采样速度降低越小。理论上,当成像幅宽大于 $(T_p/2)c$ 就不能降低 A/D 采样速度,这里 T_p 为发射脉冲宽度。因此,这种方法只适用于小区域成像,如对运动目标的 ISAR 成像常常采用这种方法。

(2)子带拼接。对于星载成像雷达而言,去斜处理方法受限太大,因为一般发射脉冲的宽度在几十微秒左右,对应成像幅宽仅仅只有几千米,远不能满足使用要求,因此需要别的途径。这里主要讨论子带拼接法[217]。

子带拼接法的核心思想是将雷达接收到的带宽为 B 的回波信号,先在频域对其进行均匀分割,形成一组信号带宽为 B/N 的 N 个子带信号。为了达到这个目的,将带宽为 B 的回波信号,与 N 个中心频率相差 B/N 的本振信号进行混频、滤波,形成 N 个带宽为 B/N 的基带信号,由于此时 N 个子带信号的带宽都已降至 B/N,所以可以采用采样速度低 N 倍的 A/D 变换器将 N 个子带信号变成数字信号。最后在数字域再将这 N 个数字子带信号,经频率搬迁,相位补偿等处理后,拼接成带宽为 B 的信号。

为方便分析,首先不考虑滤波器的特性和子带接收机的幅相差异的影响,同时假设目标相对雷达距离不变的情况下讨论子带拼接方法。

假设雷达发射一个信号带宽为 B,脉冲宽度为 T,中心频率为 f_0 的宽带线性调频信号,那么这个宽带信号可表示为

$$s(t) = \text{rect}\left(\frac{t}{T}\right)\exp[j(2\pi f_0 t + \pi\gamma t^2)] \quad (8-53)$$

式中:γ 为线性调频斜率。

$$B = \gamma T \quad (8-54)$$

如果距离雷达距离为 R_0 处有一目标,那么其回波可表示为

$$r(t) = \text{rect}\left(\frac{t-t_0}{T}\right)\exp\{j[2\pi f_0(t-t_0) + \pi\gamma(t-t_0)^2]\} \quad (8-55)$$

式中:$t_0 = (2R_0)/c$。

如果 A/D 变换器的变换速度满足采样率的要求,那么就可直接对回波基带信号进行采样和脉冲压缩处理。经解调的基带信号为

$$r_1(t) = \text{rect}\left(\frac{t-t_0}{T}\right)\exp\{j[-2\pi f_0 t_0 + \pi\gamma(t-t_0)^2]\} \quad (8-56)$$

经脉冲压缩处理后的信号为

$$r_2(t) = \text{rect}\left(\frac{t-t_0}{2T}\right)T\frac{\sin\pi B(t-t_0)}{\pi B(t-t_0)} \quad (8-57)$$

回波信号在 $t = t_0$ 处有一峰值,分辨率近似为 $1/B$。

将式(8-53)的信号写成 N 个子信号之和,即

$$s(t) = \sum_{i=1}^{N-1} s_i(t) \qquad (8-58)$$

$$s_i(t) = \text{rect}\left(\frac{t - i\Delta T}{\Delta T}\right)\exp[j(2\pi f_0 t + \pi\gamma t^2)] \qquad (8-59)$$

这里 $\Delta T = T/N$,即将发射脉冲分割成 N 个子带信号,每个子带信号的脉冲宽度为 ΔT,带宽 ΔB 为 $\Delta B = \gamma\Delta T = B/N$。这样对每个子带信号而言,对 A/D 变换器的变换速度的要求比分割前降低了 N 倍。同样,式(8-56)可改写为

$$r(t) = \sum_{i=1}^{N} \text{rect}\left(\frac{t - i\Delta T - t_0}{\Delta T}\right)\exp\{j[2\pi f_0(t-t_0) + \pi\gamma(t-t_0)^2]\} \qquad (8-60)$$

进一步有

$$r(t) = \sum_{i=1}^{N} \text{rect}\left(\frac{t - i\Delta T - t_0}{\Delta T}\right)\exp\left\{j\begin{bmatrix} 2\pi(f_0 + i\Delta T\gamma)t + \pi\gamma(t - i\Delta T - t_0)^2 \\ -2\pi(f_0 + i\Delta T\gamma)t_0 - \pi\gamma(i\Delta T)^2 \end{bmatrix}\right\}$$

$$(8-61)$$

由式(8-61)可以看出,各个子带的回波信号存在频率差、时间差和相位差,只要补偿了这些参数,理论上可以把各子带的回波信号再拼接成完整的宽带信号。

实现子带拼接的信号流程图如图 8-15 所示。宽带回波信号先通过一组中心频率不同的带通滤波器,形成 N 个子带回波信号,由于各子带的中心频率不同,因此需要 N 组本振信号与相应的子带信号混频至零中频,之后这 N 个子带信号通过 A/D 变换器形成数字信号,最后经过频率搬移和相位补偿后,在数字域形成完整的宽带信号频谱。

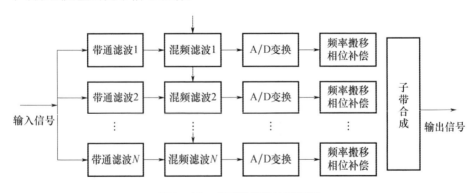

图 8-15 多子带拼接处理框图

影响子带拼接处理超宽带信号性能的因素主要有:①模拟带通滤波器组的滤波特性,由于模拟带通滤波器不可能是理想的,因此通带外的信号会泄漏进

来,影响当前子带信号的频谱性能。一个可行的补偿方法是适当扩大 A/D 变换器的变换速度与子带带宽的比值,尽可能选择高速 A/D 或者增加子带的数量,这样可以在数字域对每个子带信号进行二次滤波,降低子带之间的信号混叠。②雷达与目标之间存在的相对速度会影响子带间相位的衔接[218],在必要时需要补偿速度引起的相位误差,不过由于整个宽带信号的脉冲宽度有限,其影响也有限,等同于传统宽带信号对多普勒频率的容限。③子带间幅相差异,随着带宽的提高,子带间传输通道也必然存在幅度和相位的差异,这个幅相差异也需要做补偿,才能获得好的宽带合成性能。

8.6 频率步进宽带信号的产生与处理技术

采用宽带信号产生和接收处理技术的硬件依然比较复杂,为了进一步降低对硬件的要求,可以采用频率步进信号。频率步进信号实质上是利用信号带宽在时间域的积累获取最终需求的宽带信号,这样在时间维所发射的信号和接收的回波信号可以是窄带的,由此降低了对发射和接收系统硬件的要求。

假设雷达发射一组 N 个时间间隔为 T_r 的频率步进间隔为 ΔF 的线性调频信号 $s(t)$,则有

$$s(t) = \sum_{i=1}^{N} \text{rect}\left(\frac{t - iT_r}{T}\right) \exp[\mathrm{j}\pi\gamma(t - iT_r)^2] \exp[\mathrm{j}2\pi(f_0 + i\Delta F)t] \quad (8-62)$$

式中: T 为线性调频信号的脉冲宽度; γ 为调频斜率; f_0 为载频。

这组信号的最大瞬时带宽 B 为 γT,来自距离雷达为 R_0 的静止目标的回波 $r(t)$ 为

$$r(t) = \sum_{i=1}^{N} \text{rect}\left(\frac{t - iT_r - t_0}{T}\right) \exp[\mathrm{j}\pi\gamma(t - iT_r - t_0)^2] \cdot \\ \exp[\mathrm{j}2\pi(f_0 + i\Delta F)(t - t_0)] \quad (8-63)$$

这组回波需要与一组频率也是步进的相参本振信号进行混频,这组相参本振信号 $f(t)$ 为

$$f(t) = \sum_{i=1}^{N} \text{rect}\left(\frac{t - iT_r}{T_r}\right) \exp[\mathrm{j}2\pi(f_0 + i\Delta F)t] \quad (8-64)$$

经混频和滤波后,输出信号 $r_1(t)$ 为

$$r_1(t) = \sum_{i=1}^{N} \text{rect}\left(\frac{t - iT_r - t_0}{T}\right) \exp[\mathrm{j}\pi\gamma(t - iT_r - t_0)^2] \cdot \\ \exp[-\mathrm{j}2\pi(f_0 + i\Delta F)t_0] \quad (8-65)$$

先对 $r_1(t)$ 进行脉冲压缩处理,得

$$r_2(t) = \sum_{i=1}^{N} \text{rect}\left(\frac{t - iT_r - t_0}{2T}\right) T \frac{\sin\pi B(t - iT_r - t_0)}{\pi B(t - iT_r - t_0)} \cdot \exp[-\text{j}2\pi(f_0 + i\Delta F)t_0] \quad (8-66)$$

由式(8-66)可以看出,经脉冲压缩后的脉冲组的回波相位依然存在线性关系,取出 $iT_r + t_0$ 的信号,可得

$$r_3(i) = \sum_{i=1}^{N} T\exp[-\text{j}2\pi(f_0 + i\Delta F)t_0] \quad (8-67)$$

对其作 FFT 处理,得

$$|r_4(l)| = T\left|\frac{\sin[\pi(l - l_0)]}{\sin[N\pi(l - l_0)]}\right| \quad (8-68)$$

$$l_0 = \frac{2R_0 N\Delta F}{c} \quad (8-69)$$

也就是说,距离分辨率从单个脉冲的 $(2R_0 B)/c$ 提高到了 $(2R_0 N\Delta F)/c$,信号带宽从 B 提高到了 $N\Delta F$。

由于脉冲组的时间跨度为 NT_r,远大于单个脉冲宽度,因此当目标相对雷达是运动时,就必须考虑其影响。

假设目标相对雷达以恒定速度 v 远离雷达,那么目标回波就会变为

$$r(t) = \sum_{i=1}^{N} \text{rect}\left(\frac{t - iT_r - t'_0}{T}\right) \exp[\text{j}\pi\gamma (t - iT_r - t'_0)^2] \cdot \exp[\text{j}2\pi(f_0 + i\Delta F)(t - t'_0)] \quad (8-70)$$

式中:$t'_0 = (2/c)(R_0 + ivt)$。

同样经解调后,式(8-71)成为

$$r_1(t) = \sum_{i=1}^{n} \text{rect}\left(\frac{t - iT_r - t'_0}{T}\right) \exp[\text{j}\pi\gamma (t - iT_r - t'_0)^2] \cdot \exp[-\text{j}2\pi(f_0 + i\Delta F)t'_0] \quad (8-71)$$

从式(8-71)可以看出,每个脉冲压缩后的距离位置在不断变化,最大变化量为 $NT_r v$,如果超出了距离采样门,显然就不能使 N 个脉冲作相干 FFT 处理。

再分析其相位 ϕ,有

$$\phi = -\text{j}2\pi f_0 t_0 - \text{j}2\pi i\Delta F t_0 - \text{j}2\pi f_0\left(i\frac{2}{c}vT_r\right) - \text{j}2\pi i^2 \frac{2}{c}\Delta F vT_r \quad (8-72)$$

其中:第一项为常数,可以不考虑;第二项同式(8-67)中的相位项,正是所需要用来提高距离分辨率;第三项为相对速度引起的一次相位项,它不会影响距离

的聚焦,但是导致了脉冲间包络的移动;第四项为相对速度引起的二次相位项,会影响距离的聚焦。

为保证合成步进频率的最终性能,需要对速度进行补偿,首先是脉冲间的包络移动必须小于距离分辨率的一半,有

$$\frac{2}{c}N\Delta v T_r < \frac{1}{2N\Delta F} \tag{8-73}$$

$$\Delta v < \frac{c}{4T_r N^2 \Delta F} = \frac{c}{4TB_s} \tag{8-74}$$

式中:Δv 为速度补偿剩余;T 为频率进步信号串的总时间;B_s 为频率步进信号总的合成带宽。由式(8-74)可以看出,随着频率步进脉冲时间和总的合成带宽的增加,速度补偿的要求随之增加。

为减小二次相位项对聚焦的影响,要求

$$2\pi N^2 \frac{2}{c}\Delta F \Delta v T_r < \frac{\pi}{2} \tag{8-75}$$

整理,得

$$\Delta v < \frac{c}{8T_r N^2 \Delta F} \tag{8-76}$$

比较式(8-75)和式(8-76)可以看出,二次相位项的要求更高。

假设 T_r 为 $200\mu s$,N 为 16,ΔF 为 100MHz,则要求速度补偿精度到 7.3m/s 左右。对于星载合成孔径雷达,由于平台的运动和姿态测量精度较高,依此可以预计雷达与成像区域的相对速度,从而可以进行较为精确的速度补偿。

宽带系统技术仍在不断发展之中,以满足系统对分辨率和抗干扰等要求,实际所采用的技术与器件的水平密切相关。前面讨论的技术有的是由于器件不能满足系统需求而采用的折中方法。随着高速数字器件的快速发展以及新的技术如微波光子技术的实用化,宽带系统技术可能随之发生变化。

参考文献

[1] Klemm R. Current trends in SAR technology – An overview of EUSAR'96[C]//Proc. EuSAR, Germany. 1996.

[2] Li F K, Tohnson K. Ambiguities in spaceborne synthetic aperture radar systems[J]. IEEE Transactionson Aerospace and Electronic Systems, 1983, 19(3): 389 – 397.

[3] 刘永坦. 雷达成像技术[M]. 哈尔滨: 哈尔滨工业大学出版社, 1999.

[4] 魏钟铨. 合成孔径雷达卫星[M]. 北京: 科学出版社, 2001.

[5] Moreira A, PratsI P, Younis M, et al. A tutorial on synthetic aperture radar[J]. IEEE Transactions on Geoscience and Remote Sensing Magazine, 2013/(1): 6 – 43.

[6] De Zan F, Guarnieri A M. TOPSAR: Terrain observation by progressive scans[J]. IEEE Transactions on Geoscience and Remote Sensing, 2006, 44(9): 2352 – 2360.

[7] Belcher D P, Baker C J. High resolution processing of hybrid stripmap/spotlight mode SAR[J]. IEE Proc. Radar Sonar and Navigation, 1996, 143(6): 366 – 374.

[8] Elachi C. Spaceborne radar remote sensing: application and techniques[M]. The Institute of Electrical and Electronics Engineers. Inc., NewYork, 1987.

[9] A CBO study[R]. Alternatives for Military Space Radar, 2007.

[10] Gebert N, Krieger G, Moreira A. Digital beamforming on receive techniques and optimization strategies for high resolution wide swath SAR imaging[J]. IEEE Transactions on Aerospace and Electronic Systems, 2009, 45(2): 564 – 592.

[11] Gierull C H. Two – step detector for RADARSAT – 2's experimental GMTI mode[J]. IEEE Transactions on Geoscience and Remote Sensing, 2013, 51(1): 436 – 454.

[12] Manfred Zink. TanDEM – X: key features and mission status[C]//Proc. EuSAR, Berlin. 2014.

[13] Rose P A, Hensley S, Joughin I R, et al. Synthetic aperture radar interferometry[J]. Proc. IEEE, 2000, 88(3): 333 – 382.

[14] Rodriguez E, Martin J M. Theory and design of interferometric synthetic aperture radars[J]. IEE Proceedings – F, 1992, 139(2): 147 – 159.

[15] Keieger G, Moreira A, Fiedler H, et al. TanDEM – X: A satellite formation for high resolution SAR interferometry[J]. IEEE Transactions on Geoscience and Remote Sensing, 2007, 45

(11):3317-3341.

[16] Skolnik M. Radar Handbook[M]. McGRAW-Hill Inc. ,1990.

[17] Zebker H A,Villasenor J. Decorrelation in interferometric radar echoes[J]. IEEE Transactions Geoscience and Remote Sensing,1992,30(5):950-959.

[18] Li F,Goldstein R M. Studies of multibaseline spaceborne inter ferometric synthetic aperture radars[J]. IEEE Transactions Geoscience and Remote Sensing,1990,28:88-97.

[19] Krieger G,Younis M. Impact of oscillator noise in bistatic and multistaticSAR[J]. IEEE Geoscience and Remote Sensing Letters,2006,3(3):424-428.

[20] Younis M,Metzig R,Krieger G. Performance prediction of a phase synchronization link for bistaticSAR[J]. IEEE Geoscience and Remote Sensing Letters,2006,3(3):429-433.

[21] Younis M,Metzig R,Krieger G,et al. Performance prediction and verification for the synchronization link of TanDEM-X[C]//Proc. IGARSS,Barcelona Spain. 2017:5206-5209.

[22] Gonzalez J H,Bachmann M,Krieger G,et al. Development of the TanDEM-X calibration concept:analysis of systematic errors[J]. IEEE Transactions on Geoscience and Remote Sensing,2010,48(2):716-726.

[23] Antony J W,Gonzalez J H,Schwerdt M,et al. Result of the TanDEM-X baseline calibration[J]. IEEE Journal of Selected Topics in Applied Earth Observations and Remote Sensing,2013,6(3):1495-1501.

[24] 张直中. 机载和星载合成孔径雷达导论[M]. 北京:电子工业出版社,2004.

[25] 林幼权. 星载高分辨率宽幅成像技术分析[J]. 现代雷达,2011,33(1):1-4.

[26] Wiley C A. Synthetic aperture radars[J]. IEEE Transactions on Aerospace and Electronic Systems,1985,21(3):440-443.

[27] 李春升,王伟杰,王鹏波,等. 星载SAR技术的现状与发展趋势[J]. 电子与信息学报,2016,38(1):229-240.

[28] 吴一戎,朱敏慧. 合成孔径雷达技术的发展现状与趋势[J]. 遥感技术与应用,2000,15(2):121-123.

[29] Cumming I G,Wong F H. Digital processing of synthetic aperture radar data:algorithms and implementation[M]. Norwood,MA:Artech House,2005.

[30] Jakowatz C V,Wahl D E,et al. Spotlight-mode synthetic aperture radar:a signal processing approach[M]. Boston:Kluwer Academic Publishers,1996.

[31] Carrara W G,Goodman R S,Majewski R M. Spotlight synthetic aperture radar:signal processing algorithm[M]. Boston,MA:Artech House,1995.

[32] Curlander J,Mc Donough R. Synthetic aperture radar systems and signal processing[M]. New York,Wiley,1991.

[33] Sun Guangcai,Xing Mengdao,Wang Yong,et al. A new signal model for a wideband synthetic

aperture imaging sensor[J]. Canada Journal of Remote Sensing,2011,37(2):171 – 183.

[34] Liu Yan,Xing Mengdao,Sun Guangcai,et al. Echo model analyses and imaging algorithm for high – resolution SAR on high – speed platform[J]. IEEE Transactions on Geoscience and Remote Sensing,2012,50(3):933 – 950.

[35] 孙光才. 多通道波束指向高分辨率 SAR 和动目标成像技术[D]. 西安:西安电子科技大学,2012.

[36] Zhang Q,Wu J,Li Z,et al. PFA for bistatic forward – looking SAR mounted on high – speed maneuvering platforms[J]. IEEE Transactions on Geoscience and Remote Sensing,2019,57(8):6018 – 6036.

[37] Barber B C. Theory of digital imaging from orbital synthetic aperture radar[J]. International Journal of Remote Sensing,1985,6(7):1009 – 1057.

[38] 刘燕. 高分辨率及新模式 SAR 成像算法研究[D]. 西安:西安电子科技大学,2012.

[39] Zhu D Y,Ye S H,Zhu Z D. Polar format algorithm using chirp scaling for spotlight SAR image formation [J]. IEEE Transactions on Aerospace and Electronic Systems,2008,44(4):1433 – 1448.

[40] 聂鑫. 变波门大斜视滑动聚束 SAR 成像关键技术分析[J]. 电子与信息学报,2016,38(12):3122 – 3128.

[41] Frank H W,Tat S Y. New application of nonlinear chirp scaling in SAR data processing[J]. IEEE Transactions on Geoscience and Remote Sensing,2001,39(5):946 – 953.

[42] Cafforio C,Prati C,Rocca F. SAR data focusing using seismic migration techniques[J]. IEEE Transactions on Aerospace and Electronic Systems,1991,27 (2):194 – 207.

[43] Desai M D,Jenkins W K. Convolution back – projection image reconstruction for spotlight mode synthetic aperture radar[J]. IEEE Transactions on Image Processing,1992,1(4):505 – 517.

[44] Villano M,Krieger G,Moreira A. Staggered SAR:high – resolution wide – swath imaging by continuous PRI variation[J]. IEEE Transactions on Geoscience and Remote Sensing,2014,52(7):4462 – 4479.

[45] 贺彩琴,李敏慧,朱力. 机载 SAR 变采样开启波门技术研究[J]. 现代雷达,2016,38(3):51 – 53.

[46] 罗绣莲,徐伟,郭磊. 捷变 PRF 技术在斜视聚束 SAR 中的应用[J]. 雷达学报,2015,4(1):70 – 77.

[47] Men Zhirong,Wang Pengbo,Li Chunsheng,et al. High temporal – resolution high – spatial – resolution spaceborne SAR based on continuously varying PRF[J]. Sensors, 2017, 17(8):1700.

[48] Danklmayer A,Doring B J,Schwerdt M,et al. Assessment of atmospheric propagation effects

in SAR images[J]. IEEE Transactions on Geoscience and Remote Sensing,2009,47(10):3507-3518.

[49] Belcher D P. Ionospheric effects on synthetic aperture radar clutter statistics[J]. IET Radar Sonar and Navigation,2013,7(9):1004-1011.

[50] 田东,禹卫东. 电离层色散效应对星载 SAR 成像的影响[J]. 中国科学院大学学报,2019,36(3):376-384.

[51] Hopfield H S. Tropospheric range error parameters: Further studies[R]. Appl. Phys. Lab. , Johns Hopkins Univ. ,Silver Spring,USA,1972. Rep. NASA-CR-127559.

[52] Saastamoinen J. Contributions to the theory of atmospheric refraction[R]. Bull. Geodesique,1972,105(1):279-298.

[53] Collins J P,Langley R B. A tropospheric delay model for the user of the wide area augmentation system[R]. Geodetic Res. Lab. ,Dept. Geodesy Geomatics Eng. ,Univ. New Brunswick,Fredericton,NB,Canada,No. 187,Oct. 1,1997.

[54] Collins J P,Langley R B. The residual tropospheric propagation delay: How bad can it get[C]//Proc. IONGPS. 1998:729-738.

[55] Yu Z,Li Z,Wang S. An imaging compensation algorithm for correcting the impact of tropospheric delay on spaceborne high-resolution SAR[J]. IEEE Transactions on Geoscience and Remote Sensing,2015,53(9):4825-4836.

[56] Moses R L,Potter L C,Cetin M. Wide-angle SAR imaging[C]. Defense and Security. International Society for Optics and Photonics,2004:164-175.

[57] 陈杰,杨威,王鹏波,等. 多方位角观测星载 SAR 技术研究[J]. 雷达学报,2020,9(2):205-220.

[58] Gerry M J,Potter L C,Gupta I J,et al. A parametric model for synthetic aperture radar measurements[J]. IEEE Transactions on Antennas and Propagation,1999,47(7):1179-1188.

[59] Potter L C,Da-Ming C,Carriere R,et al. A GTD-based parametric model for radar scattering[J]. IEEE Transactions on Antennas and Propagation,1995,43(10):1058-1067.

[60] Varshney K R,Cetin M,Fisher I,et al. Sparse representation in structured dictionaries with application to synthetic aperture radar[J]. IEEE Transactions on Signal Processing,2008,56(8):3548-3561.

[61] Stojanovic I,Cetin M,Karl W C. Joint space aspect reconstruction of wide-angle SAR exploiting sparcity[C]. SPIE Defense and Security Symposium. International Society for Optics and Photonics,2008.

[62] Plotnick D S,Marston T M. Utilization of aspect angle information in synthetic aperture images[J]. IEEE Transactions on Geoscience and Remote Sensing,2018,56(9):5424-5432.

[63] Gabriel A K,Goldstein R M,Zebker H A. Mapping small elevation changes over large areas:

Differential radar interferometry[J]. Journal of Geophysical Res., 1989, 94(B97):9183 −9191.

[64] Ferretti A, Prati C, Rocca F. Permanent scatterers in SAR interferometry[J]. IEEE Transactions on Geoscience and Remote Sensing, 2000, 39(1):8 −19.

[65] Graham L C. Synthetic interferometer radar for topographic mapping[J]. Proceedings of the IEEE, 1974, 62(6):763 −768.

[66] Zebker H A, Goldstein R M. Topographic mapping from interferometric synthetic aperture radar observations[J]. Journal of Geophysical Research: Solid Earth, 1986, 91(B5):4993 −4999.

[67] Bamler R, Hartl P. Synthetic aperture radar interferometry[J]. Inverse Problem, 1998, 14:R1 −R54.

[68] 王青松,黄海风,董臻. 星载干涉合成孔径雷达:高效高精度处理技术[M]. 北京:科学出版社,2012.

[69] 刘艳阳. 分布式卫星高分辨率宽测绘带 SAR/InSAR 信号处理关键技术研究[D]. 西安:西安电子科技大学,2013.

[70] Freeman A, Johnson W T K, Huneycutt B, et al. The myth of the minimum SAR antenna area constraint[J]. IEEE Transactions on Geoscience and Remote Sensing, 2000, 38(1):320 −324.

[71] Moore R K, Claassen J P, Lin Y H. Scanning spaceborne synthetic aperture radar with integrated radiometer[J]. IEEE Transactions on Aerospace and Electronic System, 1981, AES −17:410 −421.

[72] Bamler R. Adapting precision standard SAR processors to ScanSAR[C]//Proc. IGARSS. 1995: 2051 −2053.

[73] Bamler R, Eineder M. Scan SAR processing using standard high precision SAR algorithms [J]. IEEE Transactions on Geoscience and Remote Sensing, 1996, 34(1):212 −218.

[74] Prats P, Scheiber R, Mittermayer J, et al. Processing of sliding spotlight and TOPS SAR data using baseband azimuth scaling[J]. IEEE Transactions on Geoscience and Remote Sensing, 2010, 48(2):770 −780.

[75] Mittermayer J, Moreira A, Loffeld O. Spotlight SAR data processing using the frequency scaling algorithm[J]. IEEE Transactions on Geoscience and Remote Sensing, 1999, 37(5):2198 −2214.

[76] Lanari R, Tesauro M, Sansosti E, et al. Spotlight SAR data focusing based on a two −step processing approach[J]. IEEE Transactions on Geoscience and Remote Sensing, 2001, 39(9): 1993 −2004.

[77] Mittermayer J, Lord R, Borner E. Sliding spotlight SAR processing for Terra SAR −X using a

new formulation of the extended chirp scaling algorithm[C]//Proc. IGARSS,Toulouse, France. 2003:1462 – 1464.

[78] Gebert N. Multi – channel azimuth processing for high – resolution wide – swath[D]. Ph. D. dissertation Universität (TH),DLR – Forschungsbericht,Wessling,Germany,2009.

[79] Goodman N,Rajakrishna D,Stiles J. Wide swath high resolution SAR using multiple receive apertures[C]//Proc. IGARSS,Hamburg,Germany. 1999:1767 – 1769.

[80] 杨桃丽,李真芳,刘艳阳,等. 星载多站方位多通道高分辨宽测绘带SAR成像[J]. 电子与信息学报,2012,34(9):2103 – 2109.

[81] Fisher C,Heer C,Krieger G,et al. A high resolution wide swath SAR[C]//Proc. EUSAR, Dresden,Germany. 2006:156 – 159.

[82] Younis M,Huber S,Patyuchenko A,et al. Performance comparison of reflector and planar – antenna based digital beamforming SAR[C]//Proc. IGARSS,Cape Town South Africa. 2009: 211 – 215.

[83] Suess M,Zubler M,Zahn R. Performance investigation on high resolution wide swath SAR system[C]//Proc. EUSAR,Cologne,Germany. 2002:49 – 53.

[84] Bordoni F,Younis M,Makhaul V,et al. Adaptive scan – on – receive based on spatial spectral estimation for high – resolution wide – swath SAR[C]//Proc. IGARSS,Cape Town,South Africa. 2009:431 – 435.

[85] 冯帆,李世强,禹卫东. 一种改进的星载SAR俯仰向DBF处理技术[J]. 电子与信息学报,2011,33(6):1465 – 1470.

[86] 雷万明,许道宝,余慧. 距离向DBF – SAR自适应SCORE处理研究[J]. 现代雷达, 2019,41(9):37 – 40.

[87] 李财品,何明一. 合成孔径雷达马赛克模式成像算法[J]. 兵工学报,2015,36(1):111 – 116.

[88] Naftaly U,Levy – Nathansohn R. Overview of the TECSAR satellite hardware and Mosaic mode[J]. IEEE Transactions on Geoscience and Remote Sensing Letters,2008,5(3):423 – 426.

[89] 刘光炎,孟喆. 合成孔径雷达Mosaic模式系统性能分析[J]. 微波学报,2011,27(3): 88 – 92.

[90] 韩晓磊,李世强,王宇,等. 基于敏捷卫星平台的星载SAR Mosaic模式研究[J]. 宇航学报,2013,34(7):971 – 979.

[91] 王威,刘中伟,宋小全,等. 星载Mosaic模式SAR成像算法研究[J]. 飞行器测控学报, 2013,32(2):182 – 187.

[92] Li Z,Wang H,Bao Z,et al. Performance improvement for constellation SAR using signal processing techniques[J]. IEEE Transactions on Aerospace and Electronic Systems,2006,42

(2):436-452.

[93] 李真芳. 分布式小卫星 SAR – InSAR – GMTI 的处理方法[D]. 西安:西安电子科技大学,2006.

[94] Gebert N,Krieger G,Moreira A. Multi – channel ScanSAR for high – resolution ultra – wide – swath imaging[C]//Proc. EUSAR,Friedrichshafen,Germany. 2008.

[95] 左艳军. 分布式小卫星合成孔径雷达高分辨率成像算法研究[D]. 北京:中国科学院研究生院,2007.

[96] 井伟. 星载 SAR 宽场景高分辨成像技术研究[D]. 西安:西安电子科技大学,2008.

[97] 马喜乐. 偏置相位中心多子带 HRWS SAR 技术研究[D]. 长沙:国防科学技术大学,2010.

[98] Skolnik M. 雷达手册[M]. 南京电子技术研究所,译. 北京:电子工业出版社,2010.

[99] Liu Y,Li Z,Suo Z,et al. Azimuth resolution improvement of spaceborne SAR images with nearly non – overlapped Doppler bandwidth[C]. IET International Radar Conference,2013:1 – 4.

[100] 徐华平,周荫清,等. 基于频谱偏移估计的分布式星载 SAR 提高距离向分辨率的数据处理方法[J]. 电子学报,2003,31(12):1790 – 1794.

[101] 李俐,王岩飞,张冰尘,等. 基于编队卫星的 SAR 方位向高分辨率成像[J]. 系统工程与电子技术,2005,27(8):1354 – 1356.

[102] 武其松,邢孟道,刘保昌,等. 面阵 MIMO – SAR 大测绘带成像[J]. 电子学报,2010,38(4):817 – 824.

[103] 杨桃丽. 星载多通道高分辨宽测绘带合成孔径雷达成像处理技术研究[D]. 西安:西安电子科技大学,2014.

[104] Lee J,Pottier E. Polarimetric radar imaging:from basics to applications[M]. LLC:Taylor & Francis Group,2009.

[105] 刘艳阳,李真芳,杨桃丽,等. 一种单星方位多通道高分辨率宽测绘带 SAR 系统通道相位偏差时域估计新方法[J]. 电子与信息学报,2012,34(12):2913 – 2919.

[106] Liu Y,Li Z,Suo Z,et al. A novel channel phase bias estimation method for spaceborne along – track multi – channel HRWS SAR in time – domain[C]. IET Internation Radar Conference,Xi'an,China,2013:1 – 4.

[107] Krieger G,Gebert N,Moreira A. Unambiguous SAR signal reconstruction from nonuniform displaced phase center sampling[J]. IEEE Geoscience and Remote Sensing Letters,2004,1(4):260 – 264.

[108] Li Z,Wang H,Su T,et al. Generation of wide – swath and high – resolution SAR images from multichannel small spaceborne SAR systems[J]. IEEE Geoscience and Remote Sensing Letters,2005,2(1):82 – 86.

[109] 张双喜. 高分辨宽测绘带多通道 SAR 和动目标成像理论与方法[D]. 西安:西安电子

科技大学,2014.

[110] Villano M,Krieger G. Spectral – based estimation of the local azimuth ambiguity – to – signal ratio in SAR images[J]. IEEE Transactions on Geoscience and Remote Sensing,2014,52(5):2304 – 2313.

[111] 王永良,丁前军,李荣锋,等. 自适应阵列处理[M]. 北京:清华大学出版社,2009.

[112] 王永良,陈辉,彭应宁,等. 空间谱估计理论与算法[M]. 北京:清华大学出版社,2004.

[113] Van Trees H. Optimum array processing part IV of detection,estimation,and modulation theory[M]. New York:Wiley,2002.

[114] Gierull C. Digital channel balancing of along – track interferometric SAR data[R]. Technical Memorandum DRDC Ottawa TM,2003:024.

[115] Gebert N,Almeida F,Krieger G. Airborne demonstration of multichannel SAR imaging[J]. IEEE Geoscience and Remote Sensing Letters,2011,8(5):963 – 967.

[116] Christoph H G. Statistical analysis of multilook SAR interferograms for CFAR detection of ground moving targets[J]. IEEE Transactions on Geoscience and Remote Sensing,2004,42(4):691 – 701.

[117] Gierull C H. Ground moving target parameter estimation for two – channel SAR[J]. IEE Proc. Radar Sonar and Navigation,2006,153(3):224 – 233.

[118] Cerutti – Maori D,Gierull CH,Ender J. Experimental verification of SAR – GMTI improvement through antenna switching[J]. IEEE Transactions on Geoscience and Remote Sensing,2010,48(4):2066 – 2075.

[119] Livingstone C E,Sikaneta I,Gierull C H,et al. An airborne synthetic aperture radar (SAR) experiment to support RADARSAT – 2 ground moving target indication (GMTI) [J]. Canada Journal of Remote Sensing,2002,28(6):794 – 813.

[120] Suo Zhiyong, Li Zhenfang, Bao Zheng. Multi – Channel SAR – GMTI Method Robust to Coregistration Error of SAR Images[J]. IEEE Transactions on Aerospace and Electronic Systems,2010,46(4):2035 – 2043.

[121] 丁鹭飞. 雷达原理[M]. 西安:西安电子科技大学出版社,1984.

[122] Mahafza B R,Elsherbeni A Z. 雷达系统设计 MATLAB 仿真[M]. 朱国富,黄晓涛,等译. 北京:电子工业出版社,2009.

[123] Hovanessian S A,Jocic L B,Lopez J M. Spaceborne radar design equations and concepts [C]//Proc. IEEE Aerospace Conference,New York,USA. 1997:125 – 136.

[124] Goldstein R M,Zebker H A. Interferometric radar measurement to ocean surface currents [J]. Nature,1987,328(20):707 – 709.

[125] Tim Nohara,Peter Weber,Al Premji,et al. SAR – GMTI processing with Canada's Radarsat

-2 satellite[C]. IEEE International Radar Conference,2000:379-384.

[126] Muehe C E,Labitt M. Displaced phase center antenna technique[J]. Lincoln Laboratory Journal,2000,12(2):281-296.

[127] 孙娜,周荫清,李景文. 一种新的双孔径天线干涉 SAR 动目标检测方法[J]. 电子学报,2003,31(12):1820-1823.

[128] Daivs M E. Foliage penetration radar: detection and characterization of objects under trees [M]. Science Technology Publising,Raleigh,NC,USA,2011.

[129] Wang G,Xia X,Chen V C. Dual-speed SAR imaging of moving targets[J]. IEEE Transactions on Aerospace and Electronic Systems,2006,42(1):368-379.

[130] Maurice R,Erich M,Daniel N. Capabilities of dual-frequency millimeter wave SAR with monopulse processing for ground moving target indication[J]. IEEE Transactions on Geoscience and Remote Sensing,2007,45(3):539-553.

[131] 吕孝雷,苏军海,邢孟道,等. 三通道 SAR-GMTI 误差校正方法的研究[J]. 系统工程与电子技术,2008,30(6):1037-1042.

[132] Marais K,Sedwick R. Space based GMTI using scanned pattern interferometricradar[C]// Proc. 2001 IEEE Aerospace Conference,MT. 2001:2047-2055.

[133] Tang B,Tang J,Peng Y. Performance of knowledge-aided space time adaptive processing [J]. IET Radar Sonarand Navigation,2011,5(3):331-340.

[134] Aboutanios Elias,Mulgrew Bernard. Hybrid detection approach for STAP in heterogeneous clutter[J]. IEEE Transactions on Aerospace and Electronic Systems,2010,46(3):1021-1033.

[135] 康雪艳. 机载地面运动目标检测成像技术研究[D]. 北京:中国科学院电子学研究所,2004.

[136] Li Z,Bao Z,Liao G. Image autocoregistration and InSAR interferogram estimation using joint subspace projection[J]. IEEE Transactions on Geoscience and Remote Sensing,2006,44(2):288-297.

[137] Melvin W L. A STAP overview[J]. IEEE Transactions on Aerospace and Electronic Systems Magazine,2004,19(1):19-35.

[138] Raney R K. Synthetic aperture imaging radar and moving targets[J]. IEEE Transactions on Aerospace and Electronic Systems,1971,7(3).

[139] 刘颖,廖桂生,周争光. 对图像配准误差稳健的分布式星载 SAR 地面运动目标检测及高精度的测速定位方法[J]. 电子学报,2007,35(6):1009-1014.

[140] Klemm Richard. Applications of space-time adaptive processing[M]. IEE Publishing,2004.

[141] Ouchi K. On the multilook images of moving targets by synthetic aperture radars[J]. IEEE Transactions on Antennas and Propagation,1985,33(8):823-827.

[142] Kirscht M. Detection velocity estimation and imaging of moving targets with single – channel SAR[C]//Proc. EuSAR,Friedrichshafen,Germany. 1998:587 – 590.

[143] Marques D P. Multiple moving target detection and trajectory parameters estimation using a single SAR sensor[J]. IEEE Transactions on Aerospace Electronic Systems,2003,39(2):604 – 624.

[144] Stockburger E,Orwig L. Autofocusing of ground moving target imagery[C]//Proceedings of SPIE,Orlando. FL,USA. 1995,2487:315 – 324.

[145] 周红. 基于子带子孔径的低频 SAR 成像及运动目标检测技术研究[D]. 长沙:国防科学技术大学,2011.

[146] 范崇祎. 单/双通道低频 SAR/GMTI 技术研究[D]. 长沙:国防科学技术大学,2012.

[147] Curlander J C. Location of pixels in spaceborne SAR imagery[J]. IEEE Transactions on Geosciences and Remote Sensing,1982,20(3):359 – 364.

[148] Gerlach K. The effects of IF bandpass mismatch errors on adaptive cancellation[J]. IEEE Transactions on Aerospace and Electronic Systems,1990,26(3):455 – 468.

[149] Baumgartner S V,Rodriguez – Cassola M,Nottensteiner A,et al. Bistatic experiment using TerraSAR – X and DLR's new F – SAR system[C]//Proc. EUSAR,Friedrichshafen,Germany. Jun. 2008:57 – 60.

[150] Evans D L. SeaSat A – 25 – year legacy of success[J]. Remote Sensing Environment,2004,94(3):384 – 404.

[151] Wendy E,Madsen S N,Alina M,et al. Concepts and technologies for synthetic aperture radar from MEO and geosynchronous orbits[J]. IEEE Signal Processing Letter,2004,10(7):408 – 410.

[152] Chen C W,Moussessian A. MEO SAR system concepts and technologies for earth remote sensing[C]. AIAA Space Conference,September 2004.

[153] Tomiyasu K. Synthetic aperture radar in geosynchronous orbit[C]. IEEE Antennas and Propagation Symp. ,U. Maryland,1978,2(1115):42 – 45.

[154] Moussessian A,Chen C,Edelstein W,et al. Systemconcepts and technologies for high orbit SAR[C]//Proc. IEEE MTT – S Int. Microw. Symp. 2005:1623 – 1626.

[155] Jalal M,Paco L D,Gerhard K. Potentials and limitations of MEO SAR[C]//Proc. EuSAR,Hamburg,Germany. 2016:1 – 5.

[156] Eldhuset K. A new fourth – order processing algorithm for spaceborne SAR[J]. IEEE Transactions on Aerospace and Electronic Systems,1998,34(3):824 – 835.

[157] Huang L J,Qiu X L,Hu D H,et al. An advanced 2 – D spectrum for high – resolution and MEO spaceborne SAR[C]//Proc. APSAR,Xi'an,China. 2009:447 – 450.

[158] Huang L J,Qiu X L,Hu D H,et al. Focusing of Medium – Earth – Orbit SAR with advanced

nonlinear chirp scaling algorithm[J]. IEEE Transactions on Geoscience and Remote Sensing,2011,49(1):500 – 508.

[159] Huang L J,Hu D H,Ding C B,et al. A general two – dimensional spectrum based on polynomial range model and medium earth orbit synthetic aperture radar signal processing[C]// Proceeding of the 2nd International Conference on Signal Processing Systems. 2011,3:662 – 665.

[160] Bao M,Xing M D,Li Y C,et al. Two – dimensional spectrum for MEO SAR processing using a modified advanced hyperbolic range equation[J]. Electronics Letters,2011,47(18):1043 – 1045.

[161] Neo Y L,Wong F H,Cumming I G. Processing of azimuth – invariant bistatic SAR data using the range Doppler algorithm[J]. IEEE Transactions on Geoscience and Remote Sensing,2008,46(1):14 – 21.

[162] Liu B C,Wang T,Wu Q S,et al. Bistatic SAR data focusing using an Omega – K algorithm based on method of series reversion[J]. IEEE Transactions on Geoscience and Remote Sensing,2009,47(8):2899 – 2912.

[163] Raney R K. Precision SAR processing using chirp scaling[J]. IEEE Transactions on Geoscience and Remote Sensing,1994,32(4):786 – 799.

[164] 胡玉新,丁赤飚,吴一戎. 基于 $\omega-k$ 算法的宽测绘带星载 SAR 成像处理[J]. 电子学报,2005,33(6):1044 – 1047.

[165] Lanari R. A new method for the compensation of the SAR range cell migration based on the chirp Z – transform[J]. IEEE Transactions on Geoscience and Remote Sensing,1995,33(5):1296 – 1299.

[166] Chen V C,Lipps R. ISAR imaging of small craft with roll,pitch and yaw analysis[C]. IEEE International Radar Conference,2000:493 – 498.

[167] Whener D R. High resolution radar[M]. Boston:Artech House,1995:1 – 6.

[168] 汪玲,朱兆达,朱岱寅. 机载 ISAR 舰船侧视和俯视成像时间段选择[J]. 电子与信息学报,2008,30(12):2835 – 2839.

[169] Matorella M,Berizzi F,Pastina D,et al. Exploitation of Cosmo Skymed SAR images for maritime traffic surveillance[C]. IEEE Radar Conference,2011:108 – 112.

[170] Matorella M,Giusti E,Berizzi F,et al. ISAR based techniques for refocusing non – cooperative targets in SAR images[J]. IET Radar Sonar and Navigation,2012,6(5):332 – 340.

[171] Zhu D Y,Wang L,Yu Y S,et al. Robust ISAR range alignment via minimizing the entroy of the average range profile[J]. IEEE Geoscience and Remote Sensing Letters,2009,6(2):204 – 208.

[172] 邢孟道,保铮,冯大政. 基于瞬时幅度和调频率估计的机动目标成像方法[J]. 西安电

子科技大学学报,2001,28(1):22-26.

[173] 邢相薇. HRWS SAR 图像舰船目标监视关键技术研究[D]. 长沙:国防科学技术大学, 2014.

[174] 种劲松,欧阳越,朱敏慧. 合成孔径雷达图像海洋目标检测[M]. 北京:海洋出版社,2006.

[175] 李亚超,周瑞雨,全英汇,等. 采用自适应背景窗的舰船目标检测算法[J]. 西安交通大学学报,2013,47(6):25-30.

[176] 杜兰,刘彬,王燕,等. 基于卷积神经网络的 SAR 图像目标检测算法[J]. 电子与信息学报,2016,38(12):3018-3025.

[177] 黄洁,姜志国,张浩鹏,等. 基于卷积神经网络的遥感图像舰船目标检测[J]. 北京航空航天大学学报,2017,43(9):1841-1848.

[178] Girshick R,Donahue J,Darrell T,et al. Rich feature hierarchies for accurate object detection and semantic segmentation[C]//Proceedings of the IEEE Conference on Computer Vision and Pattern Recognition. 2014:580-587.

[179] Girshick R. Fast R-CNN[C]//Proceedings of the IEEE International Conference on Computer Vision. 2015:1440-1448.

[180] Ren S,He K,Girshick R,et al. Faster R-CNN:Towards real-time object detection with region proposal networks[C]. Advances in neural information processing systems,2015:91-99.

[181] He K,Gkioxari G,Dollár P,et al. Mask R-CNN[C]//Proceedings of the IEEE International Conference on Computer Vision. 2017.

[182] Redmon J,Divvala S,Girshick R,et al. You only look once:Unified,real-time object detection[C]//Proceedings of the IEEE Conference on Computer Vision and Pattern Recognition. 2016:779-788.

[183] Liu W,Anguelov D,Erhan D,et al. SSD:Single shot multibox detector[C]. European Conference on Computer Vision. Springer,2016:21-37.

[184] Lin T,Dollár P,Girshick R B,et al. Feature pyramid networks for object detection[C]//Proceedings of the IEEE Conference on Computer Vision and Pattern Recognition. 2017.

[185] Singh B,Davis L S. An analysis of scale invariance in object detection-snip[C]. IEEE Conference on Computer Vision and PatternRecognition,2018.

[186] Cui Z,Li Q,Cao Z,et al. Dense attention pyramid networks for multi-scale ship detection in SAR images[J]. IEEE Transactions on Geoscience and Remote Sensing,2019,57(11):8983-8997.

[187] Shrivastava A,Gupta A,Girshick R. Training region based object detectors with online hard example mining[C]. IEEE Conference on Computer Vision and Pattern Recognition,2016.

[188] Lin T, Goyal P, Girshick R B, et al. Focal loss for dense object detection[C]. IEEE International Conference on Computer Vision, 2017.

[189] Dwibedi D, Misra I, Hebert M. Cut, paste and learn: Surprisingly easy synthesis for instance detection[C]. IEEE International Conference on Computer Vision, 2017.

[190] Wang X, Shrivastava A, Gupta A. A－fast－RCNN: Hard positive generation via adversary for object detection[C]. IEEE Conference on Computer Vision and Pattern Recognition (CVPR), 2017.

[191] Ajanthan T, Dokania P K, Hartley R, et al. Proximal mean－field for neural network quantization[C]. IEEE International Conference on Computer Vision, 2019.

[192] Zhou Y, Zhang Y, Wang Y, et al. Accelerate CNN via recursive bayesian pruning[C]. IEEE International Conference on Computer Vision, 2019.

[193] Sandler M, Howard A, Zhu M, et al. MobileNetV2: inverted residuals and linear bottlenecks[C]. IEEE Conference on Computer Vision and PatternRecognition, 2018.

[194] Jin X, Peng B, Wu Y, et al. Knowledge distillation via route constrained optimization[C]. IEEE International Conference on Computer Vision, 2019.

[195] Li J, Qu C, Shao J. Ship detection in SAR images based on an improved Faster R－CNN[C]. The Ninth International Conference on Intelligent Control and Information Processing, 2018.

[196] Huang L, Liu B, Li B, et al. OpenSARShip: A dataset dedicated to Sentinel－1 ship interpretation[J]. IEEE Journal of Selected Topics in Applied Earth Observations and Remote Sensing, 2018, 11(1): 195－208.

[197] Wang Y, Wang C, Zhang H, et al. A SAR dataset of ship detection for deep learning under complex backgrounds[J]. Remote Sensing, 2019, 11(7): 765.

[198] David K Barton. 雷达系统分析与建模[M]. 北京: 电子工业出版社, 2007.

[199] Pace P E, Fouts D J, EkestormS. Digital false－target image synthesizer for countering ISAR[J]. IEEE Proc. Radar Sonar and Navigation, 2002, 149(5): 248－257.

[200] Greco M, Gini F, A Farina. Effect of phase and range gate pull－off delay quantisation on jammer signal[J]. IEEE Proc. Radar Sonar and Navigation, 2006, 153(5): 454－459.

[201] Liu Guosui, Gu hong, Zhu Xiaohua, et al. The present and the future of Random Signal Radar[J]. IEEE Transactionson Aerospace and Electronic Systems Magazine, 1997, 12(10): 35－40.

[202] Dmitriy S, Garmatyuk, Ram M Narayanan. ECCM capabilities of an ultra－wideband band－limited random noise imaging radar[J]. IEEE Transactions on Aerospace and Electronic Systems, 2002, 38(4): 1243－1255.

[203] Xu Xiaojian, Narayanan R M. Range sidelobe suppression technique for coherent ultra wide－band random noise radar imaging[J]. IEEE Transactions on Antenna and Propagation,

2001,49(12):1836 – 1842.

[204] 贲德,韦传安,林幼权. 机载雷达技术[M]. 北京:电子工业出版社,2006.

[205] Akhtar J. Orthogonal block coded ECCM schemes against repeat radar jammers[J]. IEEE Transactions on Aerospace and Electronic Systems,2009,45(3):1218 – 1226.

[206] Monzingo R A, Haupt R L, Miller T W. Introduction to Adaptive Arrays[M]. 2nd Ed. SciTech Publishing, Raleigh, NC. 2011.

[207] 张祖稷,金林,束咸荣. 雷达天线技术[M]. 北京:电子工业出版社,2005.

[208] 张光义,赵玉洁. 相控阵雷达技术[M]. 北京:电子工业出版社,2006.

[209] Talisa S H, O'Haver K W, Comberiate T M, et al. Benefits of digital phased array radars[J]. Proceedings of the IEEE,2016,104(3):530 – 543.

[210] Li Tao, Wang Xuegang. Development of wideband digital array radar[C]. 2013 10th International Computer Conference on Wavelet Active Media Technology and Information Processing(ICCWAMTIP), Chengdu china,2013;286 – 289.

[211] 王德纯. 宽带相控阵雷达[M]. 北京:国防工业出版社,2010.

[212] Mailloux R J, Santarelli S, Roberts T. Wideband arrays using irregular shaped subarrays[J]. Electronics Letters,2006,42(18):1019 – 1020.

[213] Lin C T, Ly H. Sidelobe reduction through subarray overlapping for wideband arrays[C]. IEEE Radar Conference,2001;228 – 233.

[214] Younis M, Wiesbeck W. Digital beamforming in SAR Systems[J]. IEEE Transactions on Geoscience and Remote Sensing,2003,41(71):1735 – 1739.

[215] Del Castillo J. L – Band digital array radar demonstrator for next generation multichannel SAR systems[J]. IEEE Journal of Selected Topics in Applied Earth Observations and Remote Sensing,2015,8(11):5007 – 5014.

[216] 保铮,邢孟道,王彤. 雷达成像技术[M]. 北京:电子工业出版社,2005.

[217] Berens P. SAR with ultra – high range resolution using synthetic bandwidth[C]. IGARSS, Harnburg,1999.

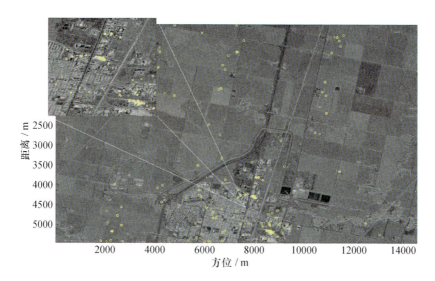

图 1-20 加拿大 Radarsat-2 动目标的试验结果
(图中的圆点代表动目标)

图 2-1 TanDEM 系统获取的澳大利亚 Flinders Ranges 地区的 DEM 图

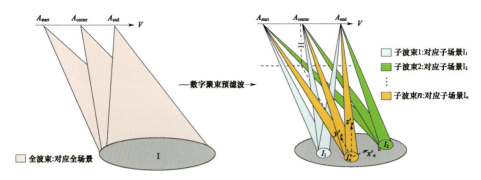

图 3-10　数字聚束示意图

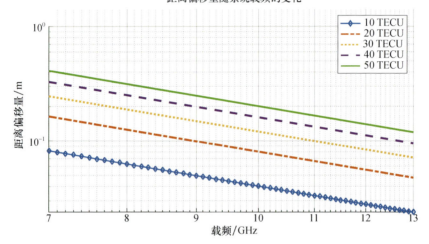

图 3-19　不同 TEC,距离偏移随载频变化量

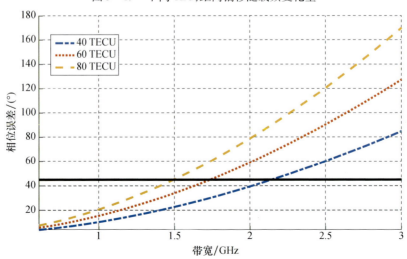

图 3-20　不同 TEC 下,相位误差随系统带宽的变化

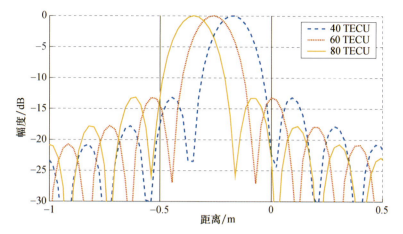

图 3-21　不同 TEC 下,800MHz 带宽信号脉压性能

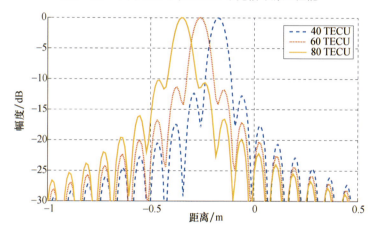

图 3-22　不同 TEC 下,1.8GHz 带宽信号脉压性能

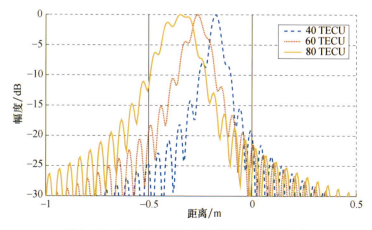

图 3-23　不同 TEC 下,3GHz 带宽信号脉压性能

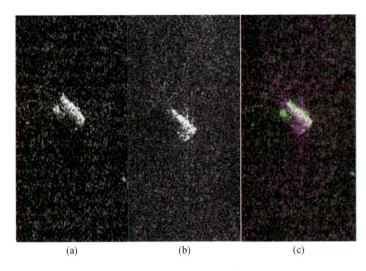

图 3-29 多视角成像结果

(a)视角1 SAR图像;(b)视角2 SAR图像;(c)多视角图像。

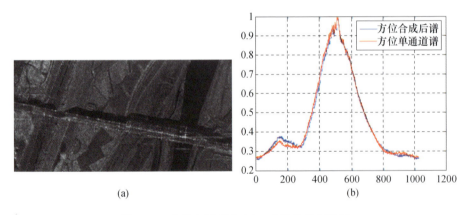

图 4-6 方位解模糊和 SAR 成像处理后结果

(a) SAR 图像;(b)方位谱对比。

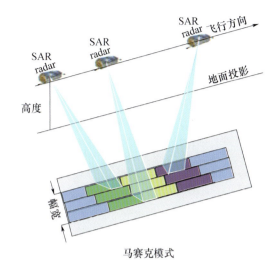

图 4-12 马赛克模式星地几何示意图

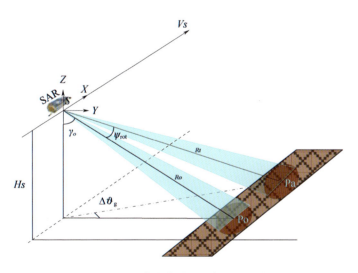

图 4-13 马赛克模式星地斜平面示意图

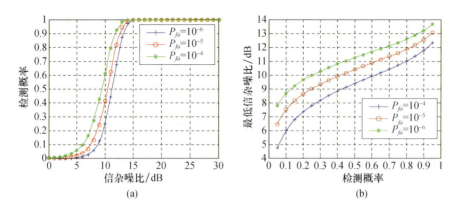

图 5-1 P_d 与 α 和 P_{fa} 的关系

(a) P_d 与 α 的关系；(b) P_d 与 P_{fa} 的关系。

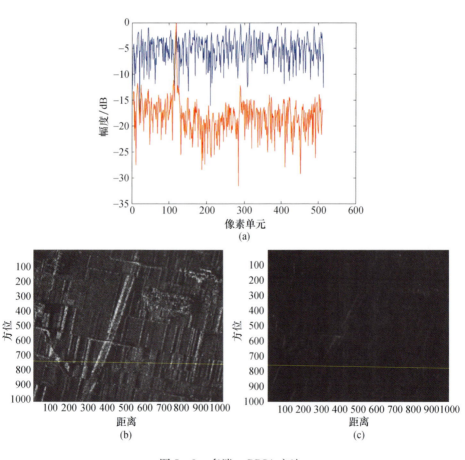

图 5-9 多消一 DPCA 方法

(a) 杂波抑制效果；(b) 抑制前的图像；(c) 抑制后的图像(残差图)。

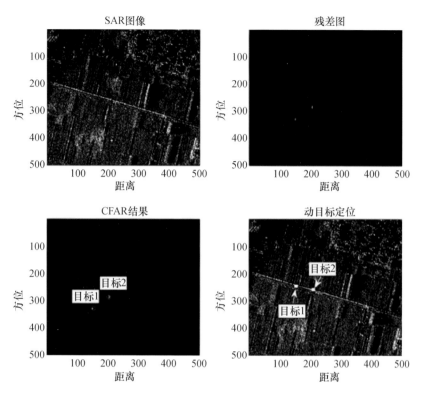

图 5-12 多通道 SAR-GMTI 处理结果

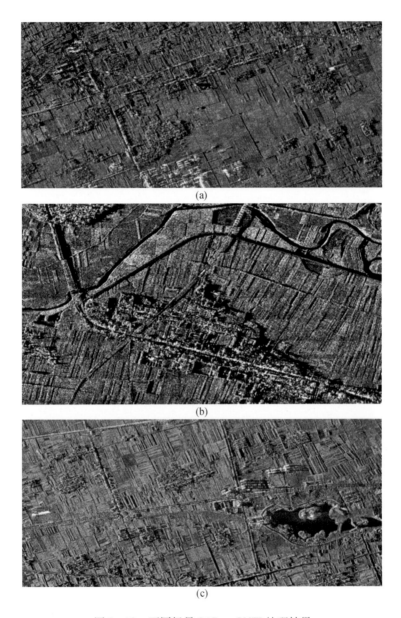

图 5 – 13　不同场景 SAR – GMTI 处理结果

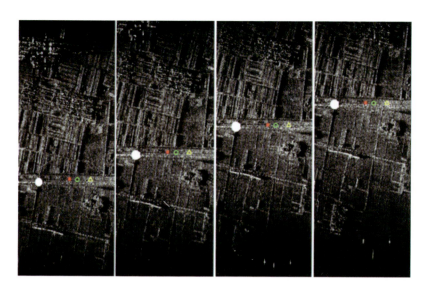

图 5-17 序贯 SAR 图像及动目标检测结果

(圆白点为基准点,红色、绿色、黄色分别为运动目标)

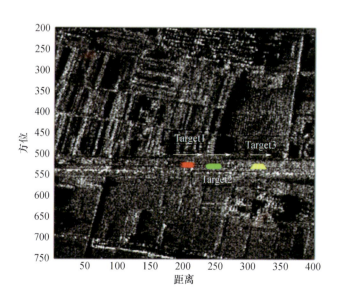

图 5-18 动目标轨迹重建结果

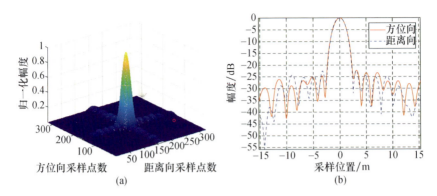

图 6-8 左上点 P1 目标成像结果

(a)成像结果三维图;(b)距离/方位脉压结果。

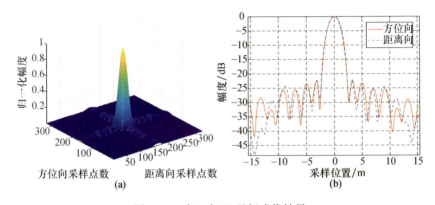

图 6-9 中心点 P2 目标成像结果

(a)成像结果三维图;(b)距离/方位脉压结果。

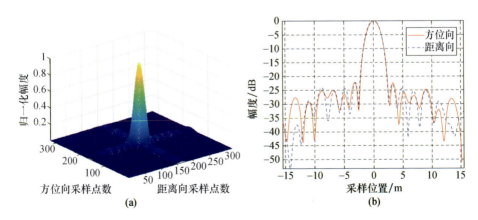

图 6-10 右下点 P3 目标成像结果

(a)成像结果三维图;(b)距离/方位脉压结果。

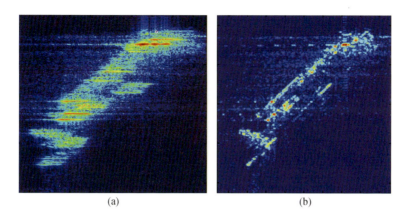

图 6-18 舰船目标微动参量估计与运动补偿前后聚焦结果

(a) 聚焦前;(b) 聚焦后。

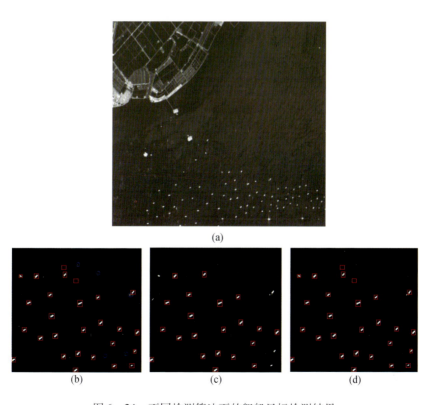

图 6-24 不同检测算法下的舰船目标检测结果

(a) SAR 场景;(b) 双参数 CFAR 检测;(c) 全局 K-分布检测;(d) 自适应背景窗检测。

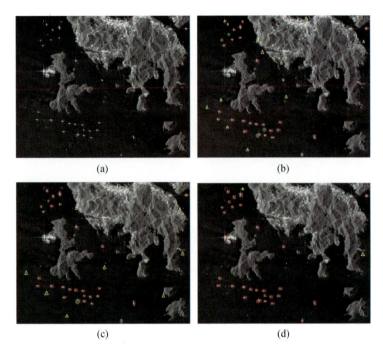

图 6-26 基于深度学习的舰船目标检测结果

(a) 原始 SAR 图像;(b) 双参数 CFAR 检测;
(c) YOLOv3 模型检测;(d) 改进 YOLOv3 模型检测。

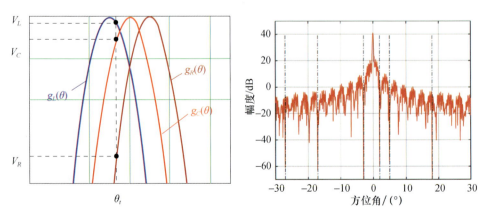

图 8-11 采用最大似然估计目标角度的示意图

图 8-12 自适应数字波束形成技术对 6 个干扰方向形成凹口